国家出版基金项目

Qinghai Hoh Xil:
World Natural Heritage and National Park

青海可可西里

世界遗产与国家公园

主编 ◎ 吕 植

北京大学出版社
PEKING UNIVERSITY PRESS

图书在版编目（CIP）数据

青海可可西里：世界遗产与国家公园 / 吕植主编 . — 北京：
北京大学出版社，2019.11
（三江源生物多样性保护系列）
ISBN 978-7-301-30939-1

Ⅰ . ①青… Ⅱ . ①吕… Ⅲ . ①可可西里—生物多样性—研究 Ⅳ . ①Q16

中国版本图书馆CIP数据核字（2019）第253700号

书　　　名	青海可可西里：世界遗产与国家公园
	QINGHAI KEKEXILI: SHIJIE YICHAN YU GUOJIA GONGYUAN
著作责任者	吕植　主编
责 任 编 辑	黄　炜
标 准 书 号	ISBN 978-7-301-30939-1
出 版 发 行	北京大学出版社
地　　　址	北京市海淀区成府路205号　100871
网　　　址	http://www.pup.cn　　新浪微博：@北京大学出版社
电 子 信 箱	zpup@pup.cn
电　　　话	邮购部 010-62752015　发行部 010-62750672　编辑部 010-62764976
印 刷 者	天津图文方嘉印刷有限公司
经 销 者	新华书店
	720毫米×1020毫米　16开本　25.5印张　350千字
	2019年11月第1版　2019年11月第1次印刷
定　　　价	150.00元

作 者

"三江源生物多样性保护系列"编委会

主　编	吕　植
副主编	史湘莹
编　委	王　昊　　肖凌云　　程　琛　　顾　垒
	赵　翔　　谭羚迪　　邸　皓

《青海可可西里：世界遗产与国家公园》

主　编　　吕　植

编著者　　吕　植　　李江海　　闻　丞　　史湘莹　　胡若成　　朱子云

　　　　　顾　垒　　崔　鑫　　范庆凯　　刘持恒　　许　丽　　王　辉

　　　　　张红伟　　贾建中　　于　涵　　唐进群　　邓武功　　孙培博

　　　　　李　泽　　王笑时　　陈世龙　　苏建平　　高庆波　　张发起

　　　　　连新明　　乔鹏海　　陈家瑞　　康学林　　姚天玮

编制单位

1. 青海省申遗工作领导小组办公室
2. 青海可可西里国家级自然保护区管理局
3. 北京大学
4. 中国城市规划设计研究院
5. 中国科学院西北高原生物研究所

目录

2014 年 10 月 15 日，青海省决定启动可可西里申报世界自然遗产的工作。2017 年 7 月 7 日，在波兰克拉科夫举行的第 41 届联合国教科文组织世界遗产委员会会议上，通过大会表决，青海可可西里被成功列入《世界遗产名录》，成为中国第 51 处世界遗产和青海省的第一处世界遗产。

得知青海省有将可可西里申报为世界遗产的意向，并接受这一任务时，我是兴奋而忐忑的。兴奋，一方面是因为深知可可西里作为世界上仅存的几块几乎不受人类干扰的荒原地带，保留了完整的高原生态系统及其演化过程，价值极为重要，如果能够成为世界遗产，这里将在世界范围内被更多的人所知晓，并获得更加严格的保护；另一方面，除了荒野的苍茫之美和数万藏羚迁徙产羔的壮美景观，可可西里的保护更是中国自然保护历史中一座可歌可泣的里程碑，推进可可西里的申遗，意味着政府和公众对自然、对生态保护有了更深入的了解和认同。而忐忑，则是因为深知在可可西里海拔 4500m 以上无人区开展工作的艰苦程度和数据资料有限的事实，要在短期内完成申遗需要准备的各项材料，对可可西里的突出普遍价值（Outstanding Universal Value，OUV）进行科学、全面、令人信服的描述，无疑需要更多的奋斗与心血。然而我们做到了。可可西里申遗的成功，是所有参与者加倍努力与付出的结果。

可可西里本身的自然价值是毋庸置疑的，它位于世界上最大、最高、最年轻，被誉为第三极的中国青藏高原的东北部。广义的可可西里指的是青藏高原东北部位于昆仑山和唐古拉山之间的可可西里山脉南北两侧的广袤土地。而青海可可西里世界自然遗产地位于青海省西北角，青海省玉树藏族自治州治多县、曲麻莱县境内，整体地理坐标为 N 34°29′28″~36°16′48″，E 89°24′4″~94°34′44″，地理坐标中心：N 35°22′49″，E 93°26′21″。可可西里遗产地北以青海可可西里国家级自然保护区北界及青海三江源国家级自然保护区索加—曲麻河保护分区北界直至玉珠峰（昆仑山山脊线）为界；南以可可西里山山脊线以南山麓，楚玛尔上游集水区南界山麓至风火山（冬布里山山脊线）为界；西以青海省和西藏自治区间的边界为界；东界北段至青海三江源国家级自然保护区索加—曲麻河保护分区核心区内楚玛尔河流域两侧集水区山麓，及省道 308 线北侧；东界南段至青海三江源国家级自然保护区索加—曲麻河保护分区核心区内秀水河流域两侧集水区山麓。它的西面与西藏羌塘国家级自然保护区毗邻，北部与新疆阿尔金山国家级自然保护区和青海昆仑山世界地质公园部分区域接壤①。它是青藏高原上保存最为完整的夷平面，也是世界上人迹罕至的区域之一，是真正意义上的荒野。

　　可可西里地区拥有独特的地貌特征，冰川融水创造出数不清的网状河，交织入庞大的湿地系统中，形成成千上万的湖泊。可以说，可可西里拥有青藏高原上最密集的湖泊，以及极其多样的湖泊盆地和高海拔内湖湖泊地形。这些湖泊全面展现出各个阶段的演化进程，也构成了长江源头重要的蓄水源。可可西里独特的地理和气候条件孕育出同样独特的生物多样性。有 1/3 以上的植物种为特有种。高度特有的植物区系与高海拔和寒冷气候的特点结合，共同催生了

① 详细信息及地图见联合国教科文组织世界遗产中心网站 http：//whc.unesco.org/zh/list/1540#，http：//whc.unesco.org/en/list/1540#，访问日期：2019-10-30。

图 0-1　可可西里是藏羚的庇护所和特别保护地。图为晨曦中的藏羚

同样高度特有的动物区系，依靠当地植物生存的所有食草哺乳动物都为青藏高原所特有，而总体上有 60% 的哺乳动物物种亦为该高原所特有。可可西里拥有着世界上独一无二的高原野生动植物资源基因库。

　　由于很少受到人类影响，可可西里为众多青藏高原特有的大型哺乳动物提供了"最后的避难所"和特别保护地，这里保护了青藏高原特有和濒危的藏羚的完整的生命周期（图 0-1）。可可西里内主要湖泊周围的高寒草原和高寒草甸是已知最重要的藏羚产羔地。每年夏季，来自青海三江源地区、西藏羌塘和新疆阿尔金山的数万只雌藏羚聚集在可可西里内产羔。而可可西里涵盖了来自三江源索加—曲麻河地区的藏羚的完整迁徙路线。这条路线穿越青藏公路、青藏铁路，是所有已知藏羚迁徙路线中难度最大、但得到的保护最为严格的路线。可可西里同时庇护了世界上近一半的野牦牛种群。

可可西里地区人迹罕至，但这里仍然与人类具有不可分割的密切关系。历史上探险家们在可可西里的一次次穿越中没有遇到常驻牧民，说明了这里自古以来的荒野属性。而古老的藏语、蒙语地名，则显示着周围的牧民对这片土地绝不是一无所知。羚羊谷、野牛沟、豹子峡……这些地名记录着当地居民对自然的细致观察与认识。20世纪八九十年代，涌入的淘金者和盗猎者曾经使可可西里的土地千疮百孔、藏羚尸横遍野，为了捍卫这片土地的纯洁，索南达杰献出了宝贵的生命，也使"可可西里"和"生态保护"为全国人民所知晓。来自国内和国际社会的关注，促使大家共同努力切断了藏羚的贸易链；保护区工作人员、科研人员、当地牧民、民间机构及志愿者，各方沿着索南达杰的足迹参与到守护可可西里的行动之中，促使盗采、盗猎现象在进入21世纪后基本绝迹，藏羚种群数量也得到了恢复。

以保护区工作人员为代表的守护者在艰苦的条件下守护着可可西里，但这片土地又面临新的挑战。一方面，由于温室气体的排放，导致全球气候变暖。位于世界第三极的可可西里，其生态系统和地理景观对全球变化十分敏感，冰

图0-2　可可西里的生态系统和地理景观对全球气候变化十分敏感，这些河源冰川也会发生相应的改变

川、永久冻土、河流、湖泊、湿地和泉水都相应地发生着改变（图0-2），这些改变不仅影响着高原生态系统中的众多特有物种，改变着它们的活动规律，更直接影响着发源于青藏高原及其周边的河流下游近30亿人口的生计。另一方面，人类的影响也在不断延展，改变着可可西里的生态环境，对当地的动植物资源造成巨大的影响，甚至产生潜在的威胁（图0-3）。面对这些严峻的生态形势，当地实际施行的保护措施却很难跟上变化趋势，这与有关保护的科学观念和知识在飞速发展，可可西里区域内的各种本底信息在近几十年中也发生巨大的改变密切相关。因此，当地急需建立、加强和协调对气候变化作用的监测方案，制定可行的应对措施，在此期间在可可西里地区所得到的各种变化的信息，以及所采取的应对措施的经验教训，在生态保护方面都将具有全球意义。

1996年，可可西里成为青海省省级自然保护区。1997年，国务院批准可可西里为国家级自然保护区。2016年，三江源国家公园成为中国首个国家试点建制的国家公园，可可西里地区被完全纳入三江源国家公园的长江源园区。2017年，青海可可西里成为世界自然遗产。无论在国内还是国际上，可可西里在生态保护方面的价值都得到了高度的重视与认可，可可西里也成为世界上所受保护最为严格的土地之一。未来，我们期待可可西里的保护体系得到进一步理顺，保护的科学性、有效性进一步提升，在可可西里能够建立起系统完整的监测体系，并能够在保护地和自然遗产管理、荒野保护、迁徙野生动物保护、遗产地与社区关系等方面，为全国和全世界提供知识、经验和范例。

在可可西里申遗工作期间，为了得到可可西里的一手科学数据，为后期的环境及生物多样性保护提供理论支撑，有助于当地长期科学规划的建立，由来自北京大学、中国科学院西北高原生物研究所和中国城市规划设计研究院的研究团队与青海省住房和城乡建设厅、可可西里自然保护区管理局合作，在青海省、玉树州各级政府和各有关部门的大力支持与配合下，对可可西里区域内的生物多样性、生态系统、地质地貌、水文气象过程进行了为期多年

的考察，同时对青藏公路沿线、可可西里南部和索加—曲麻河区内的社区民情进行了细致调研。本书总结了这些考察调研的结果，基于基础数据，首次勾勒出可可西里世界遗产和国家公园的自然历史与人文历史，描绘出其生态系统和社会经济系统，更为我们在这一巨大的全球性高原生态实验室开展科学监测和研究提供了丰富的本底数据支持，希望为国内外生物多样性的保护提供可供借鉴的经验。

本书是集体工作的结晶。在这里，我们再次向全体参与青海可可西里申遗的工作人员致敬，向坚守在可可西里的守护者致敬。长期扎根可可西里从事藏羚研究、为申遗工作做出突出贡献的中国科学院西北高原生物研究所苏建平研究员不幸于2018年因病与世长辞，我们也期望本书能够告慰苏老师在天之灵。

吕植

于 2019 年 10 月

图 0-3　人类的影响在不断改变着可可西里的生态环境，对当地的动植物资源造成巨大的影响。生活在昆仑山脚下的野牦牛，也受到这种潜在的威胁

第一章

CHAPTER

1

可可西里

地理和文化概念中的

在青藏高原东北部，由几近平行的昆仑山和唐古拉山勾勒出来的广袤土地，面积超过 80 000km²，这片土地就是地理概念上的可可西里（图 1-1）。可可西里山是这片土地得名的原因。"可可（Hoh）"是蒙古语中"青色"的意思；

图 1-1　由昆仑山和唐古拉山勾勒出来的广袤土地是地理概念上的可可西里。图为位于可可西里的布喀达坂峰和小太阳湖

"西里"是蒙古语中"平缓的山丘"的意思。可可西里意为"青色的山梁"。山势相对较为平缓的可可西里山在昆仑、唐古拉两山之间隆起，仿佛青藏高原这一"世界屋脊"上的脊梁。这一广大的地域，西起西藏羌塘，东至青海三江源地区阿尼玛卿山和横断山西北缘的崇山峻岭，纵横 2000 余千米；是中国人口最少的地区，也是世界上包括南极、北极在内的三大无人区之一。大可可西里地区在藏语中被称为"阿卿羌塘"，意为"青色的北方草原"。根据可可西里地名调查工作组调查，可可西里山的藏语名为"俄仁日纠"，意思同样是"青色的山梁"（治多县第二次全国地名普查领导小组办公室，2017）。

　　在高原东北一隅，东西向近平行排列逾 500km 的昆仑山、可可西里山和乌兰乌拉山，勾勒出"三山间两盆"、由西北向东南方向渐低倾斜的宏大空间，这是狭义的"可可西里"。可可西里是青藏高原东部（青海、西藏东部和新疆阿尔金山地区南部）昆仑山古老褶皱和喜马拉雅造山运动形成的高

图 1-2　位于可可西里的大陆性冰川

原隆起之结合部，包括青藏高原特有物种藏羚的最主要的夏季栖息地和产羔地，以及青海省境内的主要藏羚越冬地，也包含数条藏羚的完整迁徙路线。

可可西里地貌类型多样，不仅有构造差异运动形成的海拔 6000m 以上的极高山、高海拔丘陵、台地和平原等基本地貌形态，还有受构造控制的火山熔岩地貌、气候地貌，类型也较丰富，有高寒地区特有的现代冰川（图 1-2）和冰缘冻土，还有最常见的流水地貌、湖成地貌、风成地貌。由于自然条件恶劣，人迹罕至，可可西里地区成为原始的生态环境和独特的高原自然景观保存最好的地区（李永春 等，2005）（图 1-3，图 1-4）。

这片土地平均海拔超过 4500m，三山之间地势平坦开阔，保存着青藏高原最完整的高原夷平面和密集的、处于不同演替阶段的湖泊群，构成了长江源

图 1-3　可可西里是原始的生态环境和独特的高原自然景观保存最好的地区。长江源地区的库赛湖完美地诠释了可可西里的美

图 1-4　可可西里是原始的生态环境和独特的高原自然景观
保存最好的地区。图中所示为布喀达坂峰冰河解冻的景象

的北部集水区。可可西里独特的、至今罕有人迹的高山和湖盆以及气候条件和与此相适应的植被类型，为众多青藏高原特有的大型哺乳动物提供了完整的栖息地和迁徙通道；尤其重要的是，这里为青藏高原特有的藏羚提供了最重要的产羔地，并庇护了世界上近一半的野牦牛种群。该地区内广达数万平方千米的荒野和繁衍其间的生灵，与高山、冰川、原野和湖泊一道，构成了青藏高原上最具有代表性的美景（图 1-5），不见于任何其他高原地区。可可西里超过 1/3 的高等植物为青藏高原特有物种；以此为食的食草哺乳动物全部是青藏高原特有物种，而青藏高原特有哺乳动物占可可西里所有哺乳动物种数的比例高达 60%。在当地生存的藏羚和野牦牛在其全球种群中占有相当比例。保存完整的高原面和密集的高原湖群，亚洲腹地鲜有的未受人类干扰的完整高原草原、高原草甸生态系统和其间的大规模大型哺乳动物迁徙景观，构成了可可西里最突出的特征。

关于可可西里地区的描述出现在藏族史诗《格萨尔王传》中。在《狩猎食肉宗》中，三个狩猎部落在大可可西里地区大肆狩猎，屠戮野生动物。格萨尔王得到生于可可西里的女将阿代拉毛报告，带兵征服了这几个狩猎部落，制止了他们对野生动物的捕杀。《狩猎食肉宗》中写到格萨尔王获得胜利之后，登临阿卿卓纳敦泽山（布喀达坂峰），远眺阿卿羌塘，看到迁徙中的藏羚如云雾弥漫，向卓乃湖走来。大群的藏野驴、野牦牛在可可西里自由繁衍，格萨尔王不禁感慨，"阿卿羌塘是野生动物的乐园，祈愿这里永世得到天地神灵的护佑。"

自古以来，无论"大可可西里"还是"小可可西里"，其范围内都是人迹罕至的荒原。但牧民对可可西里地区并非一无所知。在夏季时，可可西里周边的游牧部落可能进入可可西里地区捕猎部分野生动物作为肉食。流传下来的藏族地名对可可西里自然环境、野生动物情况的描绘，也表明了当地牧民对可可西里地区的认知。例如，当地牧民口中藏羚在可可西里的三条主要迁徙产羔路线"阿卿祖兰仁毛",就与今天科学研究的结果高度重合(治多县第二次全国地名普查领导小组办公室,2017)。沿昆仑山口经可可西里东部边缘,至唐古拉山口的古道,走向与今天的青藏公路基本一致,也是沟通安多、拉萨与柴达木、河西走廊和整个内地的重要道路。与东部从西宁到玉树再进藏的大道相比,这条道路海拔较高,沿途植被较少,但胜在路程相对平坦,且可以远离横行的盗匪。进入清末民初,旅行者对可可西里地区的记载提供了更多的细节。19世纪末,来自西方的旅行者在追寻着古人脚步自西向东穿越这片土地时,发现柴达木盆地中的蒙古人会在夏季翻越昆仑山进入这片土地狩猎,而仅能在相当于今天的不冻泉、五道梁和唐古拉山镇的位置见到极少的牧户。20世纪50年代,青藏公路由北向南贯穿了昆仑山口和唐古拉山口之间的古道。此后,有来自西藏安多地区和青海玉树地区东部的牧民有组织地从南、东两个方向进入"大可可西里"范围内放牧乃至建立定居点。同时,由于交通运输的发展,在不冻泉、五道梁和唐古拉山镇逐渐形成了服务型的小城镇定居点。20世纪八九十年代,大量采矿、盗猎分子从青藏公路涌入这片荒原,使得脆弱的生态系统受到严重破坏。在这一过程中,以野牦牛队为代表的半官方保护力量成长起来,与非法采矿和盗猎分子展开了浴血斗争,并引起了国内外的广泛关注。1994年,治多县西部工作委员会(简称"西部工委")书记、野牦牛队创始人索南达杰在与盗猎分子的枪战中牺牲,成为第一位全国瞩目的环保英雄,由此中国现代环境保护运动开启了新的篇章。1996年,可可西里自然保护区成立。该保护区东起青藏公路,西至青海/西藏省界,北起昆仑山,南至乌兰乌拉山。自此,可可西里又常被等同于可可西里自然保护区,成为一个具有文化和文明象征意义的名词。

在藏文化和更广泛的文化中,可可西里在历史中获得了几方面的象征意义:这里是真正的荒野,在广大的区域内保留了极少受到人为干扰的自然系统;这里是雪域高原中生灵的乐土,是数量众多的野生动物的乐园;这里是

图 1-5 可可西里广袤的荒原及其间的生灵，与高山、冰川、原野和湖泊一道，构成了青藏高原上最具有代表性的美景。图为美景之———白象山

中国野生动物保护和生态保护的标志性地点（图1-6）；这里不仅为中国的生态保护提供了大量的经验、方法，其所包含的为生态保护而不畏牺牲、不惧艰难的精神，更成为重要的标杆和图腾。［可可西里遗产地相关地理信息描述及地图，参见联合国教科文组织世界遗产中心网站 http：//whc.unesco.org/zh/list/1540#，http：//whc.unesco.org/en/list/1540#（2019 年 10 月 30 日访问）。］

图 1-6　可可西里已成为生态保护的标志性地点。五道梁保护站承担着野生动物和生态环境保护的职责

青海可可西里，一片神秘的土地，这里是江河之源，是千湖之地，是人类的禁区，也是生命的天堂。可可西里独特的地理和气候条件营造出特殊的生态环境，孕育了特殊的生物多样性，为众多青藏高原特有的大型哺乳动物提供了"最后的避难所"，这里保留了完整的藏羚迁徙路线。

上篇

可可西里
自然的馈赠

第二章

可可西里地理

◎ 青藏高原概况

青藏高原横亘于亚洲大陆中部，西起帕米尔高原，东接秦岭，横跨 31 个经度，东西长约 2700km；南自东喜马拉雅山脉南麓，北迄祁连山西段北麓，纵贯约 13 个纬度，南北宽达 1400km，总面积约 2 500 000km^2，平均海拔达 4500m，是世界上最大、最高、最年轻的高原。

青藏高原的隆起是近数百万年以来地球历史上最伟大的事件之一。由于青藏高原的存在，改变了全球大气环流的形式，造成了青藏高原本身、东亚乃至全球一系列重大事件的发生与变迁。现今地球上有许多高原，如亚洲的伊朗高原、蒙古高原、德干高原，非洲的埃塞俄比亚高原，北美洲的科罗拉多高原、墨西哥高原，南美洲的智利高原、巴西高原等，它们的高度都在 3000m 以下，唯有青藏高原才是现今地球上独一无二的一块特高的大高原，平均海拔在 4500m 以上，比毗邻的平原、盆地高出 3000 ~ 3500m 以上。由于其特殊海拔及其重大影响，常被科学家们与南极、北极相提并论，称作"地球的第三极"，又被称为"世界屋脊"。

青藏高原的独特性不仅在于其特高海拔，更在于其具有独特的自然景观

图 2-1　可可西里独特的自然景观之一——可可西里湖

（图 2-1）、特殊的巨厚地壳、独特的地质历史与岩石圈结构、复杂的生物区系和丰富的自然资源。加之以其对气候与环境变迁的重要影响与响应，使其成为当今地球上一块独特、雄伟壮观的自然地域单元。

　　青藏高原同时位于地质历史上古地中海大洋岩石圈消亡地带，是研究洋陆转换、陆陆碰撞、造山过程、全球变化和全球大陆动力学等一系列重大理论问题，建立地球科学新理论、新模式的关键地区，被喻为"打开地球动力学大门的金钥匙"。从这些事实中可见青藏高原在全球地球科学中的重要地位。它们也引起 20 世纪 80 年代以来的全球性"青藏高原研究热"。青藏高原的构造变形、地壳缩短增厚与高原隆升过程及环境灾害效应已经成为国内外地球科学领域关注的热点问题，各国地球科学工作者争先恐后来青藏高原做考察研究。青藏高原无论是在地理位置上，还是在地球科学的重要性上都具有无可替代的全球性特殊意义。

◎ 可可西里地形地貌

可可西里地处青藏高原腹地，平均海拔 4500m 以上，区内具有南北高、中部低、西部高而东部低的地势特点。总体起伏较小，相对高差仅 300 ~ 400m，地面坡度一般只有 15° 左右。可可西里全境呈现出西北—东南走向的"三山间两盆"景观。上述几乎呈平行相间排列的山脉、湖盆自北向南分别是：东昆仑山—马兰山—五雪峰组成的极高山岭系；分布有"勒斜武担湖—可可西里湖—卓乃湖—库赛湖"的高原湖盆；可可西里山及其支脉组成的平缓高山带；西金乌兰湖—多尔改错—楚玛尔河河谷高原湖盆及河谷；冬布勒山—乌兰乌拉山及其支脉组成的平缓高山带。

可可西里具有壮丽的地形地貌特征，不仅有极高山、高海拔丘陵、台地和平原等高低起伏的构造地貌形态（李树德 等，1993；李世杰，1996），还有受构造控制的火山熔岩地貌（孙延贵，1992；邓万明 等，1996）和地震断裂带地貌（叶建青，1994；邓起东 等，2014）；同时具有常见的动力地貌，如流水地貌、湖成地貌、风成地貌（李炳元 等，1996）以及高寒地区特有的现代冰川和冰缘冻土气候地貌特征（谢建湘，1992；李炳元 等，1996）。

可可西里总体上分为昆仑山中、大起伏高山区，长江源小起伏高山宽谷盆地区，东羌塘丘状高原湖盆区；自下而上有冰雪覆盖的极高山、中小起伏的高山和高原宽谷湖盆三个地貌层次（图 2-2，图 2-3）。

区内北部界线是昆仑山的主脊，海拔 6000m 以上的极高山地几乎全部集中于此，中部的可可西里山、乌兰乌拉山和祖尔肯乌拉山横贯其中，绝大多数山地海拔在 5500m 左右，如可可西里山脉的东岗扎日（6102m）、汉台山（5713m）以及乌兰乌拉山脉的多索岗日（5717m）等。

中部总体起伏较小，海拔高度在 4500 ~ 4900m 之间。山地与河谷盆地相间，有较宽的冲积平原和洪积平原，呈东西向分布。山地之间有楚玛尔河、卓乃湖、可可西里湖、西金乌兰湖等一系列宽阔的河谷、湖盆镶嵌其中，由于本区至今未受到青藏高原强烈隆起所造成的河流溯源侵蚀影响（李炳元 等，

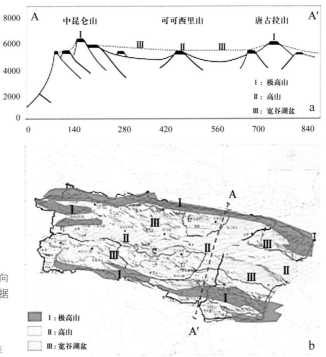

图 2-2 可可西里南北方向地势展布特征示意图（据崔之久 等，修改）

a. 可可西里地势剖面特征；
b. 可可西里地势平面展布特征

图 2-3 青海可可西里极高山、高山和高原宽谷地貌（绵延布喀达坂峰及山间平缓湖盆）

2002a），所以相对高差仅 300 ~ 400m，地面坡度大多在 15° 以下（罗重光 等，2010）。

高原山顶面的形成和分布受高原广泛发育并持续至今的冻融作用的强烈改造，其分布与冻融陡坡带发育密切相关。同一地区根据原始地貌的不同，往往有多级冻融夷平面同时存在，这里是青藏高原地区夷平面保存最好的地区（Wang et al.，2014），形成了独特的高原夷平面地貌，也是可可西里空旷洪荒景观的基本特征。

◎ 可可西里气候及变迁

可可西里是高原高寒气候，温度因海拔高度差异的不同，气温分布大致由东南向西北递减，绝大部分地区的年均温为 −9.0 ~ −4.0℃，地处可可西里东部边缘的五道梁、沱沱河气象站年平均气温为 −5.1、−3.8℃，累年极端最高气温分别为 23.2、24.7℃，最低气温为 −38、−45℃。最冷月为 1 月，最热月在 7 月。

可可西里地区年平均降水量总的分布趋势是由东南向西北逐渐减少，境内年平均降水量在 150 ～ 450mm 之间。根据相关科学考察取得的短期观测资料估算，可可西里山、勒斜武担湖一带年降水量在 200.0 ～ 300.0mm 之间，再向西北，在可可西里山与昆仑山之间的地区，年降水量不足 200.0mm。降水量主要集中在夏季，雨季和干季分明。境内降水量在全年的分配上大部集中在 5 ～ 9 月，占年降水量的 90% 以上，其中暖季（6 ～ 8 月）占年降水量的 70% 左右。降水不仅以固态形式为主而且以阵性降水为主。夜间降水较多，约占总量的 50% 以上。五道梁、沱沱河气象站 1981—2010 年年平均降水量分别为 301.4、294.0mm，日降水量 ≥ 0.1mm 日数分别为 112、109 天。

由于受高寒强劲西风动量下传的影响，可可西里地区成为整个青藏高原和全国风速高值区之一，年均风速分布由东南、东北向腹地及西部逐渐增大，年平均风速在 3.5 ～ 8.0m/s 之间。五道梁、沱沱河气象站 1981—2010 年年平均风速分别为 4.2、4.0m/s，年平均大风日数分别为 121 天和 146 天。

可可西里地区海拔高，大气透明度好，是我国太阳能资源的丰富区。年总辐射量在 6500 ～ 7000MJ/m^2 之间，年日照时数在 2700 ～ 3100h 之间。五道梁、沱沱河气象站 1981—2010 年年平均日照时数分别为 2867.1、2967.9h，年总辐射量（计算值）分别为 6347、6570MJ/m^2。

在过去的几十年内，可可西里自然保护区内有记录的平均气温和平均降水量显著升高。从 1961 年到 2015 年，年平均气温每 10 年升高 0.34℃，记录的年平均降水量每 10 年升高约 5mm。伴随着这样快速的变化，冰川、永久冻土、河流、湖泊、湿地（图 2-4）和泉水都相应地发生了变迁，堪称陆地景观急剧变化的典型例子和罕见的地貌演进过程。可可西里的初级生产力似有增长，新的河流、湖泊和沼泽相继涌现，为有蹄类和水鸟提供了新的栖息地。地形的改

图 2-4　气候的变化，冰川、永久冻土、河流、湖泊、湿地和泉水都会相应地发生变迁。高原草甸的初级生产力也会发生改变

变同样导致了有蹄类和候鸟的活动规律改变。

◎ 可可西里的水文

可可西里是中国湖泊分布最为密集的地方，它与三江源自然保护区相接，属于羌塘高原内流湖区和长江北源水系交汇地区。这里的湖泊形成年代较久，同时又深处内陆，受干旱和寒冷的气候影响，因此多是封闭的内陆湖，可可西里地区的冰雪融水是其主要来源。湖泊多为咸水湖和半咸水湖湖泊群，不仅滋润着动植物的生长，更是青藏高原生态环境变化的"晴雨表"。全球气候变暖，冰川融化加速，均在这些湖泊的身上有所体现。观察表明，近年来，可可西里地区的一些湖泊湖水有所上升。可可西里东部为楚玛尔河水系组成的长江北源水系，西部和北部是以湖泊为中心的内流水系。保护区内有大片沼泽地和数百个瑰丽迷人的湖泊，湖泊分布率 7.5%，已接近世界上湖泊分布率最高的"千湖之国"芬兰。

在可可西里地区的高原荒漠自然景观中，湖泊还具有多种功能，它不仅是区内大气降水、冰雪融水以及泉水的归宿地，同时也是风化易溶物质、盐类矿物及稀散元素的聚集地，还是区内野生生物较稳固的水分涵养地和无机盐等营养元素的汲取地。湖泊的这种功能在青藏高原腹地对于保持脆弱的高原生态环境结构有着极其重要的作用。区内湖泊盆地往往分布有较好的草场、较多的野生动物，显然与湖泊改善高原生态环境的作用有密切联系（胡东生，1989）。

可可西里自然保护区内有两个水系：东部为楚玛尔河水系组成的长江北源外流水系，以雨水、地下水补给，水量较小，以季节性河流为主；西部和北部是以湖泊为中心的东羌塘内流水系，处于羌塘高原内流湖区的东北部。区内河谷地貌大多呈高原宽谷，其中一部分河流贯穿在古湖盆中。除局部河段受构造影响外，一般河谷阶地不发育。

◎ 可可西里的土壤

区内海拔较高的融冻层（一般 1.2 ~ 2m），漫长的土壤冻结（冷季）和频繁交替的昼融夜冻（暖季表土），深刻地影响着土壤的形成和发育，主要表现为：低温和冻结期间，土壤微生物活动弱，导致成土过程停滞；永久冻土层阻碍水分下渗，促进沼泽土的形成和高山草甸土崩塌现象发生；冰缘地貌，诸如细土岛、石环、石带、蛤蟆状冻融泥流和土壤表层的孔状结皮，剖面中部的细粒状结构，中下部的鳞片状结构以及蓝灰色潜育斑均是冻融交替的结果。

区内土壤处在青藏高原东南部的高山草甸土向西北部寒漠土演替的过渡带。高原面的基带土壤自东南向西北依次为高山草甸土—高山草原土—高山荒漠草原土（淡寒冻钙土）。作为基带的高山草甸土仅见于唐古拉山北翼地区。高山草原土分布最广，但以紫花针茅为建群种的典型高山草原土主要分布于青藏公路沿线和玛章错钦湖边、苟鲁错南山等地。由此往西北，随着干旱化程度加强，荒漠化草原成分增多，至西北部已经过渡到高山荒漠草原土。

区内土壤基点高，高原面上山地的相对高差小，土壤类型简单，垂直带谱简化。大致分三个垂直带谱类型：高山草原土—寒冻土—冰雪带，高山草原土—高山草甸土—寒冻土—冰雪带，高山草甸土—寒冻土—冰雪带。

◎ 可可西里地质历史

构造背景

构造位置上，可可西里北部以昆仑南缘缝合带为界，南部以唐古拉断层为界，横跨巴颜喀拉地体西段和羌塘地体的北部，覆盖金沙江缝合带（刘海军 等，2009b），其主体可可西里盆地为中—新生代陆内断陷盆地，其大地构造位置处于可可西里—巴颜喀拉板块西段（刘海军 等，2009a），是青藏高原腹地最大的古近纪和新近纪陆相沉积盆地（刘志飞 等，2001；李廷栋，2002）。

可可西里可划分为两个一级构造单元（华北地块、古特提斯缝合系）和五个二级构造单元（柴达木弧后盆地、中—北昆仑岛弧、南昆仑弧沟隙、可可西里增生楔、北羌塘中间地块）。在可可西里地区发现的晚古生代蛇绿混杂岩及不整合于其上的晚二叠世—早三叠世海滩亚相石英砂岩表明此地区曾存在过古特提斯洋。早二叠世末古特提斯洋基本闭合，晚二叠世—早三叠世为相对稳定阶段。中、晚三叠世海侵，沉积了巨厚复理石。三叠世末—早侏罗世发生了强烈的造山作用，形成造山带，可可西里地区进入陆内演化阶段（边千韬 等，1997）。

从历史到现在，作为青藏高原腹地的青海可可西里地区是中国西部现代构造运动最活跃的地带之一。可可西里地区的活动断裂主要有六条，由南至北分别是：① 布喀达坂峰—库赛湖—昆仑山口全新世活动断裂带；② 勒斜武担湖—太阳湖活动断裂；③ 西金乌兰湖—五道梁南活动断裂系；④ 乌兰乌拉湖—岗齐曲全新世活动断裂；⑤ 玛章错钦活动断裂；⑥ 温泉活动断裂。除此还有许多活动断裂，特别是北—东方向的活动断裂。强烈的地震屡有发生，地震造成的地表变形痕迹赫然在目，规模非常壮观，自然灾害现象特殊、丰富（图2-5）。

图 2-5　可可西里 2001 年昆仑山地震遗迹

北纬 35° 以南几乎包容了整个可可西里地区的所有地震，而乌兰乌拉湖—岗齐曲活动断裂带就占有了可可西里 $M_s \geqslant 5.0$ 级地震总数的 60% 和 $M_s \geqslant 6.0$ 级地震的 75%，是少有的现代中强地震发震断裂带（叶建青，1994）。

　　可可西里地区自晚新生代以来火山活动十分活跃，火山作用遗迹广泛分布（图 2-6）。火山岩广布整个可可西里岩省，而五雪峰、马兰山和可可西里湖的火山岩露头最好，形成基本沿近东西走向大型逆冲—走滑断裂带分布（马文峰 等，2013）。火山岩可分为渐新世、中新世两期（郑祥身 等，1996），但以中新世火山岩分布最广，中新世也是可可西里火山活动最强烈的时期。

　　可可西里地区发现两条蛇绿混杂岩带，分别为西金乌兰构造混杂岩带和岗齐曲蛇绿混杂岩带，它们沿逆冲带分布。古生物、地层和同位素定年资料表明其时代为早石炭世—早二叠世（边千韬 等，1997），最宽出露 7 ~ 8km，最长近 100km。这些蛇绿岩的基质主要由硅质岩和千枚岩构成，其中杂乱无章地夹杂着石灰岩、大理岩、砂岩、枕状玄武岩、块状玄武岩、辉长岩、堆晶辉长岩等岩块（沙金庚 等，1992）。它们清楚地记录了可可西里地区的裂谷或洋盆—浅海—高原的古地理变迁史（沙金庚，1998）。

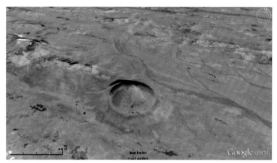

图 2-6 可可西里残留火山锥状体（图片来自 Googleearth）

地层特征

地层

可可西里地区地层属巴颜喀拉—羌北地层区的巴颜喀拉山和西金乌兰—玉树地层分区。区内主要出露的地层为：元古代、寒武纪、奥陶纪、石炭纪、二叠纪、三叠纪、侏罗纪、白垩纪、第三纪，具有明显的分区性。区内地层走向多为北西向、北西西向（张雪亭 等，2005）。新生代沉积的地层主要包括古新统—始新统风火山群（56.0 ~ 33.2Ma）、下渐新统雅西措群（33.2 ~ 30.0Ma）、下中新统五道梁组（23.0 ~ 16.0Ma），最大沉积厚度达到 7024m（姜琳 等，2009）。这套沉积地层完整地记录了可可西里地区从 40.0Ma 左右的由印度板块俯冲欧亚板块形成的反向逆冲断层型前陆盆地到 20.0 ~ 16.0Ma 断层停止活动的盆地抬升的全过程。

岩性

可可西里地区新生代沉积（古近纪—新近纪）以湖泊—河流相碎屑岩为主，碳酸盐岩次之，并可见少量石膏层和火山凝灰岩沉积。其中，始新世风火山群以一套紫红色、暗红色碎屑岩（砾岩、砂岩、粉砂岩）为主，夹灰岩、泥岩，局部地区夹含铜砂岩、页岩、石膏及火山凝灰岩；渐新世雅西错群为一套橘红—砖红色薄—中层状粗粒岩性砂岩、岩屑石英砂岩、泥岩、灰色钙质粉砂岩夹岩盐及石膏薄层底部巨厚层状复成分砾岩；中新世五道梁群为一套灰、灰白色薄—中层状泥晶白云质灰岩、亮晶团块白云质灰岩、生物碎屑灰岩夹菱铁矿薄层（吴驰华，2014）；该地区侵入岩相对较发育，仅以小岩株、小岩枝形态独立产出，零散分布。有多个侵入体，岩石类型主要有辉绿岩、闪长岩、石英闪长玢岩、花岗闪长岩、二长花岗岩、花岗斑岩（苗国文，2013）。

造山

可可西里反映了青藏高原北部地质演化的历史，对青藏高原乃至全球地质变迁研究具有重要意义。在地质学上，可可西里展现出潜在的全球性的突出价值。然而，对于可可西里以及青藏高原其他地区的重要性，仍然缺乏足够的监测和研究。本地区内主要经历三期重要演化过程，即晚石炭世—晚二叠世古特提斯洋盆关闭阶段，晚三叠世—侏罗纪前陆盆地的形成阶段以及新近纪青藏高原隆升阶段。

晚古生代—晚二叠世时期，可可西里地区为古特提斯洋一部分，区内经历特提斯洋—喜马拉雅造山运动，晚石炭世洋壳开始向北俯冲，至早二叠世末—晚二叠世初，古特提斯洋盆基本关闭（Harris et al.，1988；罗建宁 等，1991），并形成西金乌兰构造混杂岩带和岗齐曲蛇绿混杂岩带两条缝合带，它们也是可可西里地区的洋盆—浅海—高原的古地理变迁史的记录。

晚二叠世—早三叠世可可西里地区为断陷海槽，处于相对稳定的滨海和浅海环境，形成巨厚的深水沉积。三叠纪末由于班公湖—怒江一线发生海底扩张，羌塘地块向北推挤，发生强烈的造山运动。进入白垩纪，地壳南移，地壳伸展拉薄、下降，于是湖泊、盆地广泛出现。此时可可西里地区地质格架初步成型。

始新世，印度板块与欧亚板块碰撞，导致喜马拉雅造山运动的发生，在可可西里地区形成宽缓褶皱、冲断及走滑断层并伴有岩浆活动。这些断裂和火山至今仍然活动并在保护区内完整保存。火山作用形成的平顶方山和残留火山锥状体造就了独特的火山地貌（李炳元，1990）。始新世的造山运动以后，可可西里地区随着青藏高原的整体隆起而抬升，并往后期有明显加快的趋势。在渐新世—上新世时期，青藏高原约上升了1000m，上升速率平均每年0.03mm；晚上新世以来，青藏高原包括可可西里地区发生急剧隆升，同时伴有岩浆侵入和火山活动，在200万年的时间经历了3次大的构造运动，高原上升了3000～4000m，平均每年上升1.7～2mm。晚上新世后期，地壳活动平缓，以剥蚀作用为主，使得可可西里广大高原成为一个平坦的高原夷平面，由于后期盆地整体抬升，这个夷平面至今仍然完整保存（李炳元 等，2002a）。可可西里地区第三系的沉积地层完整地记录了青藏高原隆升过程及其环境效应。

◎ 第四纪冰川和冰川遗迹

可可西里冰川是当地景观中的重要元素——各种水体的源头，具有"亚洲水塔"的美誉（Owen et al.，2014）。区内冰川主要为大陆性现代冰川，具有顶部平缓，周围伸出众多大小冰舌的典型的冰帽冰川形态。主要分布在昆仑山、唐古拉山脉及零星分布的东岗扎日、马兰山等海拔6000m左右的高山上（图2-7）。主要特点是赖低温而存，冰川的面积积累少，消融弱，运动速度缓慢。根据2014年最新数据统计，该区发育429条冰川，其发育面积为852.65km^2，冰川储量为71.33km^3，为本区众多河流、湖泊水体的重要补给源。由于气候等原因，与2004年统计数据相比，冰川面积有明显的缩小，但是数量上略有增加。

可可西里地区并不存在所谓统一的青藏高原大冰盖的遗迹。古冰川遗迹主要分布于现代冰川外围（Owen et al.，2014）。据野外调查分析得知，东岗扎日

图 2-7　可可西里冰川分布卫星遥感影像及可可西里冰川实景

a.可可西里冰川分布卫星遥感影像；b.巍雪山冰川；c.布喀达坂峰；d.马兰山冰川；e.大雪峰冰川

的东南坡、马兰山北坡和布喀达坂峰南坡至少有 1 ~ 2 次冰期；昆仑山口至少有 3 次冰期。广大中小起伏的高山和高海拔丘陵没有发现古冰川作用遗迹。

　　布喀达坂峰山势险峻，冰川连绵，附近则地形宽缓，分布有众多湖泊。峰区有巨大的冰帽冰川，平均雪线高度 5550m，冰川面积 243.6km^2，此峰区有 53 条冰川，其中最大的布喀达坂冰川（图 2-7，图 2-8），长 24.2km。平卧于

图 2-8　布喀达坂冰川

东南坡，形成尾宽 3000m 的宽尾冰川，冰舌末端 4910m，在冰舌前缘平坦谷地近 2000m 的范围内，有残留的冰塔状孔冰和冰碛残留，形态千奇百怪，就像一座魔鬼城堡。在布喀达坂峰的南坡，海拔 5000m 左右有一片热气泉喷出，远看高原前面是湛蓝的太阳湖水，后面是高耸入云的冰峰和悬挂半空中的银龙，形成一幅壮观的画面。

马兰山海拔 5790m，上面覆盖了很多冰川（图 2-7），此山共有冰川 42 条，总面积 195km²，总储水量 $2.223 \times 10^{11} \text{m}^3$，平均年融水量 $6.8 \times 10^6 \text{m}^3$，冰帽南坡冰川边缘冰碛砾石较粗大，磨圆度较差，冰碛垄宽度在 30 ~ 50m 之间，并且越靠近冰川，新鲜冰碛垄的宽度有越发变宽的特点，冰川遗迹与气温变化密切相关（蒲健辰 等，2001）。

可可西里是青藏高原地区夷平面保存较好的地区（Wang et al.，2014）。青藏高原现今存在的层状地貌与青藏高原内流湖盆演化以及持续至今的冻融夷平作用密切相关，其形成是青藏高原以南北构造挤压为特征的内动力因素，以及以高原各独立湖盆为基点的地表剥蚀夷平作用和高温差下的冻融夷平为特征的外动力因素共同作用的结果。高原山顶面的形成和分布受高原广泛发育并持续至今的冻融作用的强烈改造，其分布与冻融陡坡带发育密切相关，同一地区根据原始地貌的不同，往往有多级冻融夷平面同时存在（图 2-9）。

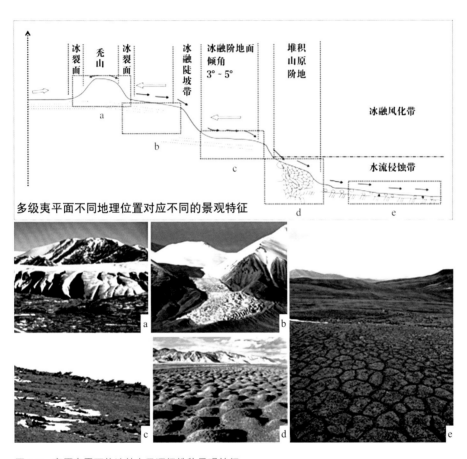

图 2-9 高原夷平面构造特点及逐级地貌景观特征

夷平面图（上）根据邵先刚 等，2009 修改，景观特征（下）来自《中国国家地理》杂志
a.夷平面顶端的山川景观；b.冻裂面的冰舌景观；c.冻融陡坡带的冻融石笋景观；
d.冻胀草丘景观；e.冻融风化带的冻胀石环景观

同时，区域内雪山冰川与冻土带形成独特的冰缘地貌景观，由于地区逐级发育的夷平面，形成了阶梯式的地貌特征，自上而下分别发育冰川、石冰川、冰舌、冻胀"石林"和融冻褶皱（冰卷泥）、冻胀丘、冻胀草丘、热融洼地、热融湖塘、冰缘黄土与沙丘等冰缘地貌景观。

◎ 多样的高原湖泊

可可西里湖泊星罗棋布，区内广大地带水流排泄不畅，积储成泊（图2-10）。根据区域地理要素计算，可可西里地区湖泊度约为 0.05（胡东生，1994），平均海拔高达 4400m，保护区湖泊群具有高海拔、大密度，多类型等突出特点，在全球高原地区，实属罕见。

当地以内流湖（封闭湖盆）为主，并有少量外流湖（河间湖）的展布。

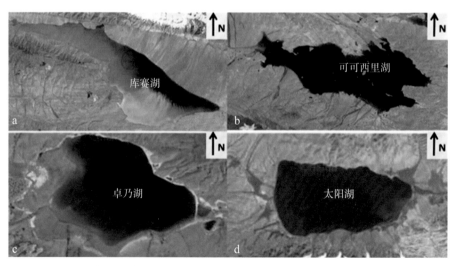

图2-10　可可西里地区主要的湖泊形态遥感图（图像来自百度地图）

a. 库赛湖；b. 可可西里湖；c. 卓乃湖；d. 太阳湖

图 2-11　库赛湖

从区域地质条件和湖泊发育史分析，区内广大的内流湖与外流湖之间存在着亲缘演变的地质历史关系，而由于近十年间可可西里气温的升高与沉积作用的不断增强，区内各湖盆面积都有显著扩大的趋势（Yan et al.，2015）。

据统计，青海可可西里地区面积大于 1km^2 的湖泊有 107 个，总面积为 3825km^2（Yan et al.，2015）。最大的湖泊为西金乌兰湖，其湖泊面积为 383.6km^2（为 2000 年数据，下同），其次为可可西里湖（319.5km^2）、卓乃湖（264.98km^2）、库赛湖（274.4km^2）（图 2-11）、勒斜武担湖（245.56km^2）、多尔改错（144.1km^2）、饮马湖（108.46km^2）、太阳湖（102.59km^2）、明镜湖

图 2-12　藏羚产房卓乃湖

（91.42km²）等。

可可西里的湖泊类型包括淡水湖、咸水湖和盐湖，但多为咸水湖（矿化度 30 ~ 50g/L），半咸水湖（矿化度 1 ~ 35g/L）、淡水湖（矿化度 <1g/L）和盐湖（矿化度 >50g/L）分布较少。淡水湖多呈淡绿及绿浑染色，咸水湖多呈浅蓝—深蓝色，盐湖多呈白色及浅灰色，涵盖了湖泊的不同演化阶段。

当地湖泊的这种发育特点受到了青藏高原内部复杂的地质结构和环境条件的影响，同时湖泊本身也记录了青藏高原发展过程中的沉积历史及演化事件，与青藏高原的地质演化具有密切联系。由于深处无人区，湖泊的发展演化完全在自然环境下进行，不受人类生产活动的影响，因此对它们的变化规律研究对全球的气候变化等重要科学问题具有重要意义。

在众多湖群中，对于藏羚生存影响最大的就是其北部的卓乃湖（图 2-12，图 2-13）。卓乃湖是青藏高原上一个大型淡水湖泊，位于青海省格尔木西南 280km，地理坐标为 35.53°N，92°E。湖盆面积约为 265.5km²（截至 2010 年，Yan et al.，2015）。从卫星遥感图观察湖体为箕状湖盆（图 2-13），北东一侧

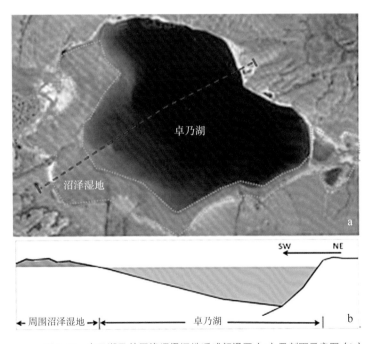

图 2-13 卓乃湖及其周缘沼泽湿地遥感解译图（a）及剖面示意图（b）

陡倾，南西一侧平缓，沼泽湿地多集中发育在湖岸线平缓一侧。

卓乃湖及其周缘沼泽是藏羚主要产羔地，可可西里以及来自周边地区的绝大多数雌藏羚在每年7、8月份都会集中到卓乃湖以南一片不大的地区产羔，9月份返回越冬地与雄藏羚合群。卓乃湖南岸几万只雌藏羚聚集，有的已产下活蹦乱跳的羚羔，有的正在期盼小生命的降生。5404m的好日阿日旧雪山下，万羚奔腾犹如阵阵热浪，空气中充满柔和的藏羚叫声，壮观景象令人叹为观止。

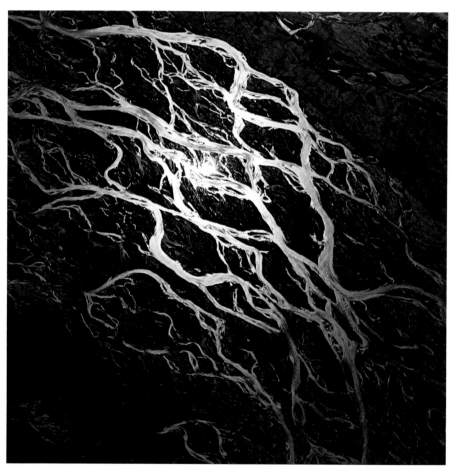

图2-14　长江北源上游楚玛尔河网状河湿地

由于区域地质与地形条件的限制，面积小于 $1km^2$ 的小水洼地广布，沼泽泥滩湿地发育（图 2-14）。根据野外地面调查和卫星遥感图像的分析，可可西里地区沿湖泊（湖滩）及其河流（河滩）展布的湿地（主要为沼泽和泥滩）面积很大，经粗略估算为 1500～2000 km^2，地表水及湿地面积达 5000 km^2 以上，这种特殊的湖泊、河流、湿地结构对区内生态环境有明显的制约作用，这也是湖泊综合体的功能之一。

第三章

可可西里生态总论

CHAPTER

3

◎ 生物地理区划

　　根据全球生物地理省区划图（Udvardy，1975）的划分，可可西里处于古北界（Palearctic realm），高寒荒漠半荒漠省［Cold-winter（continental）deserts and semi-deserts］，青藏区（Tibetan）。该生物地理省内目前只有新疆天山为世界自然遗产，天山属于中亚山地区，而青藏高原区的世界自然遗产尚属空白。

　　另外，在世界自然基金会（WWF）定义的 Global 200 生态区划中，该区域和缓冲区位于山地草场和灌丛生态区（Montane grasslands and shrublands）中的青藏高原草原区（Tibetan plateau steppe）。

　　基于世界自然基金会的评估，该区域生态保护状态属于易危，而气候变化影响缺乏数据评估，但周边地区气候变化影响极高（见 http://taigagohardd.weebly.com/merjor-weather-pattems.html，访问日期：2019-10-30）。

◎ 第三纪以来的生态演变

伴随着青藏高原的隆升，可可西里地区的生态系统发生了剧烈的演变。其演变阶段通常分为第三纪时期和第四纪时期。

第三纪

第三纪早期，即由古新纪至始新纪，昆仑山至唐古拉山之间的广大地区为剥蚀平原，海拔不超过1000m，此时的气候是第三纪最热的时期，我国中部包括可可西里地区都属于副热带干旱区，最常见的植物是旱梅 *Palibinia*，代表了干热或季节性干热气候，与其共生的有榆 *Ulmus*、槐 *Sophora*、榛 *Corylus*、榉 *Zelkova*、栎 *Quercus*、枣 *Ziziphus* 等，裸子植物有水杉 *Metasequoia* 等，热带、亚热带的常绿植物有十大功劳 *Mahonia*、樟 *Cinnamomum* 等，蕨类植物有木贼 *Equisetum*、海金沙 *Lygodium* 等，水生植物有菱 *Trapa* 等。

渐新世，太阳辐射量下降，气温降低。藏北地区湿润程度较大，但在柴达木地区则以松 *Pinus*、雪松 *Cedrus*、铁杉 *Tsuga*、木兰科 Magnoliaceae、山龙眼科 Proteaceae 和桃金娘科等为主，处于南北植物区系之间过渡地带的可可西里地区应是二者的结合，但以北部植物群为主，因为此时冈底斯山已上升到一定高度。

渐新世末时，喜马拉雅运动开始，青藏高原抬升，但幅度不大，气候仍基本上保持着第三纪早期的状况。到了中新世，青藏高原进一步抬升，可可西里地区的海拔高度估计在 1500 ~ 2000m，对印度洋季风虽有阻隔作用，但尚不显著，从柴达木地区南部边缘到西藏南木林县，统属于"青藏栎、桦及灌丛植物区系"，有以桦、松、柳、栎为主，共生鹅耳枥 *Carpinus*、山核桃 *Carya*、铁杉、楝 *Melia* 等组成的亚热带落叶或常绿针阔叶林，林下出现了豆科

Legnminosae、蒿属 *Artemisia*、伞形科 Umbelliferae 和禾本科 Gramineae 植物及杜鹃属 *Rhododendron* 灌木，说明植被有从亚热带向暖温带转化的趋势。尤其是在泽库县，产有青海紫杉 *Taxus qinghaiensis*、柳属、毛茛属 *Ranunculus* 等，更证明了这一推测，因为这些植物的现代种大都分布在暖温带和亚热带地区。

一般认为，喜马拉雅运动的第二阶段开始于上新世（530万—260万年前），此时长江源头的高平原已上升到海拔 3000m 左右，气候广泛恶化，气温下降。从昆仑山到唐古拉山出现了两类植物群：第一类是以云杉占优势，并夹有热带针阔叶林树种，其中以乔木占绝对优势，而云杉又最多，松和榆次之，其他还有冷杉、楝、栎、雪松、罗汉松 *Podocarpus*、五加科 Araliaceae、芸香科 Rutaceae 以及少数苏铁 *Cycas* 等。第二类是以榆属占优势，也夹有亚热带针叶阔叶林树种组合，仍以乔木为主，以榆最多，松、桦次之，还有少量云杉、雪松、柳、芸香科、楝科、漆、枫香 *Liquidambar* 和椴 *Tilia* 等，草本主要有藜科、麻黄和蒿类，其他还有水龙骨科、凤尾蕨、瘤足蕨 *Plagiogyria* 和卷柏 *Selaginella* 等。这两类植物孢粉组合多少说明当时青南高原森林之盛。由于草本植物以藜科、麻黄为主，反映了这里的旱化加强。同时，由于海拔的升高，已有平原、低山和高山之分，可能已出现垂直带谱。平原受到海洋气候影响，温暖湿润，平坦处为草原，沟谷以榆、楝、枫香等组成的暖温性阔叶林为主。低山则由松、桦、栎组成温性针阔叶混交林，高处由雪松、铁杉等组成温性针叶林带，再高处是由云杉等构成的寒温性针叶林。

第四纪

第四纪是青藏高原地史中的激烈动荡时期，喜马拉雅运动进入了第三阶段，即剧烈隆起阶段。此时全球气温下降，气候向干冷方向发展，冰期和间冰期交替出现。可可西里地区也受如此影响，森林、草原、荒漠发生了进退、更替或消失等变化，植被演化同时激烈进行，冰川进退被认为是促进新种形成的重要因素之一。

在早更新世发生了惊仙冰期和望昆间冰期，从昆仑山到唐古拉山进行着森林和草原的更替，干冷期以草原为主，其中以藜科、麻黄、蒿类占优势，还有菊科 Compositae、龙胆科 Gentianaceae、石竹科 Caryophyllaceae 和毛茛科 Ranunculaceae 植物，灌木有白刺 Nitraria、柽柳 Tamarix 等，这些可能是柴达木盆地植物成分向南的扩展。暖湿期以森林植被为主，且有由北向南逐渐增加的趋势，其中以云杉占优势，也有松、榛、桦、雪松、冷杉、栎、胡桃、椴和芸香科植物，还有唐松草 Thalictrum、蕨类等草本植物。当时总体呈现大陆性森林草原景观，但有南北差异：南部主要由栎、雪松、胡桃、藜科等组成；北部则由松、圆柏 Juniperus、桦、榛、柽柳等组成。云杉、冷杉仍居于山之上部。此时，可可西里的湖沼中尚生长着丰富的挺水植物，如香蒲 Typha、黑三棱 Sparganium 和沉水植物眼子菜 Potamageton、狐尾藻 Myriophyllum 以及在淡水静水和浅水的环境中才能生长的短棘盘星藻 Pediastrum 和水绵 Spirogyra。

从中更新世到晚更新世，又发生了 4 次冰期，青南高原已抬升到 4000m 以上，高原季风形成，高原面上的年平均气温降至 8 ~ 10℃，虽然在间冰期气温回升，湿润程度增加，森林植被得到一定程度的恢复，但时间短暂，随着地势不断升高，高寒生态环境不断强化，森林植被或者消失，或者"退居"于东部峡谷地带，除了东北部少数地方之外，温性针阔叶林全部消失，仅保留了寒温性针阔叶林。与此同时，高原面上进行着广泛的草甸化、草原化和部分地方的荒漠化，高寒草甸、高寒草原和高山垫状植被以及冰缘植被成为主要的植被类型，至全新世时，已接近现代植被的分布格局。

值得注意的是，近年可可西里的考察资料，初步揭示了青南高原西部地区自晚更新世到全新世以来的植被和气候变化情况。经对布南湖和乌兰乌拉湖三个剖面的孢粉组合研究，充分反映了此处末次冰期的气候模式与青海湖区、中国北部平原区和黄土高原区相似，显示出盛冰期、新仙女木期和高温期的气候状况。

在距今 19 200 ～ 11 500 年，总的属于干旱气候类型，其中有几次小的波动，植被明显地与冰期和间冰期相联系。在 19 200 ～ 17 200 年前，正值全球盛冰期，气候干燥寒冷，植被不发育，可可西里为稀疏荒漠和草原植被，生长有旱生、盐生的藜科、麻黄科等矮半灌木，水分条件稍好的地方长有莎草科、禾本科、石竹科、藜科 Polygonaceae 和蒿类组成的草甸与草原。距今 17 200 ～ 15 400 年，气候较前温湿，湖面上升，沉水和挺水植物增加，陆生植物仍以藜科为主，而由湿生、中生的草本如莎草、禾本、石竹、藜等科植物和蒿类组成的草甸、草原面积扩大，花粉数量增加，且有眼子菜的小坚果和香蒲花粉。距今 15 400 ～ 13 800 年，上述草甸、草原面积减少，而由藜和蒿类组成的荒漠植被占据了广阔的面积，但盖度并不高。到了距今 14 800 年时，湖中淡水植被消失，又反映了气候趋于冷干。距今 13 800 ～ 11 500 年，草甸、草原面积再次扩大，荒漠植物也较前繁茂，淡水、静水中除有水绵之外，还有短棘盘星藻和香蒲等，说明气候较为温润。到了距今 11 500 ～ 10 400 年时，花粉浓度极低，缺少水生和乔木花粉，也没有蕨类孢子，荒漠植被分布稀疏，草甸和草原仅能分布在水热条件较好的地段，气候极度干燥寒冷。

距今 10 400 年时，即基本上进入了全新世，草甸、草原面积扩大，荒漠植被也得到发展，水绵十分丰富，说明当时比现在较为温湿。至距今 9800 年时，气候又转入暖干，水生植物明显减少。距今 9800 ～ 8000 年时，花粉浓度增加，乔木以松、桦为主，还有冷杉、落叶松、榛、栎、桤木 Alnus、胡桃、榆、柳等，草甸和草原面积扩大，淡水植物繁盛，蕨类也占有较高的比例，开始进入较为温暖潮湿的高温期。距今 8000 ～ 5500 年时，花粉数量上升为最高值，森林线上升，乔木有松、桦、榛、桤木、榆等，莎草、禾本、龙胆、豆和石竹等科植物和水生植物孢粉密度增加，偶然还见到蕨类孢子，从青海湖区在此一段时间内尚有温带针阔叶林的事实可以说明这里的乔木花粉不大可能都是从远处随着高空气流搬运而来。估计此时的年均温较今高出 2 ~ 5℃，有可能在条件好的地方出现森林草原。

从距今 5500 年起，草甸草原收缩，旱生、盐生植物增加，荒漠和荒漠草原扩大，盖度降低，基本上确定了现代植被物系的特征。

◎ 典型生态系统

生境类型

根据 IUCN/SSC 全球生境分类系统，可可西里拥有一级生境类型中的 5 个，占全球一级生境类型总数的 38.46%（表 3-1）。

表 3-1 青海可可西里的 IUCN/SSC 一级生境类型

一级 IUCN/SSC 生境	可可西里生境
1. 森林	
2. 草原	
3. 灌丛	●
4. 草地	●
5. 湿地	●
6. 裸岩区	●
7. 洞穴	
8. 沙漠	●
9. 海洋	
10. 海岸线 / 潮间带	
11. 人造陆地	
12. 人造水域	
13. 引入植被	

生态系统

根据可可西里的主要生境类型，其生态系统主要有高寒荒漠、高寒草原 / 草甸和湿地。其中又以高寒草原 / 草甸分布面积最为广大。

可可西里高寒草原 / 草甸生态系统中分布的植被类型主要有高寒草原、高寒草甸和高山冰缘稀疏植被。其他植被类型如沼泽草甸、河谷草甸灌丛、山地灌丛也都有分布（郭柯，1993）。上述植被类型组成了生态系统的基础。高寒草原 / 草甸又是野生动物最为集中分布的两种生态系统类型，也是藏羚、野牦牛、藏野驴、藏原羚等青藏高原特有食草动物，以及棕熊、狼等大型食肉动物集中分布的生态系统类型。

可可西里高寒荒漠分布面积很小，其中的植被多以高寒草原植被类型中的耐寒类型为主。活跃在高寒草原 / 草甸上的动物也少量或短时间进入高寒荒漠活动。

可可西里的湿地面积虽然不大，但是构成了一类十分多样且对生物多样性非常重要的生态系统。可可西里的湿地形态主要包括河流、沼泽、湖泊三类。可可西里的河流多发源于冰川融水，除了个别大河，如楚玛尔河，多为季节性河流，只在短暂的春夏季节有流水；而大多数小河、溪流即便在夏季，每天均有昼夜交替的融冻现象。由于这种高度不稳定性，小溪、小河中生物稀少。可可西里的湖泊处于演化的不同阶段，既有淡水湖，也有咸水湖。无论淡水湖还是咸水湖都是水鸟和野生动物的重要栖息地。矿化度较低的湖泊在短暂的夏季长满了水草，生存有大量钩虾和鱼类。这些食物吸引来大量的适应高寒生境的水鸟。矿化度较高的湖泊中生长有卤虫，也是一些鸟类的重要食物。湖泊周围的沼泽是水鸟繁殖的重要区域。而大湖沼泽周围的湿润草甸则是藏羚的重要产羔地，也是其他大型野生动物集中活动的区域。

垂直自然带谱

可可西里的地理位置和与此相关的气候条件，特别是水热复合因素，决定了植被分布的总体格局。由于可可西里的主要地貌特征是完整的高原夷平面和湖盆，大部分地区地势起伏不大，所以给人植被垂直分布不显著的直观感觉。

从高原整体和植被的性质来看，该区绝大部分归属于高寒草原地带（图3-1）。该区西北部广泛分布的冰缘稀疏植被与区域整体隆升的高度及干旱的气候密切相关，是草原植被带中因海拔高度和气温的差异而产生的垂直带上的类型。在部分低地和河谷存在的草原能证明这一点。事实上，这种类型在青藏高原北部、帕米尔高原普遍存在于植被垂直带谱中，所不同的是在可可西里西北部，这种类型不仅出现在山坡上，而且展布在海拔5000m左右的高原面，使人易产生与其水平分布的植被地带等同的错觉。

图 3-1 俯瞰可可西里。可可西里绝大部分归属于高寒草原地带

第四章

CHAPTER

4

可可西里的植物多样性

◎ 可可西里地区的植被类型

可可西里处于青藏高原高寒草甸—高寒荒漠的过渡区，主要植被类型是高寒草原和高寒草甸，高山冰缘植被也有较大面积的分布，高寒荒漠草原、高寒垫状植被和高寒荒漠也有少量分布，特别是高寒荒漠仅分布在极个别的地区。

高寒草原

高寒草原是本区分布面积最大的植被类型，约占总面积的 45%，主要以紫花针茅 *Stipa purpurea*（图 4-1）、青藏薹草 *Carex moorcroftii* 和扇穗茅为建群种。

紫花针茅草原

紫花针茅草原是青藏高原高寒草原中分布面积最大、最重要的群落类型。在可可西里地区主要分布在东部青藏公路沿线一带，可可西里内部分布较少，且种类组成和结构也有差异。

图 4-1　紫花针茅　　　　　　　　　　　　　图 4-2　垫状棱子芹

分布于可可西里东部和南部的紫花针茅草原，群落种类组成比较丰富，主要有青藏薹草、密花黄耆 *Astragalus densiflorus*、丛生黄耆 *Astragalus confertus*、垫状棱子芹 *Pleurospermum hedinii*（图 4-2）、裂叶独活 *Heracleum millefolium*（图 4-3）、藓状雪灵芝 *Arenaria bryophylla*（图 4-4）、短穗兔耳草 *Lagotis brachystachya*（图 4-5）、扇穗茅、矮生二裂委陵菜 *Potentilla bifurca* var、*humilior*、唐古拉点地梅 *Androsace tanggulashanensis*、黄白火绒草 *Leontopodium ochroleucum*、梭罗以礼草 *Kengyilia thoroldiana*（图 4-6）、镰叶韭 *Allium carolinianum*（图 4-7）、白花枝子花 *Dracocephalum heterophyllum*（图 4-8）、矮羊茅 *Festuca coelestis*、座花针茅 *Stipa subsessiliflora*、钻叶风毛菊 *Saussurea subulata*、黑苞风毛菊 *Saussurea melanotricha*（图 4-9）等。群落总盖度为 20%～35(40)%，其中建群种紫花针茅的分盖度一般为 8%～20%。大致可分为生殖枝层（20～35cm）和叶层。

分布于可可西里地区内部个别谷地、湖盆周围的紫花针茅草原，常见

图 4-4　藓状雪灵芝

图 4-3　裂叶独活

图 4-5　短穗兔耳草

图 4-6　梭罗以礼草

图 4-7 镰叶韭　　　　　　图 4-8 白花枝子花

图 4-9 黑苞风毛菊

图 4-10　矮火绒草

伴生植物有矮火绒草 *Leontopodium nanum*（图 4-10）、冰川棘豆 *Oxytropis proboscidea*、丛生黄耆、青藏薹草、矮生二裂委陵菜、胀果棘豆 *Oxytropis stracheyana*、粗壮嵩草 *Kobresia robusta*、梭罗以礼草、白花枝子花、垫状驼绒藜 *Krascheninnikovia compacta*、垫状棱子芹等。群落总盖度一般仅为 11% ~ 23%，紫花针茅的分盖度为 3% ~ 10%。分布于中部个别山地上的紫花针茅草原，种类成分较丰富，除了以上常见的伴生植物外，还常出现单头亚菊 *Ajania kharnhorstii*、美花草 *Callianthemum pimpinelloides*、弱小火绒草 *Leontopodium pusillum* 等。群落总盖度可高达 55%，其中紫花针茅分盖度为 15% ~ 35%。

青藏薹草草原

青藏薹草（图4-11）具匍匐根茎，喜沙耐寒，水分生态适应范围极广，有许多生态型。青藏薹草高寒草原主要分布于青藏高原中北部的沙质地，构成该区域最主要的景观类型，也是青藏高原高寒草原中分布面积仅次于紫花针茅草原的又一主要类型。在可可西里地区分布于沱沱河和祖尔肯乌拉山以北的宽谷湖盆和山坡覆沙地。因土壤基质的成因、机械组成、化学性质和区域水分状况的不同，群落的结构、种类组成都有较大的差别。

在风成地貌堆积沙地上，沙层深厚、疏松。青藏薹草高寒草原往往为单优势种，群落种类组成简单。伴生植物较常见的有密花黄耆以及粗壮嵩草、梭罗以礼草等几种。群落层次分化不明显，总盖度为18% ~ 25%。青藏薹草分盖度常达10% ~ 25%，甚至有时形成单一种的纯种群类型。在沙层深厚、基质稳定、风蚀弱而质地稍细的沙地上，群落种类组成较丰富。伴生植物常见到的是梭罗以礼草、粗壮篙草、紫花针茅、曲枝早熟禾 Poa pagophila、密花黄耆、丛生黄耆、冰川棘豆、钻叶风毛菊、二裂委陵菜 Potentilla bifurca 等。群落一般可分出两层，即青藏薹草、禾草为主的第一层（5% ~ 12%）和豆科、菊科植物为主的贴地面生长的第二层。总盖度为20% ~ 30%，部分地段高达40%以上。青藏薹草的分盖度为8% ~ 25%，往往有一个或几个种与其组成共优势

图4-11　青藏薹草

种群落。

在砾质沙地或较硬母质上覆盖沙砾层的地方，青藏薹草高寒草原的种类组成更为复杂，除上述常见的伴生植物外，还常有胀果棘豆、少花棘豆 *Oxytropis pauciflora*、扇穗茅、藓状雪灵芝、白花枝子花、柔软紫菀 *Aster flaccidus*、镰叶韭、短穗兔耳草、穗三毛 *Trisetum spicatum*、垫状棱子芹、矮羊茅等，群落盖度一般为 11% ~ 26%。

扇穗茅草原

扇穗茅是青藏高原特有的根茎禾草，耐寒、耐旱，主要分布于高原的东部和北部。在可可西里东北部，乌兰乌拉山以北、昆仑山以南、可可西里山以东的外流区及其镶嵌湖盆广泛分布。特别是宽阔的谷地和湖盆周围多泥灰岩砾块的沙砾质地，往往分布着扇穗茅的稀疏群落。在高寒草原扇穗茅单优势种常占据开阔谷地、湖盆周围含大量泥灰岩砾块的沙砾地，剥蚀残丘顶部和砾石质冲积扇。常见的伴生植物有青藏薹草、唐古拉点地梅、短穗兔耳草、钻叶风毛菊、镰叶韭、单花翠雀花 *Delphinium candelabrum*、藓状雪灵芝、冰川棘豆、胀果棘豆等。群落总盖度一般为 10% 左右，最低不足 5%，最高可达 18% ~ 25%。明显形成两层，即扇穗茅和镰叶韭等形成第一层（25 ~ 35cm），其余植物形成第二层（10cm 以下）。

扇穗茅和青藏薹草为共优势种的高寒草原主要分布在谷地有较厚积沙的地方，且表层土壤常含较多的石砾或泥灰岩砾块。伴生植物有唐古拉点地梅、钻叶风毛菊、丛生黄耆、梭罗以礼草、短穗兔耳草、早熟禾、藓状雪灵芝、垫状棱子芹等。群落盖度为 22% ~ 34%，同样有明显的两层分化。扇穗茅等豆科植物为优势种的高寒草原分布在楚玛尔河北部老第三系砂岩风化形成的沙砾地上，表层数厘米是黄色疏松、极干燥的沙层，下层为硬度极大的深红色碱沙土。植物根系不易向下生长，多集中在表层 10cm 以上。伴生植物有紫花针茅、青藏薹草、梭罗以礼草、胀果棘豆、密花黄耆、镰叶韭、唐古拉点地梅、垫状棱子芹、裂叶独活、矮火绒草、美花草、钻叶风毛菊和藓状雪灵芝。群落盖度约为 21%，其中豆科杂类草约为 11%，扇穗茅约为 7% 左右。

可可西里地区高寒草原除了以上最主要的类型外，分布面积较大的还有豆科杂类草草原、镰叶韭草原和早熟禾草原等。豆科杂类草草原优势植物有团垫黄耆 *Astragalus arnoldii* 等。它们常相互结合在一起形成多优势种群落，有时也见单优势群落。常分布在石质的湖岸坡地、玄武岩台地、坡积物、山坡基岩出露的地方和海拔约 5000m 的冰川河两侧较老的砾石阶地。镰叶韭为优势种的群落见于正东河河岸沙砾地和楚玛尔河北部的沙砾地。一般常形成共优势种类型，主要共优势种有青藏薹草和扇穗茅，豆科植物在群落中的作用也比较大。早熟禾草原优势种主要有曲枝早熟禾，分布于可可西里北部昆仑山前谷地河岸阶地和五雪峰北坡冰碛台地、乌兰乌拉湖湖岸沙地局部。

高寒草甸

高寒草甸主要以高山嵩草 *Kobresia pygmaea* 和无味薹草 *Carex pseudofoelida* 为建群种，主要分布于东南部的唐古拉山北坡、长江源一带、中东部山地垂直带以及有利于积雪和水分积聚的坡脚凹地。

高山嵩草草甸

高山嵩草草甸是青藏高原高寒草甸中较能适应寒冷干旱（包括生理性干旱）特点的草甸类型。在可可西里地区主要分布在东南部海拔 5200m 以下的山坡、丘陵和谷地，在各拉丹冬峰东北坡甚至分布到 5400m 以上。祖尔肯乌拉山、风火山口、日阿尺山和五道梁西部的贡冒日玛山等山地垂直带上也都有分布。

分布在唐古拉山北坡的草甸绝大部分为单优势种类型，环境水分条件较好，植被覆盖度较高，一般为 80% ~ 95%。群落水平结构较均匀，在坡面坡度较大时常形成鱼鳞状斑块。垂直结构无明显层次分化，一般仅一层，高

图 4-12　四裂红景天

图 4-13　黑毛雪兔子（右图）

图 4-14　西藏虎耳草

图 4-15　鼠麴雪兔子　　　　　　　　　图 4-16　多刺绿绒蒿

3cm。通常高山嵩草的分盖度约占群落总盖度的 90% 以上，伴生植物分盖度较低。群落中的伴生成分有：唐古拉点地梅、四裂红景天 *Rhodiola quadrifida* （图 4-12）、鸦跖花 *Oxygraphis glacialis*、矮羊茅、穗三毛 *Trisetum tibeticum* 等植物。在有些潮湿地段还常有苔藓植物出现，但盖度不大。在海拔 4800m 以上的平缓剥蚀残丘顶部，因土层不断遭受剥蚀而缺乏深厚密实的草皮层，母质多系冰碛物，多石砾，高山嵩草草甸常表现出退化的迹象，群落的盖度一般仅为 40%～60%。

　　分布于中东部山地上的高山嵩草草甸，有相当部分是与唐古拉点地梅和无味薹草组成共建种的群落。结构也有较大的差异。总盖度一般为 55%～85%，水平结构呈斑块状。种类组成中有很多草原成分，如扇穗茅、矮生二裂委陵菜等。一些分布于冰缘的适冰雪植物也大量出现，如黑毛雪兔子 *Saussurea inversa*（图 4-13）、西藏虎耳草 *Saxifraga tibetica*（图 4-14）、鼠麴雪兔子 *Saussurea gnaphalode*（图 4-15）、多刺绿绒蒿 *Meconopsis horridula*（图 4-16）、喜山葶苈 *Draba oreades* 等，具有明显的过渡性。

无味薹草—唐古拉点地梅草甸

无味薹草—唐古拉点地梅草甸分布于本区中北部地区，在祖尔肯乌拉山、乌兰乌拉山、可可西里山以及五雪峰等山地阴坡、坡脚、似马鞍形山地鞍部、冰碛台地和冰冻洼地等局部特殊环境中常有分布。土壤盐分含量较高，表层常可见到白色的盐分结晶，缺乏草甸常见的草皮层、冻胀作用形成的石环和比较明显的结皮。群落的生态环境、种类组成和结构与帕米尔东部高山及亚高山带广泛分布的无味薹草草甸较相似。水平结构受土壤质地和冻融作用的影响而呈斑块状，垂直结构层次分化不明显，除了禾草、马先蒿等几种植物生长稍高外，其余植物均贴地生长。群落的盖度一般为40%左右，有时更低，其中垫状植物比例较高，伴生植物主要是矮羊茅、阿尔泰葶苈 *Draba altaica*（图

图 4-17　阿尔泰葶苈

4-17）、藓状雪灵芝和大量高寒草原与高山冰缘成分，如曲枝早熟禾、扇穗茅、密花黄芪 *Astragalus densiflorus*、二裂委陵菜、西藏虎耳草、鼠麴雪兔子、钻叶风毛菊、光缘虎耳草 *Saxifraga nanella* 等。

西藏嵩草草甸

以西藏嵩草 *Kobresia tibetica* 为优势种的群落发育在积水谷地和排水不良洼地的高寒沼泽草甸以及坡脚山裙部水分条件较好且无积水的高寒草甸中，均与地形和下部有冻土隔水层有关，是本区主要隐域性植被类型。高寒沼泽草甸常有终年积水或较长时间的季节性积水，地表形态特异，形成 20 ~ 60cm 深的积水坑和 30 ~ 50cm 高的塔头草墩。积水坑随所处地海拔高度、地形部位、积水时间长短和水分多少等而不同，坑内一般不再生长高等植物。群落的盖度因积水坑的大小和多少而变化，除积水坑外，盖度常接近 10%，其中建群种分盖度可达 90% ~ 97%。伴生植物有柔小粉报春 *Primula pumilio*、高山唐松草 *Thalictrum alpinum*、鸦跖花等。

分布在山裙部、鞍部和坡脚的西藏嵩草草甸多少也表现出塔头形式，但低凹处并不见积水，土壤有干湿期交替，表层 15cm 左右质地较细，腐殖质含量较高，15cm 以下往往多为灰色的冲积、堆积沙砾。其水分的补给除了大气降水外，主要是通过表层下的沙砾层由高处渗移而来，地表径流不明显。群落总盖度为 80% ~ 95%，其中建群种分盖度为 50% ~ 90%，无味薹草占 5% ~ 40%。伴生植物常见的还有蓝白龙胆 *Gentiana leucomelaena*（图 4-18）、唐古拉点地梅、镰萼喉毛花 *Comastoma falcatum*（图 4-19）、钻叶风毛菊、四裂红景天、柔小粉报春等。这种高寒草甸是可可西里地区生物生产力最高的类型。

高山垫状植被

高山垫状植物在可可西里地区各种植被类型中普遍存在，在某些特殊环境

图 4-18　蓝白龙胆

　图 4-19　镰萼喉毛花

中作为优势种存在于群落中。主要垫状植物群落有簇生柔子草群落、唐古拉点地梅群落。前者分布于西北部海拔 5000m 左右的宽阔冰碛坳地。群落盖度为 5% ~ 12%。伴生植物有鼠麹雪兔子、阿尔泰葶苈、藓状雪灵芝、紫花糖芥和早熟禾等。后者分布于西部湖盆边缘和平缓的丘间谷坡，轻度盐演化的地方常密度较高。群落总盖度为 14% ~ 43%，其中唐古拉点地梅分盖度为 5% ~ 38%。常见伴生植物有无味薹草、钻叶风毛菊、曲枝早熟禾、青藏薹草、四裂红景天、鼠麹雪兔子、羌塘雪兔子 Saussurea wellbyi、藓状雪灵芝、多刺绿绒蒿、阿尔泰葶苈、短穗兔耳草、弱小火绒草等。

高山冰缘植被

高山冰缘植被是可可西里地区分布面积仅次于高寒草原的类型，特别是在西北部地区分布广泛。高山冰缘植被是高山无植被地段与连续植物被覆地段之间过渡地带的一种特殊植被类型。在可可西里地区东南部 5200m 以上，西北部 4720m（甚至 4900m）以上，高山冰缘植被具有广泛的发育。特别是西北部地区，由于气候干燥，雪线较高，平均海拔高度在 4900m 以上，多种多样的冰缘稀疏植被在此分布。其下部植被带是无味薹草、矮羊茅、藓状雪灵芝、鼠麹雪兔子、喜山葶苈、白花枝子花、西藏虎耳草和青藏薹草等组成的稀疏块状植被。盖度往往不足 5%，但在个别坡面下部可达 26%。稍上部有小垂头菊 Cremanthodium nanum、昆仑雪兔子 Saussurea depsangensis、多刺绿绒蒿、扁芒菊 Allardia glabra、光缘虎耳草、黑毛雪兔子等植物的零星株丛。西北部 5300m 以上很少有高等植物生长。地衣则大量分布于整个地带，但缺乏苔藓植物。东南部因草甸分布很高（5200 ~ 5400m），在上部往往是倒石堆，仅有个别高等植物的星散株丛和大量地衣生长。

除了以上主要植被类型外，可可西里地区还分布着一些面积较小或仅局部出现，或与上述植物群落复合分布的类型，如高寒荒漠、河谷灌丛和冲积河滩上的大黄群落等。

综上所述，可可西里地区的植被类型具有以下几个显著特征：

（1）本区既有青藏高原高寒草甸中分布面积最大的小嵩草草甸，还具有典型的高寒草原紫花针茅草原，以及分布面积仅次于紫花针茅草原而在高原西北部大面积分布的青藏薹草草原，同时，还大面积分布着独特的扇穗茅高寒草原，植被类型的这种丰富性和代表性是相邻的北部和西北部地区所不具备的。

（2）由于严酷的气候条件，土壤沙质、贫瘠，寒冻风化剥蚀较强和植物群落本身种类组成贫乏，群落结构简单，生长季短，生产力低下，植被易受破坏且不易恢复。

（3）可可西里地区原始生态系统仍保留较完好，各级食物链仍能顺利地联系在一起。

◎ 可可西里地区的植被分布规律

可可西里地区的地理位置和气候条件，特别是水热复合因素，决定了植被分布的总体格局。从高原整体和植被的性质来看，该区绝大部分归属于高寒草原地带，唯唐古拉山东北坡及周围小部分地区属于高寒草甸地带。本区植物群落的结构简单，但由于地域广阔，地形、土壤和气候等因素变化很大，植物群落类型还是比较丰富的。它们的分布也呈现出一定的地区分异和明显的垂直变化。在群落类型、植被分区和植被资源的合理开发与保护方面仍需开展深入的研究。

◎ 可可西里地区的植物区系

可可西里地处青藏高原腹地，该地区高寒、干旱的严酷的自然环境，限制了大多数植物的生存（图4-20），植物区系比较贫乏。据多次科学考察记录统计，本区现有高等植物约214种（或种下等级），分属29科88属。以矮小的草本和垫状植物为主，木本植物极少，仅存在个别种类，如匍匐水柏枝、山岭麻黄。青藏高原特有种和青藏高原至中亚高山、西喜马拉雅和东帕米尔分布的种在本区系成分中占主导地位，并有一定数量的北极高山成分，而温带亚洲分布的种较少，温带和世界广布的种极其个别，仅出现在环境相对稳定的水域生境中，如海韭菜 *Trigolochi maritima* 和篦齿眼子菜 *Stuckenia pectinata*。本区青藏高原特有种有至少72种，约占本区全部植物的40%，其中可可西里地区特有种和变种有9种以上。青藏高原至中亚高山、西喜马拉雅、东帕米尔分布的种有50种左右，占本区植物的35%。北极—高山成分约有5种，温带亚洲成分也仅10种左右。这些成分表明可可西里植物区系具有青藏高原快速隆起的典型特征，并与中亚高山有着密切的联系。本区垫状生长型的植物种类多，分布广，50种垫状植物占全世界的1/3。紫草科的颈果草属 *Metaeritrichium* 和茄科的马尿泡属 *Przewalskia* 是青藏高原的特有属，且均为单种属。前者分布局限，仅见于西藏的安多、班戈，青海的治多、玉树、兴海等地。后者广泛分布于青藏高原，东迄四川西部、甘肃南部，均是青藏高原隆升过程中形成的新特有属。

可可西里现代植被及其植物区系组成，是历史植被的延续和发展。其不仅与植物的进化有关，而且还严格地受到过去和现代生态条件的制约。早在2亿多年前的三叠纪时，本区尚属特提斯海域部分，直到侏罗纪，特提斯海才最终脱离可可西里山地区，开始了白垩纪和早第三纪陆相红色碎屑岩沉积。当时气候干热，不利于植物生长和化石保存，另外地壳却相对稳定，形成了现代高山

图 4-20　可可西里地处青藏高原腹地，高寒、干旱的自然环境限制了大多数植物的生存。布喀达坂峰冰川融化形成的高原湿地，使这里成为生物多样性集中的地区

夷平面。尽管在始新世时，西藏的阿里地区低海拔尚生长着喜湿热的亚热带常绿及落叶阔叶林。然而可可西里地区却缺少该时期的植物群记录。直到中新世，由于喜马拉雅山脉迅速而又大幅度地隆升，使青藏高原和它周边地区产生了显著的差异。晚第三纪以来，由于青藏高原强烈抬升，致使地处高原腹地的可可西里地区植物区系和被称之为自然环境综合体的植被发生了明显的变化。可可西里地区的植被演替曾经历了中新世或以前的亚热带常绿及落叶阔叶林，上新世早期的温暖带落叶阔叶林和上新世中晚期的温带针阔叶混交林、寒温带针叶林。进入第四纪以后，出现了寒温性针叶林、针阔叶混交林与温带草原和荒漠的更替。至晚更新世晚期和全新世，形成了由青藏高原特有种为主要组成的高寒草原、高寒草甸及高寒荒漠。或许在全新世温暖期间，由某些北温带植物区系成分组成的乔木树种可以生长在水热条件较好的可可西里山附近较大的淡水湖区。可可西里地区的现代植物区系组成和植被演替有着复杂的地史学原因，既受青藏高原隆升的制约，又受全球性气候变化的驱动以及山地冰川进退的影响。

◎ 特有植物和代表性植物

如前所述，可可西里分布的 214 种植物中，有至少 72 种为青藏高原特有种，特有种数量占 33.6%。本地区分布的 88 属植物中，有两个属为青藏高原特有属，分别为颈果草属和马尿泡属两个单种属。

本地区特有种及变种 11 种，占青藏高原特有植物总数的 1.82%。可可西里植被中的优势种和特有种介绍如下：

荨麻科 Urticaceae

荨麻属 *Urtica*

高原荨麻 *Urtica hyperborea*

多年生草本，丛生，具木质化的粗地下茎。茎高 10 ~ 50cm，下部圆柱状，上部稍四棱形，节间较密，干时麦秆色并常带紫色，具稍密的刺毛和稀疏的微柔毛，在下部分枝或不分枝。叶干时蓝绿色，卵形或心形，长 1.5 ~ 7cm，宽 1 ~ 5cm，先端短渐尖或锐尖，基部心形，边缘有 6 ~ 11 枚牙齿，上面有刺毛和稀疏的细糙伏毛，下面有刺毛和稀疏的微柔毛，钟乳体细点状，在叶上面明显，基出脉 3（5）条，其侧出的一对弧曲，伸达上部齿尖或与邻近的侧脉网结，叶脉在上面凹陷，在下面明显隆起；叶柄常很短，长 2 ~ 5（16）mm，有刺毛和微柔毛；托叶每节 4 枚，离生，长圆形或长圆状卵形，向下反折，长 2 ~ 4mm，具缘毛。花雌雄同株（雄花序生下部叶腋）或异株；花序短穗状，稀近簇生状，长 1 ~ 2.5cm。雄花具细长梗（梗长 1 ~ 2mm），在芽时直径约 1.3mm，开放后直径约 2.5mm；花被片 4，合生至中部，外面疏生微糙毛；退化雌蕊近盘状，具短粗梗；雌花具细梗。瘦果长圆状卵形，压扁，长约 2mm，熟时苍白色或灰白色，光滑；宿存花被干膜质，内面二枚花后明显增大，近圆形或扁圆形，稀宽卵形，比果大 1 倍以上，长 3 ~ 5mm，外面疏生微糙毛，有时在中肋上有 1 ~ 2 根刺毛，外面二枚很小，卵形，较内面的短。花期 6 ~ 7 月，果期 8 ~ 9 月。

产自可可西里中部岗齐曲南侧山丘、库赛湖南部可可西里山、各拉丹冬。生于干旱砾质山坡，海拔 4950 ~ 5400m。分布于我国青海西南、西藏、四川等地；印度和巴基斯坦等国也有分布。

藜科 Chenopodiaceae

驼绒藜属 *Krascheninnikovia*

驼绒藜 *Krascheninnikovia ceratoides*

植株高 0.1 ~ 1m，分枝多集中于下部，斜展或平展。叶较小，条形、条状披针形、披针形或矩圆形，长 1 ~ 2（5）cm，宽 0.2 ~ 0.5（1）cm，先端急尖或钝，基部渐狭、楔形或圆形，1 脉，有时近基处有 2 条侧脉，极稀，为羽状。雄花序较短，长达 4cm，紧密。雌花管椭圆形，长 3 ~ 4mm，宽约 2mm；花管裂片角状，较长，其长为管长的 1/3 到等长。果直立，椭圆形，被毛。花果期 6 ~ 9 月。

产自勒斜武担湖北岸。生于向阳干旱砾石和陡崖山坡，海拔 4950 ~ 5000m。分布于我国青海、西藏、甘肃、新疆和内蒙古等省区，在欧亚大陆干旱区普遍存在。

石竹科 Caryophyllaceae

无心菜属 *Arenaria*

藓状雪灵芝 *Arenaria bryophylla*

多年生垫状草本，高 3 ~ 5cm。根粗壮，木质化。茎密丛生，基部木质化，下部密集枯叶。叶片针状线形，长 4 ~ 9mm，宽约 1mm，基部较宽，膜质，抱茎，边缘狭膜质，疏生缘毛，稍内卷，顶端急尖，上面凹下，下面凸起，呈三棱状，质稍硬，伸展或反卷，紧密排列于茎上。花单生，无梗；苞片披针形，长约 3mm，宽不足 1mm，基部较宽，边缘膜质，顶端尖，具 1 脉；萼片 5，椭圆状披针形，长约 4mm，宽约 1.5mm，基部较宽，边缘膜质，顶端尖，具 3 脉；花瓣 5，白色，狭倒卵形，稍长于萼片；花盘碟状，具 5 个圆形腺体；雄蕊 10，花丝线形，长 3mm，花药椭圆形，黄色；子房卵状球形，长约 1.5mm，1 室，具多数胚珠，花柱 3，线形，长 1.5mm。花期 6 ~ 7 月。

产自可可西里西部西金乌兰湖北岸、涟湖南部、勒斜武担湖西北部、马兰山东北部、可可西里湖西部、五雪峰北坡以及库赛湖南部。生于宽谷、湖盆平原、平缓山丘以及山麓坡，海拔 4800 ~ 5200m。分布于我国青海、西藏，在印度、尼泊尔等国的喜马拉雅山地也有分布。

短梗藓状雪灵芝 *Arenaria bryophylla* var. *brevipedicella*

可可西里地区发现的新变种。本变种与原变种的区别在于花具 0.5 ~ 0.7mm 的短梗，苞片较宽，窄卵形，宽 1.2 ~ 1.5mm；萼片较长，6 ~ 7mm；花瓣广椭圆状长圆形，与萼片等长或稍短。

在可可西里的马章错钦、乌兰乌拉湖、天台山、勒斜武担湖、可可西里湖皆有分布，生于湖盆平原、山麓和山梁缓坡，海拔 4750 ~ 5200m。

宽萼雪灵芝 *Arenaria latisepala*

本种为 1990 年可可西里科学考察发现的新种。多年生密实垫状草本。高 3 ~ 4cm。主根粗壮，木质。茎密集簇生，具短缩紧密分枝和密被枯萎、宿存的叶丛。叶针状线形，长 4 ~ 6mm，宽约 1mm，顶端锐尖，具小尖头，基部加宽、膜质、抱茎，边缘膜质，疏具膜毛。花单生枝端，无梗。苞片披针形，长 3mm，宽 1.5 ~ 2mm；萼片 5，长圆状披针形或卵状椭圆形，长 6 ~ 7mm，宽 2 ~ 3mm，绿色带紫色，边缘宽膜质，具 3 脉；花瓣 5，椭圆形或卵状长圆形，长 5 ~ 6mm，宽 3mm；雄蕊 10；子房倒卵球形，长约 2mm；花柱 3，线形。

分布于可可西里的岗齐曲宽谷滩地和马章错钦湖盆草原，海拔 4800 ~ 4820m。

各拉丹冬雪灵芝 *Arenaria geladaindongensis*

本种为 1990 年可可西里科学考察发现的新种。本种与瘦叶雪灵

芝 *A.ischnophylla*，短瓣雪灵芝 *A. brevipetala* 相近，但花较小，萼片长 2.5～3mm，花瓣较短，长 2～2.5mm，而与前 2 种不同。多年生半球形或半卵球形垫状草本，高 3～4cm。根粗壮，木质化。茎具紧密的多分枝，密被枯萎宿存的叶，基部木质化。叶针状线形，长 6～12mm，宽约 1 mm，顶端尖锐，基部加宽、膜质、抱茎，边缘狭膜质，有疏缘毛。花单生于小枝顶端，苞片披针形，长 3～4mm，宽 1～1.2mm；花梗长 4～5mm，被柔毛；萼片 5，卵状披针形，长 3～3.5mm，宽约 1.5mm，边缘膜质，具 3 脉，有柔毛；花瓣卵状椭圆形，长 2～2.5mm，宽约 1.2mm，顶钝；花盘盘状，具 5 个较大的椭圆形腺体；雄蕊 10；子房卵形，花柱 3。

分布于可可西里南部，各拉丹冬冰川下冰碛阶地，海拔 5250～5300m。

毛茛科 Ranunculaceae

乌头属 *Aconitum*

露蕊乌头 *Aconitum gymnandrum*（图 4-21）

根一年生，近圆柱形，长 5～14cm，粗 1.5～4.5mm。茎高（6）25～55（100）cm，被疏或密的短柔毛，下部有时变无毛，等距地生叶，常分枝。基生叶 1～3（6）枚，与最下部茎生叶通常在开花时枯萎；叶片宽卵形或三角状卵形，长 3.5～6.4cm，宽 4～5cm，三全裂，全裂片二至三回深裂，小裂片狭卵形至狭披针形，表面疏被短伏毛，背面沿脉疏被长柔毛或变无毛；下部叶柄长 4～7cm，上部的叶柄渐变短，具狭鞘。总状花序，有 6～16 花；基部苞片似叶，其他下部苞片三裂，中部以上苞片披针形至线形；花梗长 1～5（9）cm；小苞片生花梗上部或顶部，叶状至线形，长 0.5～1.5cm；萼片蓝紫色，少有白色，外面疏被柔毛，有较长爪，上萼片船形，高约 1.8cm，爪长约 1.4cm，侧萼片长 1.5～1.8cm，瓣片与爪近等长；花瓣的瓣片宽 6～8mm，疏被缘毛，

图 4-21　露蕊乌头

距短，头状，疏被短毛；花丝疏被短毛；心皮 6 ～ 13 个，子房有柔毛。蓇葖长 0.8 ～ 1.2cm；种子倒卵球形，长约 1.5mm，密生横狭翅。6 ～ 8 月开花。

　　产自各拉丹冬长江源地区。常生于草甸，海拔 4800 ～ 5000m。分布于我国四川、云南、甘肃等省，在印度也有分布。

侧金盏花属 *Adonis*

蓝侧金盏花 *Adonis coerulea*

　　多年生草本，除心皮外，全部无毛。根状茎粗壮。茎高 3 ～ 15cm，常在近地面处分枝，基部和下部有数个鞘状鳞片。茎下部叶有长柄，上部叶有短柄或无柄；叶片长圆形或长圆状狭卵形，少有三角形，长 1 ～ 4.8cm，宽

1 ~ 2cm，二至三回羽状细裂，羽片 4 ~ 6 对，稍互生，末回裂片狭披针形或披针状线形，顶端有短尖头；叶柄长达 3.2cm，基部有狭鞘。花直径 1 ~ 1.8cm；萼片 5 ~ 7，倒卵状椭圆形或卵形，长 4 ~ 6mm，顶端圆形；花瓣约 8，淡紫色或淡蓝色，狭倒卵形，长 5.5 ~ 11mm，顶端有少数小齿；花药椭圆形，花丝狭线形；心皮多数，子房卵形，花柱极短。瘦果倒卵形，长约 2mm，下部有稀疏短柔毛。4 ~ 7 月开花。

在可可西里地区分布普遍。常生于湿润草地，海拔 4800 ~ 5000m。在西藏东北部、青海南部至东南部、四川西北部、甘肃也有分布。

翠雀属 *Delphinium*

唐古拉翠雀花 *Delphinium tangkulaense*

茎高 4.8 ~ 10cm，被开展的短柔毛，下部生数叶，不分枝或有 1 分枝。基生叶 2 ~ 4 枚，有长柄；叶片圆肾形，长 0.8 ~ 1.5cm，宽 1.6 ~ 3cm，三全裂达或近基部，中央全裂片近扇形，三裂近中部，二回裂片又分裂，小裂片卵形或宽卵形，顶端圆形或钝，有短尖，侧全裂片斜扇形，不等二深裂，两面均被短柔毛；叶柄长 2 ~ 4cm。茎生叶似基生叶，但较小。花 1 朵生茎或分枝顶端，长 3 ~ 4cm；花梗被开展的短柔毛，有时混生黄色短腺毛；小苞片与花远离，披针形，长 7 ~ 9mm，有时不存在；萼片宿存，蓝紫色，宽椭圆形或倒卵形，长 1.8 ~ 2.7cm，宽 1.2 ~ 1.8cm，外面稍密被、内面疏被短柔毛，距比萼片短，圆筒形或钻状圆筒形，长 1 ~ 1.3cm，粗约 3.5mm，直或末端稍向下弯曲；花瓣顶端二浅裂，有少数短毛；退化雄蕊瓣片近卵形，二裂近中部，腹面有黄色髯毛；雄蕊无毛；心皮 3，子房有短柔毛。7 ~ 8 月开花。

在可可西里地区分布普遍，常生于砾石地，海拔 4700 ~ 4800m。

碱毛茛属 *Halerpestes*

三裂碱毛茛 *Halerpestes tricuspis*

多年生小草本。匍匐茎纤细，横走，节处生根和簇生数叶。叶均基生；叶片质地较厚，形状多变异，菱状楔形至宽卵形，长 1 ~ 2cm，宽 0.5 ~ 1cm，基部楔形至截圆形，3 中裂至 3 深裂，有时侧裂片 2 ~ 3 裂或有齿，中裂片较长，长圆形，全缘，脉不明显，无毛或有柔毛；叶柄长 1 ~ 2cm，基部有膜质鞘。花莛高 2 ~ 4cm 或更高，无毛或有柔毛，无叶或有 1 苞片；花单生，直径 7 ~ 10mm；萼片卵状长圆形，长 3 ~ 5mm，边缘膜质；花瓣 5，黄色或表面白色，狭椭圆形，长约 5mm，宽 1.5 ~ 2mm，顶端稍尖，有 3 ~ 5 脉，爪长约 0.8mm，蜜槽点状或上部分离成极小鳞片；雄蕊约 20，花药卵圆形，长 0.5 ~ 0.8mm，花丝长为花药的 2 ~ 3 倍；花托有短毛。聚合果近球形，直径约 6mm；瘦果 20 多枚，斜倒卵形，长 1.2 ~ 2mm，宽约 1mm，两面稍鼓起，有 3 ~ 7 条纵肋，无毛，喙长约 0.5mm。花果期 5 ~ 8 月。

在可可西里地区分布普遍。常生于湖边盐碱性草地，海拔 4800 ~ 5000m。在西藏、四川西北部、陕西、甘肃、新疆均有分布。

鸦跖花属 *Oxygraphis*

鸦跖花 *Oxygraphis glacialis*

植株高 2 ~ 9cm，有短根状茎；须根细长，簇生。叶全部基生，卵形、倒卵形至椭圆状长圆形，长 0.3 ~ 3cm，宽 5 ~ 25mm，全缘，有 3 出脉，无毛，常有软骨质边缘；叶柄较宽扁，长 1 ~ 4cm，基部鞘状，最后撕裂成纤维状残存。花莛 1 ~ 3（5）条，无毛；花单生，直径 1.5 ~ 3cm；萼片 5，宽倒卵形，长 4 ~ 10mm，近革质，无毛，果后增大，宿存；花瓣橙黄色或表面白色，10 ~ 15 枚，披针形或长圆形，长 7 ~ 15mm，宽 1.5 ~ 4m，有 3 ~ 5 脉，基部渐狭成爪，蜜槽呈杯状凹穴；花药长 0.5 ~ 1.2mm；花托较宽扁。聚合果近球形，直径约 1cm；瘦果楔状菱形，长 2.5 ~ 3mm，宽 1 ~ 1.5mm，有 4 条纵肋，背肋明显，喙顶生，短而硬，基部两侧有翼。花果期 6 ~ 8 月。

在可可西里地区分布普遍。常生于流石滩或砾石地，海拔 5000 ~ 5200m。分布于我国西藏、云南西北部、四川西部和南部、甘肃、新疆等地，在印度、巴基斯坦、俄罗斯（西伯利亚地区）等国也有分布。

毛茛属 *Ranunculus*

美丽毛茛 *Ranunculus pulchellus*

多年生草本。须根伸长。茎直立或斜升，高 10 ~ 20cm，单一或上部有 1 ~ 2 分枝，无毛或有柔毛。基生叶多数，椭圆形至卵状长圆形，长 1 ~ 3cm，宽 5 ~ 15mm，基部楔形，有 3 ~ 7 个齿裂或缺刻，顶端稍尖，质地较厚，无毛或有柔毛；叶柄长 2 ~ 6cm，无毛或疏生柔毛，基部有膜质宽鞘。茎生叶 2 ~ 3 枚，叶片 3 ~ 5 深裂，裂片线形，长 1.5 ~ 3cm，宽 1 ~ 2mm，全缘，无毛或生柔毛，具短柄至无柄。花单生于茎顶和腋生短分枝顶端，直径 1 ~ 1.5cm；花梗细长，伏生金黄色柔毛；萼片椭圆形，长 3 ~ 5mm，常带紫色，外面生黄色柔毛，边缘膜质；花瓣 5 ~ 6，黄色或上面白色，倒卵形，长为萼片的 2 倍，基部有窄爪，蜜槽呈杯状袋穴，边缘稍有分离；花药长圆形，长约 1.5mm，花丝与花药近等长；花托于果期伸长呈长圆形，无毛或顶端有短毛。聚合果椭圆形，直径约 5mm；瘦果卵球形，长 1.5 ~ 2mm，宽约 1.2mm，约为厚的 2 倍，无毛，边缘有纵肋，喙直伸，长约 1mm，腹面和顶端有柱头面，向背弯弓。花果期 6 ~ 8 月。

在可可西里地区分布普遍。常生于湿润草地或草甸，海拔 4600 ~ 4950m。在我国西藏、青海、甘肃、河北、内蒙古、吉林、黑龙江等省区可见，在印度（北部）、巴基斯坦、蒙古、俄罗斯（西伯利亚）等国均有分布。

苞毛茛 *Ranunculus similis*

多年生矮小草本。须根多数，伸长。茎单一直立，高 3 ~ 6（8）cm，肉质较厚，平滑无毛。基生叶 2 ~ 4 枚；叶片肾状圆形，长 5 ~ 12mm，宽 7 ~ 20mm，基部稍心形或截圆形，顶端有 3 ~ 5 个浅圆齿，肉质，无毛，边缘带紫色或偶见有毛；叶柄长 2 ~ 4cm，无毛。茎生叶 2 ~ 3 枚，邻接于花下而似总苞，叶片卵圆状楔形，长 1 ~ 1.5cm，宽 0.5 ~ 1cm，3 中裂或较深裂，顶端钝圆，上面及边缘有丝状长柔毛，无柄。花单生茎顶，直径 1.2 ~ 2cm；花梗粗短，长 2 ~ 4mm，果期伸长可达 1 ~ 1.5cm；萼片卵圆形，长 4 ~ 5mm，有 3 ~ 5 脉，暗紫色，外面生丝状长柔毛，果期增大变厚，宿存；花瓣 5，黄色或变紫色，倒卵形，长 8 ~ 12mm，宽 5 ~ 8mm，有多数脉，顶端截圆或有凹陷，基部有长约 1mm 的窄爪，蜜槽杯状，或顶端稍分离；花药长约 2mm；花托肥厚，生丝状柔毛。聚合果近球形，直径 6 ~ 9mm；瘦果卵球形而稍扁，长约 2mm，无毛，背部有纵肋，喙短，基部宽扁，下延于果部呈翼状，长约 0.5mm。花果期 5 ~ 8 月。

在可可西里地区分布普遍。常生于湿润草地或砾石滩，海拔 4800 ~ 5200m，在我国西藏、青海等省可见，在印度北部也有分布。

十字花科 Brassicaceae

糖芥属 *Erysimum*

红紫糖芥 *Erysimum roseum*

多年生草本或半灌木，具贴生 2 叉丁字毛，少数有 3 ~ 4 叉分叉毛。萼片直立，具白色膜质边缘，内轮基部成囊状；花瓣大，黄色、白色、紫色或玫瑰红色，具宽网脉及长爪；侧蜜腺杯状，有时两侧浅裂，无中蜜腺；子房少数有极短柄，柄线形，有多数胚珠，花柱短，柱头成二极叉开、深裂。长角果宽或窄线形，4 棱状，背面极压扁，果瓣具显明中脉。种子每室近 2 行排列，种子大，顶端有翅；子叶背倚胚根。

可可西里地区分布普遍，在苟鲁山克错、岗齐曲、桌子山、勒斜武担湖附近、布喀达坂南坡、库赛湖、各拉丹冬等地均可见。生于河滩、山坡、山顶等砂泥质草地，海拔 4800 ~ 5200m。分布于青海、西藏、四川西北部和甘肃。

藏荠属 *Hedinia*

藏芹叶荠 *Smelowskia tibetica*

多年生草本，全株有单毛及分叉毛；茎铺散，基部多分枝，长 5 ~ 15cm。叶线状长圆形，长 6 ~ 25cm，羽状全裂，裂片 4 ~ 6 对，长圆形，长 5 ~ 10mm，宽 3 ~ 5mm，顶端急尖，基部楔形，全缘或具缺刻；基生叶有柄，上部叶近无柄或无柄。总状花序下部花有 1 羽状分裂的叶状苞片，上部花的苞片小或全缺，花生在苞片腋部，直径约 3mm；萼片长圆状椭圆形，长约 2mm；花瓣白色，倒卵形，长 3 ~ 4mm，基部具爪。短角果长圆形，长约 1cm，宽 3 ~ 5mm，压扁，稍有毛或无毛，有 1 显著中脉，花柱极短；果梗长 2 ~ 3mm。种子多数，卵形，长约 1mm，棕色。花果期 6 ~ 8 月。

产自乌兰乌拉湖南部山地、桌子山、涟湖、勒斜武担湖北部、西金乌兰湖北部山地、布喀达坂峰、马兰山、太阳湖至库赛湖一带。生于山谷、湖滩以及山麓缓坡碎石、砂砾地，海拔 4800 ~ 5200m。分布于我国青海、西藏、四川、甘肃、新疆等省区，在蒙古、巴基斯坦、印度、尼泊尔以及中亚国家也有分布。

景天科 Crassulaceae

红景天属 *Rhodiola*

唐古红景天 *Rhodiola tangutica*（图 4-22）

多年生草本。主根粗长，分枝；根颈没有残留老枝茎，或有少数残留，先端被三角形鳞片。雌雄异株。雄株花茎干后稻秆色或老后棕褐色，高 10 ~ 17cm，直径 1.5 ~ 2.5mm。叶线形，长 1 ~ 1.5cm，宽不及 1mm，先端钝渐尖，无柄。花序紧密，伞房状，花序下有苞叶；萼片 5，线状长圆形，长 2 ~ 3mm，宽 0.5 ~ 0.6mm，先端钝；花瓣 5，干后似为粉红色，长

图 4-22　唐古红景天

圆状披针形，长 4mm，宽 0.8mm，先端钝渐尖；雄蕊 10，对瓣的长 2.5mm，在基部上 1.5mm 着生，对萼的长 4.5mm，鳞片 5，四方形，长 0.4mm，宽 0.5mm，先端有微缺；心皮 5，狭披针形，长 2.5mm，不育。雌株花茎果时高 15～30cm，直径 3mm，棕褐色。叶线形，长 8～13mm，宽 1mm，先端钝渐尖。花序伞房状，果时倒三角形，长宽各 5cm；萼片 5，线状长圆形，长 3～3.5mm，宽 0.5～0.7mm，钝；花瓣 5，长圆状披针形，长 5mm，宽 1～1.2mm，先端钝渐尖；鳞片 5，横长方形，长 0.5mm，宽 0.7mm，先端有微缺；蓇葖 5，直立，狭披针形，长达 1cm，喙短，长 1mm，直立或稍外弯。花期 5～8 月，果期 8 月。

在可可西里地区分布普遍。常生于砾石地组成单优势群落，海拔 4600～5300m。分布于甘肃南部、宁夏、青海等地。

罂粟科 Papaveraceae

绿绒蒿属 *Meconopsis*
多刺绿绒蒿 *Meconopsis horridula*（图 4-23）

一年生草本，全体被黄褐色或淡黄色、坚硬而平展的刺，刺长 0.5 ~ 1cm。主根肥厚而延长，圆柱形，长达 20cm 或更多，上部粗 1 ~ 1.5cm，果时达 2cm。叶全部基生，叶片披针形，长 5 ~ 12cm，宽约 1cm，先端钝或急尖，基部渐狭而入叶柄，边缘全缘或波状，两面被黄褐色或淡黄色平展的刺；叶柄长 0.5 ~ 3cm。花葶 5 ~ 12 条或更多，长 10 ~ 20cm，坚硬，绿色或蓝灰色，密被黄褐色平展的刺，有时花葶基部合生。花单生于花葶上，半下垂，直径 2.5 ~ 4cm；花芽近球形，直径约 1cm 或更大；萼片外面被刺；花瓣 5 ~ 8，有时 4，宽倒卵形，长 1.2 ~ 2cm，宽约 1cm，蓝紫色；花丝丝状，长约 1cm，色比花瓣深，花药长圆形，稍旋扭；子房圆锥状，被黄褐色平伸或斜展的刺，花柱长 6 ~ 7mm，柱头圆锥状。蒴果倒卵形或椭圆状长圆形，稀宽卵

图 4-23　多刺绿绒蒿

形，长 1.2 ～ 2.5cm，被锈色或黄褐色、平展或反曲的刺，刺基部增粗，通常 3 ～ 5 瓣自顶端开裂至全长的 1/3 ～ 1/4。种子肾形，种皮具窗格状网纹。花果期 6 ～ 9 月。

可可西里地区分布普遍。常生于砾石缝中，海拔 4600 ～ 5000m。在我国西藏、青海南部、甘肃西部、四川西部、云南西北部可见，尼泊尔、印度、不丹、缅甸（北部）等国均有分布。

蔷薇科 Asteraceae

委陵菜属 Potentilla
矮生二裂委陵菜 Potentilla bifurca var. humilior

多年生矮小草本或亚灌木。花茎直立或上升，高 3 ～ 5cm，密被白色短柔毛。羽状复叶；小叶 5 ～ 6 对，无柄，对生或稀互生，椭圆形或倒卵圆形，全缘，顶端常 2 裂，两面伏生柔毛。近伞房状聚伞花序或单花顶生；花瓣黄色。

在可可西里分布普遍。常生于沙土地、草地，海拔 4600 ～ 5000m。我国华北、西北、西藏、四川可见，在蒙古、俄罗斯均有分布。

豆科 Fabaceae

黄耆属 Astragalus
团垫黄耆 Astragalus arnoldii

多年生垫状草本，高 5 ～ 10cm。茎极短缩，多数，被灰白色毛。羽状复叶有 5 ～ 7 片小叶，长 1 ～ 1.5cm；托叶小；与叶柄贴生，膜质，被白色长毛；小叶狭长圆形，长 2 ～ 5mm，先端渐尖，基部钝圆，两面被灰白色毛，近无柄。总状花序的花序轴短缩，生 5 ～ 6 朵花；总花梗与叶等长或稍长，被伏贴的白毛；苞片线状披针形，长 2 ~ 3mm，膜质；花萼钟状，长 2.5 ~ 5mm，密被黑白混生的伏贴毛，萼齿三角形或狭披针形，长为萼筒的 1/3；花冠蓝紫色，旗瓣宽倒卵形，长 7 ~ 10mm，宽 5 ~ 8mm，先端微凹，中部稍缢缩，下部渐狭成楔形的短瓣柄，翼瓣长 7 ~ 8mm，瓣片长圆形，较瓣柄稍长，龙骨瓣较翼瓣短，瓣片与瓣柄等长；子房有短柄，密生软毛。荚果长圆形，微弯，长约 5mm，半假 2 室，被白毛。花期 7 月，果期 8 ~ 9 月。

可可西里地区分布普遍，常生于沙土地，成局部优势，海拔 4600 ~ 5100m。在西藏北部、青海西南部也有分布。

棘豆属 *Oxytropis*

小叶棘豆 *Oxytropis microphylla*

多年生草本，灰绿色，高 5 ~ 30cm，有恶臭。根径 4 ~ 8（12）mm，直伸，淡褐色。茎缩短，丛生，基部残存密被白色绵毛的托叶。轮生羽状复叶长 5 ~ 20cm；托叶膜质，长 6 ~ 12mm，于很高处与叶柄贴生，彼此于基部合生，分离部分三角形，先端尖，密被白色绵毛；叶柄与叶轴被白色柔毛；小叶 15（18）~ 25 轮，每轮 4 ~ 6 片，稀对生，椭圆形、宽椭圆形、长圆形或近圆形，长 2 ~ 8mm，宽 1 ~ 4mm，先端钝圆，基部圆形，边缘内卷，两面被开展的白色长柔毛，或上面无毛，有时被腺点。花多组成头形总状花序，花后伸长；花莛较叶长或与之等长，有时较叶短，直立，密被开展的白色长柔毛；苞片近草质，线状披针形，长约 6mm，先端尖，疏被白色长柔毛和腺点；花长约 20mm；花萼薄膜质，筒状，长约 12mm，疏被白色绵毛和黑色短柔毛，密生具柄的腺体，灰白色，萼齿线状披针形，长 2 ~ 4mm；花冠蓝色或紫红色，旗瓣长（16）19 ~ 23mm，宽 6 ~ 10mm，瓣片宽椭圆形，先端微凹或 2 浅裂或圆形，翼瓣长（14）15 ~ 19mm，瓣片两侧不等的三角状匙形，先端斜截形而微凹，基部具长圆形的耳，龙骨瓣长 13 ~ 16mm，瓣片两侧不等的宽椭圆形，喙长约 2mm；子房线形，无毛，含胚珠 34 ~ 36，花柱上部弯曲，近无柄。荚果硬革质，线状长圆形，略呈镰状弯曲，稍侧扁，长 15 ~ 25mm，宽 4 ~ 5mm，喙长 2mm，腹缝具深沟，无毛，被瘤状腺点，隔膜宽 3mm，几达背缝，不完全 2 室；果梗短。花期 5 ~ 9 月，果期 7 ~ 9 月。

本种在可可西里地区分布普遍，为组成高寒草原的优势种。常生于山坡草地或砾石地，海拔 4750 ~ 5000m。分布于我国西藏、新疆，在印度西北部、巴基斯坦、蒙古、俄罗斯也有分布。

野决明属 *Thermopsis*
披针叶野决明 *Thermopsis lanceolata*（图 4-24）

多年生草本，高 12 ~ 30（40）cm。茎直立，分枝或单一，具沟棱，被黄白色贴伏或伸展柔毛。3 小叶；叶柄短，长 3 ~ 8mm；托叶叶状，卵状披针形，先端渐尖，基部楔形，长 1.5 ~ 3cm，宽 4 ~ 10mm，上面近无毛，下面被贴伏

图 4-24　披针叶野决明

柔毛；小叶狭长圆形、倒披针形，长 2.5 ~ 7.5cm，宽 5 ~ 16mm，上面通常无毛，下面多少被贴伏柔毛。总状花序顶生，长 6 ~ 17cm，具花 2 ~ 6 轮，排列疏松；苞片线状卵形或卵形，先端渐尖，长 8 ~ 20mm，宽 3 ~ 7mm，宿存；萼钟形，长 1.5 ~ 2.2cm，密被毛，背部稍呈囊状隆起，上方 2 齿连合，三角形，下方萼齿披针形，与萼筒近等长。花冠黄色，旗瓣近圆形，长 2.5 ~ 2.8cm，宽 1.7 ~ 2.1cm，先端微凹，基部渐狭成瓣柄，瓣柄长 7 ~ 8mm，翼瓣长 2.4 ~ 2.7cm，先端有 4 ~ 4.3mm 长的狭窄头，龙骨瓣长 2 ~ 2.5cm，宽为翼瓣的 1.5 ~ 2 倍；子房密被柔毛，具柄，柄长 2 ~ 3mm，胚珠 12 ~ 20 粒。荚果线形，长 5 ~ 9cm，宽 7 ~ 12mm，先端具尖喙，被细柔毛，黄褐色，种子 6 ~ 14 粒。位于中央。种子圆肾形，黑褐色，具灰色蜡层，有光泽，长 3 ~ 5mm，宽 2.5 ~ 3.5mm。花期 5 ~ 7 月，果期 6 ~ 10 月。

产自可可西里库赛湖附近，山沟湿润砾石地，海拔 4800m。分布于我国西藏以及东北、西北、华北地区，在尼泊尔、蒙古等国也有分布。

柽柳科 Tamaricaeae

水柏枝属 *Myricaria*
匍匐水柏枝 *Myricaria prostrata*

匍匐矮灌木，高 5 ~ 14cm；老枝灰褐色或暗紫色，平滑，去年生枝纤细，红棕色，枝上常生不定根。叶在当年生枝上密集，长圆形、狭椭圆形或卵形，长 2 ~ 5mm，宽 1 ~ 1.5mm，先端钝，基部略狭缩，有狭膜质边。总状花序圆球形，侧生于去年生枝上，密集，常由 1 ~ 3 朵花、少为 4 朵花组成；花梗极短，长约 1 ~ 2mm，基部被卵形或长圆形鳞片，鳞片覆瓦状排列；苞片卵形或椭圆形，长 3 ~ 5mm，宽 1.5 ~ 3mm，长于花梗，先端钝，有狭膜质边；萼片卵状披针形或长圆形，长 3 ~ 4mm，宽 1 ~ 2mm，先端钝，有狭膜质边；

花瓣倒卵形或倒卵状长圆形，长约 4 ~ 6mm，宽约 2 ~ 4mm，淡紫色至粉红色；雄蕊花丝合生部分达 2/3 左右，稀在最基部合生，几分离；子房卵形，柱头头状，无柄。蒴果圆锥形，长 8 ~ 10mm。种子长圆形，长 1.5mm，顶端具芒柱，芒柱粗壮，全部被白色长柔毛。花果期 6 ~ 8 月。

可可西里地区分布普遍。常生于河滩沙砾地，局部地区成单优势群落。海拔 4400 ~ 5100m。生于高山河谷砂砾地、湖边沙地、砾石质山坡及冰川雪线下雪水融化后所形成的水沟边，海拔 4000 ~ 5200m。分布于西藏北部，青海西南部，甘肃北部。

报春花科 Primulaceae

点地梅属 *Androsace*
可可西里点地梅 *Androsace hohxilensis*

本种为 1990 年可可西里科学考察发现的新种，与唐古拉点地梅十分相近，但花葶由次顶端叶丛腋生而出，与萼近等长，疏具乳突状腺毛，长约 3mm；外层叶卵状三角形或卵状披针形，内层叶倒卵形或广卵圆形而不同。

多年生垫状草本，高 2 ~ 4cm，由众多的根出短枝和宿存莲座叶丛构成不规则的半球形垫状体。莲座叶丛直径 3 ~ 4mm，紧密叠生，形成几乎不间断的圆柱体。叶不明显二型。外层叶卵状三角形或卵状披针形，长 2 ~ 4mm，顶端急尖或钝，背部微具中肋，边缘疏具腺点；内层叶广椭圆形或卵形，长 1.5 ~ 2.5mm，顶端圆形或钝，有时具短柔毛或长硬毛。花葶腋生于次顶端莲座叶丛，长约 3mm，具稀疏的乳头状腺毛。苞片 2，三角状披针形，长 2 ~ 3mm，对折，顶端急尖，基部膜质，具缘毛。花单 1，无柄；花萼陀螺状，长约 3mm，裂片宽披针形，顶钝，边缘膜质，具缘毛；花冠白色，直径约 3mm，裂片三角状倒卵形；雄蕊着生于花冠筒上部，花药卵形，不外露。

产自可可西里，在可可西里湖东北部湖滨丘陵可见，海拔4900m，为可可西里地区特有种。

报春花属 *Primula*

柔小粉报春 *Primula pumilio*

多年生小草本，株高仅1～3cm。根状茎极短，具多数须根。叶丛稍紧密，基部外围有褐色枯叶柄；叶片椭圆形、倒卵状椭圆形至近菱形，长3～15mm，宽2～5mm，先端圆形或钝，基部楔状渐狭，边缘全缘或具不明显的小齿，两面均散布粉质小腺体，中肋在下面微隆起，侧脉通常不明显；叶柄具白色膜质狭翅，通常短于叶片，亦有时长于叶片2～3倍。开花期花葶深藏于叶丛中，果期伸长，高达2cm；花通常1～6朵组成顶生伞形花序；苞片卵状椭圆形或椭圆状披针形，长0.5～3mm，先端圆形，基部有时稍突起，但不呈囊状；花梗长2～4mm，果时有皱褶状突起；花萼筒状，长约4mm，具5棱，分裂深达全长的1/3或近达中部，裂片狭三角形，背面多少被小腺体；花冠淡红色，冠筒口周围黄色，冠筒寿长于或稍长于花萼，黄色，冠檐平展，直径5～7mm，裂片一阔倒卵形，先端深2裂；长花柱花：雄蕊着生于冠筒中部，花柱长达冠筒口；短花柱花：雄蕊位于冠筒上部，靠近筒口，花柱长达冠筒中部。蒴果长4.5～5.5mm，稍长于花萼。花期5～6月。

产自可可西里昆仑山北坡西大滩。生于山坡及河滩草甸，海拔4600m。分布于青海、西藏、甘肃。

龙胆科 Gentianaceae

可可西里龙胆 *Gentiana hohoxiliensis*

本种为1990年可可西里科学考察发现的新种，与圆球龙胆 *G. globosa* 相近，但叶先端不为圆形或钝，边缘不为厚软骨质，褶的小裂片先端不为钝圆，子房不为卵状披针形而不同。

一年生草本，矮小，无毛，高 1 ~ 1.5cm。茎直立，下部单一，完全裸露无叶，表皮易剥落，顶部有少数极为缩短的小枝，聚呈头状。叶革质，覆瓦状排列，长圆形，长 3 ~ 5mm，宽 2 ~ 3mm，先端锐尖，有小短尖头，边缘膜质，基部联合成短筒，中脉明显。花单生枝顶，近无花梗；花萼筒形，长 4 ~ 5mm，裂片三角状披针形，长约 2mm，有狭的膜质边缘；花冠白色或淡黄色，筒状，长 5 ~ 7mm，裂片卵状三角形，先端短渐尖，褶深 2 裂，小裂片渐尖；雄蕊着生于花冠筒下部，近等长，花丝下部宽而扁平；子房椭圆形，先端钝，两侧有狭翅，基部有柄；花柱棒状；柱头 2 裂。种子表面具细网纹。

产自可可西里苟鲁错附近。生于草地，海拔 4800m，为可可西里特有种。

唇形科 Labiatae

青兰属 *Dracocephalum*
白花枝子花 *Dracocephalum heterophyllum*

茎在中部以下具长的分枝，高 10 ~ 15cm，有时高达 30cm，四棱形或钝四棱形，密被倒向的小毛。茎下部叶具超过或等于叶片的长柄，柄长 2.5 ~ 6cm，叶片宽卵形至长卵形，长 1.3 ~ 4cm，宽 0.8 ~ 2.3cm，先端钝或圆形，基部心形，下面疏被短柔毛或几无毛，边缘被短睫毛及浅圆齿；茎中部叶与基生叶同形，具与叶片等长或较短的叶柄，边缘具浅圆齿或尖锯齿；茎上部叶变小，叶柄变短，锯齿常具刺而与苞片相似。轮伞花序生于茎上部叶腋，占长度 4.8 ~ 11.5cm，具 4 ~ 8 花，因上部节间变短而花又长过节间，故各轮花密集；花具短梗；苞片较萼稍短或为其之 1/2，倒卵状匙形或倒披针形，疏被小毛及短睫毛，边缘每侧具 3 ~ 8 个小齿，齿具长刺，刺长 2 ~ 4mm。花萼长 15 ~ 17mm，浅绿色，外面疏被短柔毛，下部较密，边缘被短睫毛，2 裂几至中部，上唇 3 裂至本身长度的 1/3 或 1/4，齿几等大，三角状卵形，先端具刺，刺长约 15mm，下唇 2 裂至本身长度的 2/3 处，齿披针形，先端具刺。花冠白色，长（1.8）2.2 ~ 3.4（3.7）cm，外面密被白色或淡黄色短柔毛，二唇近等长。雄蕊无毛。花期 6 ~ 8 月。

可可西里地区分布普遍。常生于砂砾石草地，海拔 4600 ~ 5000m。分布于我国华北、西北地区以及四川西部、青海、甘肃、西藏等地，在中亚地区也有分布。

茄科 Solanaceae

马尿泡属 *Przewakia*

马尿泡 *Przewalskia tangutica*（图 4-25）

全体生腺毛；根粗壮，肉质；根茎短缩，有多数休眠芽。茎高 4 ~ 30cm，常至少部分埋于地下。叶生于茎下部者鳞片状，常埋于地下，生于茎顶端者密集生，铲形、长椭圆状卵形至长椭圆状倒卵形，通常连叶柄长 10 ~ 15cm，宽 3 ~ 4cm，顶端圆钝，基部渐狭，边缘全缘或微波状，有短缘毛，上下两面幼时有腺毛，后来渐脱落而近秃净。总花梗腋生，长 2 ~ 3mm，有 1 ~ 3 朵花；花梗长约 5mm，被短腺毛。花萼筒状钟形，长约 14mm，径约 5mm，外面密生短腺毛，萼齿圆钝，生腺质缘毛；花冠檐部黄色，筒部紫色，筒状漏斗形，长约 25mm，外面生短腺毛，檐部 5 浅裂，裂片卵形，长约 4mm；雄蕊插生于花冠喉部，花丝极短；花柱显著伸出于花冠，柱头膨大，紫色。蒴果球状，直径 1 ~ 2cm，果萼椭圆状或卵状，长可达 8 ~ 13cm，近革质，网纹凸起，顶端平截，不闭合。种子黑褐色，长 3mm，宽约 2.5mm。花期 6 ~ 7 月。

可可西里地区分布普遍，在苟鲁错、各拉丹冬、苟鲁山克错、西大滩可

图 4-25　马尿泡

见。常生于河滩地，海拔 4400 ~ 5100m。分布于青海、甘肃南部、四川西部、西藏北部。

玄参科 Scrophulariaceae

兔耳草属 *Lagotis*
短穗兔耳草 *Lagotis brachystachya*

多年生矮小草本，高约 4 ~ 8cm。根状茎短，不超过 3cm；根多数，簇生，条形，肉质，长可达 10cm，根颈外面为多数残留的老叶柄所形成的棕褐色纤维状鞘包裹。匍匐走茎带紫红色，长可达 30cm 以上，直径约 1 ~ 2mm。叶全部基出，莲座状；叶柄长 1 ~ 3（5）cm，扁平，翅宽；叶片宽条形至披针形，长 2 ~ 7cm，顶端渐尖，基部渐窄成柄，边全缘。花莛数条，纤细，倾卧或直立，高度不超过叶；穗状花序卵圆形，长 1 ~ 1.5cm，花密集；苞片卵状披针形，长约 4 ~ 6mm，下部的可达 8mm，纸质；花萼成两裂片状，约与花冠筒等长或稍短，后方开裂至 1/3 以下，除脉外均膜质透明，被长缘毛；花冠白色或微带粉红或紫色，长约 5 ~ 6mm，花冠筒伸直较唇部长，上唇全缘，卵形或卵状矩圆形，宽约 1.5 ~ 2mm，下唇 2 裂，裂片矩圆形，宽约 1 ~ 1.2mm；雄蕊贴生于上唇基部，较花冠稍短；花柱伸出花冠外，柱头头状；花盘 4 裂。果实红色，卵圆形，顶端大而微凹，光滑无毛。花果期 5 ~ 8 月。

可可西里地区分布普遍。常生于湿润的砂砾质草地，海拔 4700 ~ 5000m。在甘肃南部、青海南部、西藏、四川西北部均有分布。

藏玄参属 *Oreosolen*

藏玄参 *Oreosolen wattii*

植株高不过 5cm，全体被粒状腺毛。根粗壮。叶生茎顶端，具极短而宽扁的叶柄，叶片大而厚，心形、扇形或卵形，长 2 ~ 5cm，边缘具不规则钝齿，网纹强烈凹陷。花萼裂片条状披针形，花冠黄色，长 1.5 ~ 2.5cm，上唇裂片卵圆形，下唇裂片倒卵圆形；雄蕊内藏至稍伸出。蒴果长达 8mm。种子暗褐色，长近 2mm。花期 6 月，果期 8 月。

产自可可西里各拉丹冬、岗齐曲。生于高山草甸，海拔 4500 ~ 5000m。分布于我国西藏、青海南部，在尼泊尔、印度、不丹等国也有分布。

马先蒿属 *Pedicularis*

碎米蕨叶马先蒿 *Pedicularis cheilanthifolia*（图 4-26）

低矮或相当高升，高 5 ~ 30cm，干时略变黑。根茎很粗，被有少数鳞片；根多少变粗而肉质，略为纺锤形，在较小的植株中有时较细，长可达 10cm 以上，粗可达 10mm；茎单出直立，或成丛而多达十余条，不分枝，暗绿色，有 4 条深沟纹，沟中有成行之毛，节 2 ~ 4 枚，节间最长者可达 8cm。叶基出者

图 4-26　碎米蕨叶马先蒿

宿存，有长柄，丛生，柄长达 3 ~ 4cm，茎叶 4 枚轮生，中部一轮最大，柄仅长 5 ~ 20mm；叶片线状披针形，羽状全裂，长 0.75 ~ 4cm，宽 2.5 ~ 8mm，裂片 8 ~ 12 对，卵状披针形至线状披针形，长 3 ~ 4mm，宽 1 ~ 2mm，羽状浅裂，小裂片 2 ~ 3 对，有重齿，或仅有锐锯齿，齿常有胼胝。花序一般亚头状，在一年生植株中有时花仅一轮，但大多有所伸长，长者达 10cm，下部花轮有时疏远；苞片叶状，下部者与花等长；花梗仅偶在下部花中存在；萼长圆状钟形，脉上有密毛，前方开裂至 1/3 处，长 8 ~ 9mm，宽 3.5mm，齿 5 枚，后方 1 枚三角形全缘，较膨大有锯齿的后侧方两枚狭 50%，而与有齿的前侧方 2 枚等宽；花冠自紫红色一直退至钝白色（作者由活植物中观察），管在花初放时几伸直，后约在基部以上 4mm 处几以直角向前膝屈，上段向前方扩大，长达 11 ~ 14mm，下唇宽稍过于长，长 8mm，宽 10mm，裂片圆形而等宽，盔长 10mm，花盛开时作镰状弓曲，稍自管的上段仰起，但不久即在中部向前作膝状屈曲，端几无喙或有极短的圆锥形喙；雄蕊花丝着生于管内约等于子房中部的地方，仅基部有微毛，上部无毛；花柱伸出。蒴果披针状三角形，锐尖而长，长达 16mm，宽 5.5mm，下部为宿萼所包；种子卵圆形，基部显有种阜，色浅而有明显之网纹，长 2mm。花期 6 ~ 8 月，果期 7 ~ 9 月。

可可西里地区分布普遍。生于砂砾质草地或草甸，海拔 4700 ~ 5000m。分布于我国西藏（北部、西部）、新疆等地，在尼泊尔、印度、不丹等国也有分布。

菊科 Compositae

蒿属 *Artemisia*
垫型蒿 *Artemisia minor*（图 4-27）

垫状型半灌木状草本。根木质，粗，垂直；根状茎粗大，木质，黑色，直径达 2 ~ 4.5cm，上面常具多数短小的老茎残基及多数短的营养枝。茎多数，直立，细，丛生，高 10 ~ 15 cm，下部多少木质化，少分枝；上部分枝短或不分枝；茎、枝、叶两面及总苞片背面密被灰白色或淡灰黄色平贴丝状绵毛。茎下部与中部叶近圆形、扇形或肾形，长 0.6 ~ 1.2cm，宽 0.5 ~ 1cm，二回羽状全裂，每侧裂片 2（3）枚，每裂片再 3 ~ 5 全裂，小裂片披针形或长椭圆状披针形，长 1 ~ 2mm，宽 0.5 ~ 1mm，叶柄长 4 ~ 8mm；上部叶与苞片叶小，羽状全裂或深裂或 3 全裂或不分裂，裂片或不分裂的苞片叶狭线状披针形，具短叶柄或无叶柄。头状花序半球形或近球形，直径（3）5 ~ 10mm，有短梗或近无梗，在茎上排成穗状花序式的总状花序；总苞片 3 ~ 4 层，内、外层近等长或内层略长于外层，外层、中层总苞片卵形或长卵形，边缘宽膜质，紫色，内层总苞片椭圆形，半膜质或膜质；花序托半球形，密生白色托毛；雌花 10 ~ 18 朵，花冠瓶状或狭圆锥状，檐部具（2）3 ~ 4 裂齿，紫色，花柱

图 4-27　垫型蒿

伸出花冠外，先端 2 叉，叉端尖；两性花 50 ~ 80 朵，花冠管状，檐部紫色，花药长椭圆形，上端附属物尖，长三角形，基部有短尖头，花柱线形，先端 2 叉，叉端截形，有睫毛。瘦果倒卵形，上端常有不对称的冠状附属物。花果期 7 ~ 10 月。

产自可可西里西部，常生于荒漠化草原或荒漠，海拔 5000m。分布于我国西藏、青海、甘肃、新疆南部，在巴基斯坦、印度等国也有分布。

紫菀属 *Aster*

萎软紫菀萎软亚种 *Aster flaccidus* subsp. *flaccidus*（图 4-28）

多年生草本，根状茎细长，有时具匍枝。茎直立，高 5 ~ 15cm 或达 30cm，不分枝，被柔毛而无显著的腺；通常在茎顶部及总苞基部被较密的毛。叶通常两面或仅下面沿脉有长毛。头状花序，在茎端单生，径 3.5 ~ 5cm，稀达 7cm。总苞径 1.5 ~ 2cm，稀达 3cm，总苞片 2 层，线状披针形，近

图 4-28　萎软紫菀

等长，长 0.7 ~ 10mm，稀达 12mm，宽 1.5 ~ 2mm，稀 2.2mm，草质，顶端尖或渐尖，内层边缘狭膜质。舌状花 40 ~ 60 个，管部长 2mm，上部有短毛；舌片紫色，稀浅红色，长 13 ~ 25mm，稀达 30mm，宽 1.5 ~ 2.5mm。管状花黄色，长 5.5 ~ 6.5mm，管部长 1.5 ~ 2.5mm；裂片长约 1mm，被短毛；花柱附片长 0.5 ~ 1.2mm。冠毛白色，外层披针形，膜片状，长 1.5mm，内层有多数长 6 ~ 7mm 的糙毛。瘦果长圆形，长 2.5 ~ 3.5mm，有 2 边肋，或一面另有一肋，被疏贴毛，或杂有腺毛，稀无毛。花果期 6 ~ 11 月。

可可西里地区分布普遍。常生于草地，海拔 4600 ~ 5000m。分布于我国的新疆北部、青海东部及南部、甘肃、四川西部、云南西北部、西藏、陕西、山西等地，在巴基斯坦、印度（西北部）、尼泊尔、蒙古等国也有分布。

火绒草属 *Leontopodium*

弱小火绒草 *Leontopodium pusillum*

矮小多年生草本，根状茎分枝细长，丝状，有疏生的褐色短叶鞘，后叶鞘脱落，长达 6cm，或更长，顶端有 1 个或少数不育的或生长花茎的莲座状叶丛；莲座状叶丛围有枯叶鞘，散生或疏散丛生。花茎极短，高 2 ~ 7cm，或达 13cm，细弱，草质，被白色密茸毛，全部有较密的叶，节间极短至长达

15mm。叶匙形或线状匙形，下部叶和莲座状叶在花期生存，长达 3cm，宽达 0.2 ~ 0.4cm 或达 0.5cm，有长和稍宽的鞘部，茎中部叶直立或稍开展，长 1 ~ 2cm，宽 0.2 ~ 0.3cm，顶端圆形或钝，无明显的小尖头，边缘平，下部稍狭，无柄，草质，稍厚，两面被白色或银白色密茸毛，常褶合。苞叶多数，密集，与茎上部叶多少同形，多少同长，宽约 2 ~ 3mm，基部较急狭，两面被白色密茸毛，较花序稍长或长达 2 倍，通常开展成径约 1.5 ~ 2.5cm 的苞叶群。头状花序径约 5 ~ 6mm，3 ~ 7 个密集，稀 1 个。总苞长 3 ~ 4mm，被白色长柔毛状茸毛；总苞片约 3 层，顶端无毛，宽尖，无色或深褐色，超出毛茸之上。小花异形或雌雄异株。花冠长 2.5 ~ 3mm；雄花花冠上部狭漏斗状，有披针形裂片；雌花花冠丝状。冠毛白色；雄花冠毛上端棒状粗厚或稍细而有毛状细锯齿；雌花冠毛细丝状，有疏细锯齿。不育的子房无毛；瘦果无毛或稍有乳头状突起。花期 7 ~ 8 月。本种与矮火绒草非常接近，但苞叶匙形，常开成苞叶群，总苞片只有 2 ~ 3 层，可与之区别。

产自可可西里地区西部。常生于砂砾质地或河滩地，海拔 4600 ~ 4950m。分布于我国西藏、青海北部、新疆南部，在巴基斯坦、印度等国也有分布。

风毛菊属 Saussurea

羌塘雪兔子 Saussurea wellbyi

多年生一次结实莲座状无茎草本。根圆锥形，褐色，肉质。根状茎被褐色残存的叶。叶莲座状，无叶柄，叶片线状披针形，长 2 ~ 5cm，宽 2 ~ 8mm，顶端长渐尖，基部扩大，卵形，宽 8mm，上面中部以上无毛，中部以下被白色绒毛，下面密被白色绒毛，边缘全缘。头状花序无小花梗或有长近 2mm 的小花梗，多数在莲座状叶丛中密集成半球形、直径为 4cm 的总花序。总苞圆柱状，直径 6mm；总苞片 5 层，外层长椭圆形或长圆形，长 7mm，宽 4mm，顶端急尖，紫红色，外面密被白色长柔毛，中层长圆形，长 1.2cm，宽 2.5mm，顶端圆形，内层长披针形，长 9mm，宽 2mm，顶端渐尖，外面无毛。

小花紫红色，长 1cm，细管部与檐部各长 5mm。瘦果圆柱状，黑褐色，长 3mm。冠毛淡褐色，2 层，外层短，糙毛状，长 2mm，内层长，羽毛状，长 9mm。花果期 8 ~ 9 月。

常生于湿润草地，海拔 4600 ~ 5000m。在可可西里地区分布普遍，也分布于西藏北部、四川西部。

鼠麴雪兔子 *Saussurea gnaphalodes*

多年生多次结实丛生草本，高 1 ~ 6cm。根状茎细长，通常有数个莲座状叶丛。茎直立，基部有褐色叶柄残迹。叶密集，长圆形或匙形，长 0.6 ~ 3cm，宽 3 ~ 8mm，基部楔形渐狭柄，顶端钝或圆形，边缘全缘或上部边缘有稀疏的浅钝齿；最上部叶苞叶状，宽卵形；全部叶质地稍厚，两面同色，灰白色，被稠密的灰白色或黄褐色绒毛。头状花序无小花梗，多数在茎端密集成直径为 2 ~ 3cm 的半球形的总花序。总苞长圆状，直径 8mm；总苞片 3 ~ 4 层，外层长圆状卵形，长 7mm，宽 3.5mm，顶端渐尖，外面被白色或褐色长棉毛，中内层椭圆形或披针形，长 9mm，宽 3mm，上部或上部边缘紫红色，上部在外面被白色长柔毛，顶端渐尖或急尖。小花紫红色，长 9mm，细管部长 5mm，檐部长 4mm。瘦果倒圆锥状，长 3 ~ 4mm，褐色。冠毛鼠灰色，2 层，外层短，糙毛状，长 3mm；内层长，羽毛状，长 8mm。花果期 6 ~ 8 月。

常生于流石滩砂砾地，海拔 4800 ~ 5200m。在可可西里地区分布普遍，也分布于我国西藏、四川西部、新疆，在尼泊尔、印度西北部、巴基斯坦北部、阿尔泰山区均有分布。

眼子菜科 Potamogetonaceae

篦齿眼子菜属 *Stuckenia*
篦齿眼子菜 *Stuckenia pectinata*

沉水草本。根茎发达，白色，直径 1 ~ 2mm，具分枝，常于春末夏初至秋季之间在根茎及其分枝的顶端形成长 0.7 ~ 1cm 的小块茎状的卵形休眠芽体。茎长 50 ~ 200cm，近圆柱形，纤细，直径 0.5 ~ 1mm，下部分枝稀疏，上部分枝稍密集。叶线形，长 2 ~ 10cm，宽 0.3 ~ 1mm，先端渐尖或急尖，基部与托叶贴生成鞘；鞘长 1 ~ 4cm，绿色，边缘叠压而抱茎，顶端具长 4 ~ 8mm 的无色膜质小舌片；叶脉 3 条，平行，顶端连接，中脉显著，有与之近于垂直的次级叶脉，边缘脉细弱而不明显。穗状花序顶生，具花 4 ~ 7 轮，间断排列；花序梗细长，与茎近等粗；花被片 4，圆形或宽卵形，径约 1mm；雌蕊 4 枚，通常仅 1 ~ 2 枚可发育为成熟果实。果实倒卵形，长 3.5 ~ 5mm，宽 2.2 ~ 3mm，顶端斜生长约 0.3mm 的喙，背部钝圆。花果期 5 ~ 10 月。

产自乌兰乌拉湖、察日错、太阳湖等咸水及半咸水湖或淡水湖的湖边浅水区，海拔 4700 ~ 4800m。分布于我国青海、西藏、四川、云南以及西北、华北、东北等省区，在世界南、北温带的湖沼水域中广泛分布。

水麦冬科 Juncaginaceae

水麦冬属 *Triglochin*
海韭菜 *Triglochin maritima*

多年生草本，植株稍粗壮。根茎短，着生多数须根，常有棕色叶鞘残留物。叶全部基生，条形，长 7 ~ 30cm，宽 1 ~ 2mm，基部具鞘，鞘缘膜质，顶端与叶舌相连。花莛直立，较粗壮，圆柱形，光滑，中上部着生多数排列较紧密的花，呈顶生总状花序，无苞片，花梗长约 1mm，开花后长可达 2 ~ 4mm。花两性；花被片 6 枚，绿色，2 轮排列，外轮呈宽卵形，内轮较狭；雄蕊 6 枚，分离，无花丝；雌蕊淡绿色，由 6 枚合生心皮组成，柱头毛笔状。蒴果 6 棱状椭圆形或卵形，长 3 ~ 5mm，径约 2mm，成熟后呈 6 瓣开裂。花果期 6 ~ 10 月。

产自乌兰乌拉湖附近、库赛湖南部山麓冲积扇水沟边、五雪峰下。生于河滩、水沟边湿草地或沼泽地，海拔 4600 ~ 4800 m。分布于我国西南、西北、华北、东北等各省区；在喜马拉雅山区，日本、朝鲜、蒙古等国以及中亚、欧洲、美洲、北非均有分布。

禾本科 Poaceae

披碱草属 *Elymus*
垂穗披碱草 *Elymus nutans*

秆直立，基部稍呈膝曲状，高 50 ~ 70cm。基部和根出的叶鞘具柔毛；叶片扁平，上面有时疏生柔毛，下面粗糙或平滑，长 6 ~ 8cm，宽 3 ~ 5mm。穗状花序较紧密，通常曲折而先端下垂，长 5 ~ 12cm，穗轴边缘粗糙或具小纤毛，基部的 1、2 节均不具发育小穗；小穗绿色，成熟后带有紫色，通常在每节生有 2 枚，而接近顶端及下部节上仅生有 1 枚，多少偏生于穗轴 1 侧，近于无柄或具极短的柄，长 12 ~ 15mm，含 3 ~ 4 朵小花；颖长圆形，长 4 ~ 5mm，2 颖几相等，先端渐尖或具长 1 ~ 4mm 的短芒，具 3 ~ 4 脉，脉明显而粗糙；外稃长披针形，具 5 脉，脉在基部不明显，全部被微小短毛，第一外稃长约 10mm，顶端延伸成芒，芒粗糙，向外反曲或稍展开，长 12 ~ 20mm；内稃与外稃等长，先端钝圆或截平，脊上具纤毛，其毛向基部渐次不显，脊间被稀少微小短毛。

产自青藏公路 100 道班西侧。生于河滩阶地及平缓山坡，海拔
4750 ~ 4800m。分布于我国青海、西藏、四川、新疆、甘肃、陕西、河北、
内蒙古等省区，在印度、蒙古和土耳其等国以及中亚也有分布。

针茅属 *Stipa*

紫花针茅 *Stipa purpurea*

须根较细而坚韧。秆细瘦，高 20 ~ 45cm，具 1 ~ 2 节，基部宿存枯叶
鞘。叶鞘平滑无毛，长于节间；基生叶舌端钝，长约 1mm，秆生叶舌披针
形，长 3 ~ 6mm，两侧下延与叶鞘边缘结合，均具有极短缘毛；叶片纵卷如
针状，下面微粗糙，基生叶长为秆高 1/2。圆锥花序较简单，基部常包藏于叶
鞘内，长可达 15cm，分枝单生或孪生；小穗呈紫色；颖披针形，先端长渐尖，
长 1.3 ~ 1.8cm，具 3 脉（基部或有短小脉纹）；外稃长约 1cm，背部遍生细毛，
顶端与芒相接处具关节，基盘尖锐，长约 2mm，密生柔毛，芒两回膝曲扭转，
第一芒柱长 1.5 ~ 1.8cm，遍生长约 3mm 的柔毛；内稃背面亦具短毛。颖果长
约 6mm。花果期 7 ~ 10 月。

产自勒斜武担湖西北，青藏公路 100 道班西侧，生于平缓山坡以及宽谷平
滩，海拔 4750 ~ 5100m。分布于我国青海、西藏、四川、甘肃、新疆等省区，
在喜马拉雅、帕米尔东部及中亚地区也有分布。

莎草科 Cyperaceae

嵩草属 *Kobresia*

可可西里嵩草 *Kobresia hohxlensis*

本种为 1990 年可可西里科考队新发现种。多年生矮小、疏丛草本。秆线
状扁圆柱形，高 4 ~ 8cm，直径 0.8mm；根状茎横向伸长，直径约 1mm。叶
基生，线形，扁平，宽 1 ~ 1.5mm，背面常带灰白色。穗状花序椭圆形，长

1.2 ~ 1.5cm，宽 5 ~ 7mm，含 8 ~ 10 个小穗。小穗单性、单花，顶生 1 ~ 3 枚雄性，下面 6 ~ 8 枚雌性，雄花鳞片长圆状披针形；雌花鳞片卵状长圆形或卵状椭圆形，长 6 ~ 8mm，暗褐色或淡棕色，1 脉，急尖或具短尖头。先出叶（展开后）宽卵形，稍席卷成椭圆形或椭圆状披针形的果囊，长 6 ~ 8mm。小坚果棒状或倒卵状披针形，长 3 ~ 3.5mm，钝三棱，顶端膨大而钝，向基部渐窄，具长 1 ~ 2mm 的果柄，柱头 3。退化小穗轴长约 1.5mm，或有时顶端发育成雄小穗。

产自可可西里湖北部。生于山麓湿润沙土地，海拔 4895 ~ 4900m。

高山嵩草 *Kobresia pygmaea*

垫状草本。秆高 1 ~ 3.5cm，圆柱形，有细棱，无毛，基部具密集的褐色的宿存叶鞘。叶与秆近等长，线形，宽约 0.5mm，坚挺，腹面具沟，边缘粗糙。穗状花序雄雌顺序，少有雌雄异序，椭圆形，细小，长 3 ~ 5mm，粗 1 ~ 3mm；支小穗 5 ~ 7 个，密生，顶生的 2 ~ 3 个雄性，侧生的雌性，少有全部为单性；雄花鳞片长圆状披针形，长 3.8 ~ 4.5mm，膜质，褐色，有 3 枚雄蕊；雌花鳞片宽卵形、卵形或卵状长圆形，长 2 ~ 4mm，顶端圆形或钝，具短尖或短芒，纸质，两侧褐色，具狭的白色膜质边缘，中间淡黄绿色，有 3 条脉。先出叶椭圆形，长 2 ~ 4mm，膜质，褐色，顶端带白色，钝，在腹面，边缘分离达基部，背面具粗糙的 2 脊。小坚果椭圆形或倒卵状椭圆形，扁三棱形，长 1.5 ~ 2mm，成熟时暗褐色，无光泽，顶端几无喙；花柱短，基部不增粗，柱头 3 个。退化小穗轴扁，长为果的 1/2。

产自库赛湖南部、青藏公路 100 道班西部、各拉丹冬。生于东部湿山地中的平缓山坡，山麓草甸，海拔 4800 ~ 5500m。分布于我国青海、西藏、甘肃、云南、四川等省区，在喜马拉雅地区（不丹、尼泊尔、印度西北部）也有分布。

矮生嵩草 *Kobresia humilis*

根状茎短。秆密丛生，矮小，高 3 ~ 10cm，坚挺，钝三棱形，基部具褐色的宿存叶鞘。叶短于秆，稍坚挺，下部对折，上部平张，宽 1 ~ 2mm，边缘稍粗糙。穗状花序椭圆形或长圆形，长 8 ~ 17mm，粗 4 ~ 6mm；支小穗通常 4 ~ 10 余个，密生，顶生的雄性，侧生的雄雌顺序，在基部雌花之上具 2 ~ 4 朵雄花；鳞片长圆形或宽卵形，长 4 ~ 5mm，顶端圆或钝，无短尖，纸质，两侧褐色，具狭的白色膜质边缘，中间绿色，有 3 条脉。先出叶长圆形或椭圆形，长 3.5 ~ 5mm，膜质，淡褐色，在腹面的边缘分离几达基部，背面具微粗糙的 2 脊，有时基部具不明显的 1 ~ 2 条脉，顶端截形。小坚果椭圆形或倒卵形，三棱形，长 2.5 ~ 3mm，成熟时暗灰褐色，有光泽，基部几无柄，顶端具短喙；花柱基部不增粗，柱头 3 个。花果期 6 ~ 9 月。

产自察日错北部、唐古拉山北坡、各拉丹冬和通天河上游谷地及山洼中。生于平缓山坡、山丘凹地以及坡麓湿润河滩草甸或稍盐碱化的土壤沼泽草甸，海拔 4800 ~ 5500m。分布于我国青海、西藏、四川、甘肃、新疆及河北，在中亚至西伯利亚也有分布。

西藏嵩草 *Kobresia tibetica*

根状茎短。秆密丛生，纤细，高 20 ~ 50cm，粗 1 ~ 1.5mm，稍坚挺，钝三棱形，基部具褐色至褐棕色的宿存叶鞘。叶短于秆，丝状，柔软，宽不及 1mm，腹面具沟。穗状花序椭圆形或长圆形，长 1.3 ~ 2cm，粗 3 ~ 5mm；支小穗多数，密生，顶生的雄性，侧生的雄雌顺序，在基部雌花之上具 3 ~ 4 朵雄花。鳞片长圆形或长圆状披针形，长 3.5 ~ 4.5mm，顶端圆形或钝，无短尖，膜质，背部淡褐色、褐色至栗褐色，两侧及上部均为白色透明的薄膜质，具 1 条中脉。先出叶长圆形或卵状长圆形，长 2.5 ~ 3.5mm，膜质，淡褐色，在腹面边缘分离几至基部，背面无脊无脉，顶端截形或微凹。小坚果椭圆形，长圆形或倒卵状长圆形，扁三棱形，长 2.3 ~ 3mm，成熟时暗灰色，有光泽，基部几无柄，顶端骤缩成短喙；花柱基部微增粗，柱头 3 个。花果期 5 ~ 8 月。

产自岗齐曲西侧山麓、山凹、马料山、太阳湖南岸、库赛湖南部山地、各拉丹冬水晶矿下谷地。生于山麓、山间洼地及雪山下的缓坡沼泽草甸，海拔4900～5300m。分布于我国的青海、西藏、四川、甘肃等省区，在印度、不丹、尼泊尔以及阿尔泰地区也有分布。

薹草属 *Carex*

青藏薹草 *Carex moorcroftii*

匍匐根状茎粗壮，外被撕裂成纤维状的残存叶鞘。秆高7～20cm，三棱形，坚硬，基部具褐色分裂成纤维状的叶鞘。叶短于秆，宽2～4mm，平张，革质，边缘粗糙。苞片刚毛状，无鞘，短于花序。小穗4～5个，密生，仅基部小穗多少离生；顶生1个雄性，长圆形至圆柱形，长1～1.8cm；侧生小穗雌性，卵形或长圆形，长0.7～1.8cm；基部小穗具短柄，其余的无柄。雌花鳞片卵状披针形，顶端渐尖。长5～6mm，紫红色，具宽的白色膜质边缘。果囊等长或稍短于鳞片，椭圆状倒卵形，三棱形，革质，黄绿色，上部紫色，脉不明显，顶端急缩成短喙，喙口具2齿。小坚果倒卵形，三棱形，长约2～2.3mm；柱头3个。花果期7～9月。

产自桑恰山、岗齐曲、乌兰乌拉湖东南湖滨沙丘、西金乌兰湖北部、勒斜武担湖。生于沙质河岸、湖滨阶地、沙丘、积沙山坡和平滩，海拔4700～5000m。分布于我国的青海、西藏、甘肃、新疆等省区，在中亚地区和克什米尔地区西部也有分布。

其余在可可西里分布的部分植物参见图4-29～图4-44。

图 4-29　矮垂头菊

图 4-30　单子麻黄

图 4-31　叠裂黄堇

图 4-32　叠裂银莲花

图 4-33　卷鞘鸢尾

图 4-34　宽叶栓果芹

图 4-35　青藏雪灵芝

图 4-36　沙生大戟

图 4-37　四裂红景天

图 4-38　穗序大黄

图 4-39 西藏沙棘

图 4-40 西藏微孔草

图 4-41　雅江点地梅

图 4-42　爪瓣虎耳草

图 4-43 紫花糖芥

图 4-44 蓝花卷鞘鸢尾

第五章

可可西里的动物多样性

CHAPTER
5

◎ 动物区系

可可西里共分布有脊椎动物 80 种，包括哺乳动物 25 种、鸟类 48 种、鱼类 6 种、爬行动物 1 种（青海沙蜥 *Phrynocephalus vlangalii*）。青藏高原特有哺乳动物占到总种数的 60%，且几乎全部是食草动物（图 5-1）；青藏高原特有鱼类占到总种数的 100%，构成了可可西里动物组成的突出特征。这与当地突出的高寒草原景观和高原湖泊群景观相适应。

可可西里地区位于世界生物地理省古北界大陆性荒漠—半荒漠区青藏省。在中国动物地理分区中，在一级区划方面，可可西里地区隶属于我国七大动物地理分区的青藏区，二级区划方面一般划入羌塘高原区，但可可西里地区的三级地理区划历来众说纷纭，以下详细叙述：

可可西里的动物地理区划由于其地处无人区，动物学资料奇缺，以往只能依靠少量资料和临近的地理区域推测其地理分区。郑作新（1959）、沈孝宙（1963）、张荣祖（1978）将可可西里地区划入生态地理省中的可可西里省，作为三级区划的一个独立单元，其界线在昆仑山脉和可可西里山脉之间；冼耀华等（1964）在《青海省的鸟类区系》中对可可西里的地理区划尚无说明；冯祚

图 5-1 可可西里特有哺乳动物几乎全部是食草动物。图为奔入沙地的野牦牛

建等（1996）将羌塘高原亚区分为北羌塘小区和南羌塘小区，将可可西里划分在南北羌塘小区外作为一独立小区；由此可见，当地生物地理区划具有一定独立地位，在科学上仍尚待深入研究。

◎ 动物类群

哺乳动物区系

种类组成与地理分布型概述

根据 1990 年可可西里综合野外考察与标本采集以及历年野外观察记录，已知本区哺乳动物计有 25 种（一种跳鼠分布于库赛湖一带，因缺标本和照片无法鉴定），其中 24 种隶属于 5 目 11 科 23 属（表 5-1），这些种大致可分为以下 3 个关键类群：

（1）高度濒危类群。根据中国野生动物的现状，哺乳动物中凡其现存种群数量不足 5000 只者（指中、大型者），均可视作本类群。本区分布有雪豹，考察中仅见到 1 只，估计青藏高原范围内约有 1000 只，数量非常稀少，当属高度濒危种。

（2）重大科学价值类群。本类群主要包括所有的青藏高原特有种，如藏狐、藏野驴、野牦牛、藏羚、藏原羚、白唇鹿、拉达克鼠兔、高原鼠兔、松田鼠、高原兔和喜马拉雅旱獭等，当中除松田鼠和高原兔有亚种分化外，其余物种均是单型种。该类群在分类学、生物系统学和动物地理学的研究上都有着重要意义。

（3）重要经济价值类群。本区的盘羊属于此类群，是国际娱乐性狩猎活动中的珍贵猎物。本类群与具有重大科研价值的类群的界限不是绝对的，如野牦牛也具有很高的经济价值，是改良家牦牛品质的重要遗传资源。

根据中国政府 1989 年发布的《国家重点保护野生动物名录》，本区国家 Ⅰ 级和 Ⅱ 级重点保护的哺乳动物分别有 5 种和 7 种。

根据现生哺乳动物在全世界的分布范围和特点，可将本区种类划分为 6 个地理分布型（图 5-2）：

表 5-1 可可西里地区哺乳类动物及分布

分类群	区内地理分布									国家保护等级
	各拉丹冬	桑恰曲	岗齐曲	乌兰乌拉湖	西金乌兰湖	勒斜武担湖	太阳湖	五雪峰	库赛湖南	
食肉目 CARNIVORA										
犬科 Canidae										
狼 *Canis lupus*	√	√	√	√	√	√	√	√	√	
豺 *Cuon alpinus*									√	II
藏狐 *Vulpes ferrilata*				√	√				√	
熊科 Ursidae										
棕熊 *Ursus arctos*			√	√	√					II
鼬科 Mustelidae										
狗獾 *Meles leucurus*										
香鼬 *Mustela altaica*	√									
猫科 Felidae										
兔狲 *Felis manul*										II
猞猁 *Lynx lynx*	√							√		II
雪豹 *Panthera uncia*	√									I

分类群	区内地理分布									国家保护等级
	各拉丹冬	桑恰曲	岗齐曲	乌兰乌拉湖	西金乌兰湖	勒斜武担湖	太阳湖	五雪峰	库赛湖南	
奇蹄目 PERISSODACTYLA										
马科 Equidae										
藏野驴 *Equus kiang*	√	√		√		√			√	I
偶蹄目 ARTIODACTYLA										
牛科 Bovidae										
野牦牛 *Bos mutus*		√		√	√	√		√	√	I
藏原羚 *Procapra picticaudata*	√	√	√	√	√	√	√	√		II
藏羚 *Pantholops hodgsonii*	√	√	√	√		√	√	√		I
盘羊 *Ovis ammon*	√	√			√				√	II
岩羊 *Pseudois nayaur*										II
鹿科 Cervidae										
白唇鹿 *Cervus albirostris*										I
兔形目 LAGOMORPHA										
鼠兔科 Ochotonidae										
高原鼠兔 *Ochotona curzoniae*						√		√	√	

分类群	区内地理分布									国家保护等级
	各拉丹冬	桑恰曲	岗齐曲	乌兰乌拉湖	西金乌兰湖	勒斜武担湖	太阳湖	五雪峰	库赛湖南	
拉达克鼠兔 *Ochotana ladacensis*							√	√		
兔科 Leporidae										
高原兔 *Lepus oiostolus*	√	√	√	√	√	√			√	
啮齿目 RODENTIA										
松鼠科 Sciuridac										
喜马拉雅旱獭 *Marmota himalayana*	√					√	√			
仓鼠科 Cricetidae										
长尾仓鼠 *Cricetulus longicaudatus*								√		
小毛足鼠 *Phodopus roborovskii*					√					
斯氏高山䶄 *Alticola stoliczkanus*							√			
松田鼠 *Pitymys leucurus*	√		√	√	√				√	

注：一种跳鼠因缺标本和照片无法鉴定。

盘羊、雪豹、香鼬属亚洲中部温旱型，分布于亚洲中部广大地区，常见生境为草原和荒漠草原（图 5-2a）；

猞猁广泛分布于欧亚大陆北部，属欧亚大陆北部温旱与寒湿混合型，可见于草原、草甸、森林等生境（图 5-2b）；

长尾仓鼠、小毛足鼠属于蒙新温旱型，主要分布于蒙新东部地区，生境为

图 5-2 可可西里地区部分地理分布型的动物

a. 温旱型的盘羊；b. 温旱与寒湿混合型的猞猁；c. 青藏寒旱型的藏羚；d. 温旱与寒旱混合型的藏原羚

c

d

荒漠草原和荒漠；

　　松田鼠是青藏高原特有种，属于青藏温旱型，多见于草原、荒漠草原生境；

　　藏野驴、野牦牛、藏羚、藏狐、斯氏高山䶄、拉达克鼠兔等属于青藏寒旱型（图 5-2c），也是高原特有种，主要栖息地为高寒草原、高寒荒漠草原；

　　藏原羚、喜马拉雅旱獭、高原鼠兔为青藏温旱与寒旱混合型（图 5-2d），亦是高原特有种，生境为高寒草甸、高寒草原。

　　可见，本区动物主要以喜温耐旱和喜寒耐旱的为主。

区系组成及其与周边地区的关系

　　可可西里地区的生态、地理环境及其演变历史富有强烈的青藏高原特色，而与高原以外区域的环境迥异。通过比较本区与周边地区哺乳动物区系组成、相似性、物种多样性与均匀性，可以阐明可可西里地区哺乳动物区系的组成特征。为便于比较，现将可可西里地区哺乳动物区系组成及其周边地区哺乳动物的分布列出（表 5-2，表 5-3）。

表 5–2　可可西里地区哺乳动物区系组成

	青藏高原特有种	古北界种			广布种
		欧亚大陆北	中亚地区	蒙新区	
物种	藏狐、藏野驴、野牦牛、藏原羚、藏羚、岩羊、高原鼠兔、拉达克鼠兔、高原兔、喜马拉雅旱獭、斯氏高山䶄、松田鼠、白唇鹿	棕熊、狗獾、猞猁	香鼬、兔狲、雪豹、盘羊	长尾仓鼠、小毛足鼠	豺、狼
种 数	13	9			2
比 例	54.17%	37.50%			8.33%

表 5-3　可可西里及周边地区分布的哺乳动物

中文名	学名与地理分布	区系成分
1. 小鼩鼱	*Sorex minutus*（2）	古（欧亚北部）
2. 中鼩鼱	*Sorex caecutiens*（1）	古（欧亚北部）
3. 帕米尔鼩鼱	*Sorex buchariensis*（2）	古（帕米尔高原）
4. 普通鼩鼱	*Sorex araneus*（2）	古（欧亚北部）
5. 小纹背鼩鼱	*Sorex bedfordiae*（1）	中国特有
6. 陕西鼩鼱	*Sorex sinalis*（1，2）	中国特有
7. 藏鼩鼱	*Sorex thibetanus*（1，2）	青藏特有
8. 锡金长尾鼩	*Soriculus nigrescens*（2）	东（西南区）
9. 川西缺齿鼩鼱	*Chodsigoa hypsibia*（2）	青藏特有
10. 小麝鼩	*Crocidura suaveolens*（1）	广布
11. 斯氏水鼩	*Chimmarogale styani*（2）	中国特有
12. 蹼足鼩	*Nectogale elegans*（2）	东（西南区）
13. 甘肃鼹	*Scapanulus oweni*（1）	中国特有
14. 印度大狐蝠	*Pteropus giganteus*（1）	（？）
15. 东方宽耳蝠	*Barbastella leucomelas*（1）	东（西南区）
16. 北棕蝠	*Eptesicus nilssoni*（1，2）	古
17. 青海须鼠耳蝠	*Myotis kukunoriensis*（1）	青藏特有
18. 柯氏长耳蝠	*Plecotus kozlovi*（6）	青藏特有
19. 小管鼻蝠	*Murina aurata*（2）	广布
20. 猕猴	*Macaca mulatta*（1，2）	东（华南区等）
21. 狼	*Canis lupus*（1，2，3，4，5，6）	广布
22. 赤狐	*Vulpes vulpes*（1，2）	广布

中文名	学名与地理分布	区系成分
23. 沙狐	*VuLpes corsac*（1）	古（蒙新区）
24. 藏狐	*Vulpes ferrilata*（1，2，3，4，5，6）	青藏特有
25. 豺	*Cuon alpinus*（1，2，3）	广布（限亚洲）
26. 黑熊	*Ursus thibetanus*（2）	东（华南区等）
27. 棕熊	*Ursus arctos*（1，2，3，4，5）	古（欧亚北大陆）
28. 小熊猫	*Ailurus fulgens*（2）	东（西南区）
29. 石貂	*Martes foina*（1，2）	古（欧亚北部）
30. 黄喉貂	*Martes flavigula*（1，2）	广布
31. 香鼬	*Mustela altaica*（1，2，3）	古（中亚）
32. 黄鼬	*Mustela sibirica*（2）	广布
33. 艾鼬	*Mustela eversmanii*（1，2）	古（欧亚北部）
34. 狗獾	*Meles leucurus*（1，2，3）	古（欧亚北部）
35. 猪獾	*Arctonyx collaris*（2）	东（华东区、华南区等）
36. 水獭	*Lutra lutra*（1，2）	广布
37. 豹猫	*Prionailurus bengalensis*（1，2）	东（华南区、西南区等）
38. 荒漠猫	*Felis bieti*（1，6）	中国特有
39. 兔狲	*Felis manul*（1，2，3）	古（中亚）
40. 猞猁	*Lynx lynx*（1，2，3，4，5）	古（欧亚北部）
41. 金钱豹	*Panthera pardus*（2）	东（华南区、西南区等）
42. 雪豹	*Panthera uncia*（1，2，3，4，5）	古（中亚）
43. 藏野驴	*Equus kiang*（1，2，3，4，5）	青藏特有
44. 野猪	*Sus scrofa*（2）	广布

中文名	学名与地理分布	区系成分
45. 野骆驼	*Camelus bactrianus*（6）	古（蒙新区）
46. 西伯利亚狍	*Capreolus pygargus*（1，2）	古（华北区、东北区）
47. 白唇鹿	*Cervus albirostris*（1，2，3）	青藏特有
48. 马鹿	*Cervus elaphus*（1，2）	古（欧亚北部）
49. 水鹿	*Cervus unicolor*（1，2）	东（华南区、西南区等）
50. 毛冠鹿	*Elaphodus cephalophus*（2）	中国特有
51. 林麝	*Moschus berezovskii*（1，2）	中国特有
52. 马麝	*Moschus sifanicus*（1，2）	青藏特有
53. 鬣羚	*Capricornis sumatraensis*（2）	东（华南区、西南区等）
54. 鹅喉羚	*Gazella subgutturosa*（1，6）	古（蒙新区）
55. 斑羚	*Naemorhedus goral*（1，2）	古（东北区等）
56. 盘羊	*Ovis ammon*（1，2，3，4，5，6）	古（中亚）
57. 藏羚	*Pantholops hodgsonii*（2，3，4，5）	青藏特有
58. 野牦牛	*Bos mutus*（1，2，3，4，5）	青藏特有
59. 藏原羚	*Procapra picticaudata*（1，2，3，4，5）	青藏特有
60. 普氏原羚	*Procapra przewalskii*（1）	古（蒙新区）
61. 岩羊	*Pseudois nayaur*（1，2，3，4，5）	青藏特有
62. 喜马拉雅旱獭	*Marmota himalayana*（1，2，3，4，5）	青藏特有
63. 灰鼯鼠	*Petaurista xanthotis*（1，2）	青藏特有
64. 小飞鼠	*Pteromys volans*（1）	古（华北区、东北区）
65. 阿拉善黄鼠	*Spermophilus alaschanicus*（1）	中国特有
66. 西伯利亚花鼠	*Tamias sibiricus*（1）	古（华北区、东北区）

中文名	学名与地理分布	区系成分
67. 隐纹花鼠	*Tamiops swinhoei*（2）	东（华南区、西南区）
68. 藏仓鼠	*Cricetulus kamensis*（1，2，4）	青藏特有
69. 长尾仓鼠	*Cricetulus longicaudatus*（1，2，3，6）	古（蒙新区）
70. 灰仓鼠	*Cricetulus migratorius*（6）	古（蒙新区）
71. 子午沙鼠	*Meriones meridianus*（1，5，6）	古（蒙新区）
72. 高原鼢鼠	*Myospalax baileyi*（1）	青藏特有
73. 甘肃鼢鼠	*Myospalax cansus*（1）	古（华北区）
74. 斯氏鼢鼠	*Myospalax smithi*（1）	青藏特有
75. 小毛足鼠	*Phodopus roborovskii*（1，3，5，6）	古（蒙新区）
76. 斯氏高山䶄	*Alticola stoliczkanus*（1，2，3，5，6）	青藏特有
77. 库蒙高山䶄	*Alticola stracheyi*（1）	青藏特有
78. 普氏兔尾鼠	*Eolagurus przewalskii*（6）	古（蒙新区）
79. 甘肃绒鼠	*Eothenomys eva*（1）	青藏特有
80. 青海田鼠	*Lasiopodomys fuscus*（1，2）	青藏特有
81. 根田鼠	*Microtus oeconomus*（1，5，6）	古（蒙新区）
82. 麝鼠	*Onidatra zibethica*（1，5）	古（引进种）
83. 松田鼠	*Pitymys leucurus*（1，2，3，4，6）	青藏特有
84. 高原松田鼠	*Pitymys irene*（1，2）	青藏特有
85. 中华姬鼠	*Apodemus draco*（1，2）	中国特有
86. 大林姬鼠	*Apodemus peninsulae*（1，2）	古（欧亚北部）
87. 小家鼠	*Mus musculus*（1，2）	广布
88. 安氏白腹鼠	*Niviventer andersoni*（1，2）	东（西南区等）

中文名	学名与地理分布	区系成分
89. 社鼠	*Niviventer confucianus*（1，2）	东（西南区等）
90. 褐家鼠	*Rattus norvegicus*（1）	广布
91. 四川林跳鼠	*Eozapus setchuanus*（1，2）	青藏特有
92. 中华蹶鼠	*Sicista concolor*（1，2）	中国特有
93. 五趾跳鼠	*Allactaga sibirica*（1，2，5，6）	古（蒙新区）
94. 三趾跳鼠	*Dipus sagitta*（6）	古（蒙新区）
95. 长耳跳鼠	*Euchoreutes naso*（6）	古（蒙新区）
96. 狭颅鼠兔	*Ochotona thomasi*（1）	青藏特有
97. 间颅鼠兔	*Ochotona cansus*（1，2）	青藏特有
98. 藏鼠兔	*Ochotona thibetana*（1，2）	青藏特有
99. 黄河鼠兔	*Ochctona huangensis*（1）	中国特有
100. 高原鼠兔	*Ochotona curzoniae*（1，2，3，4）	青藏特有
101. 达乌尔鼠兔	*Ochotona dauurica*（1）	古（蒙新区）
102. 大耳鼠兔	*Ochotona macrotis*（1，4，5，6）	古（中亚）
103. 灰鼠兔	*Ochotona roylei*（2）	青藏特有
104. 柯氏鼠兔	*Ochotona koslowi*（5）	青藏特有
105. 红耳鼠兔	*Ochotona erythrotis*（1，6）	青藏特有
106. 川西鼠兔	*Ochotona gloveri*（2）	青藏特有
107. 拉达克鼠兔	*Ochotona ladacensis*（3，4，5）	青藏特有
108. 草兔	*Lepus capensis*（1）	古（蒙新区、华北区）
109. 高原兔	*Lepus oiostolus*（1，2，3，4，5，6）	青藏特有

注：括号内数字为区域代号：1，祁连—青南；2，藏东—川西；3，可可西里；4，南羌塘；5，北羌塘地区；6，柴达木盆地。区系成分中，古：古北界；东：东洋界。

第五章
可可西里的动物多样性

根据上述资料，可以得出以下结论：

（1）可可西里地区的高原特有种有13种之多，占全部兽类种数之54.17%，在南、北羌塘两邻区，此比例也超过50.0%，这3个地区还有另一共性，即都没有东洋界哺乳动物出现。从高原特有种看，可可西里地区与南、北羌塘地区的哺乳动物区系组成相似度高。

（2）可可西里与祁连—青南及藏东—川西地区的区系组成差异较为明显，后两地区分布有若干东洋界种类，如猕猴、豹猫、白腹鼠等，且有一批森林与林灌类型的哺乳动物栖息，如狍、马鹿、斑羚、林麝等；后两地区的古北界物种中还包括一些华北和东北的成分，如小飞鼠、西伯利亚花鼠和大林姬鼠等，而上述种类在可可西里地区均无分布。

（3）可可西里与柴达木盆地动物区系的差别也很显著，后者以适应极度干旱的荒漠类型为主体，种类有鹅喉羚、长耳跳鼠、三趾跳鼠、五趾跳鼠和子午沙鼠等，过去还曾有野骆驼分布（张洁 等，1963）。当然，柴达木地区也无东洋界哺乳类出现。

（4）可可西里与南羌塘地区的兽类区系最亲密，属共同区系关系；与北羌塘地区属密切关系；与祁连—青南地区、藏东—川西地区以及柴达木地区属周缘关系。

典型生境的哺乳动物群落相似性

可可西里地区自东南至西北方向呈现出高寒草甸、高寒草原和高寒荒漠草原三种典型生境，其中分布的哺乳动物概述如下：

（1）高寒草甸生境主要以高山蒿草和无味薹草为建群种，主要栖息着藏原羚、藏羚、高原兔；穴居优势种为高原鼠兔，每公顷有120只以上。根据野外调查，该生境有12种哺乳动物。

（2）高寒草原生境，该类型面积最大，其中草地面积达200多万公顷，地域包括通天河、楚玛尔河、岗齐曲、红水河两岸以及乌兰乌拉湖等地区。主要建群种有紫花针茅、扇穗茅、青藏薹草、棘豆 *Oxytropis* spp.、黄芪 *Astragalus* spp. 和曲枝早熟禾等。这里栖息的哺乳动物计 12 种，其中有蹄类较高寒草甸生境更常见，如藏羚的种群密度为 0.20～0.30 只 /km²，藏野驴为 0.11～0.80 只 /km²，野牦牛为 3.10 只 /km²。在临近水源及土层松软（沙质）的生境中，松田鼠为优势鼠种。

（3）高寒荒漠草原生态系统，该系统的植被主要由垫状驼绒藜和青藏薹草等种类组成，且呈断续分布，见于山地阳坡、平地及湖岸阶地的干旱地区。哺乳动物计有 16 种，其中有 12 种与高寒草原生境所共有。本生境的部分地域仍为无人区，故为野牦牛和藏羚的重要栖息地，例如，野牦牛的种群密度达 0.69 只 /km²。小型哺乳类的优势种有拉达克鼠兔（每公顷至少有 70～100 只）和斯氏高山䶄（捕获率 14%）。典型的荒漠种类小毛足鼠仅见于本生态系统中。

根据调查结果，计算上述 3 种生境的兽类群落相似性（AFR），结果表明：高寒草甸与高寒草原和高寒荒漠之间，相似性分别为 75% 和 65.6%，而高寒荒漠与高寒草原之间相似性高达 87.5%。因此可以认为，高寒草原和高寒荒漠两种生境中的哺乳动物群落属于非常接近的共同关系，两者与高寒草甸之间则属于密切关系。

◎ 特有动物和代表性动物

特有哺乳动物

可可西里地区生物多样性中最引人注目的就是有蹄类，而这些有蹄类全部是青藏高原的特有种。其中，数量最大的则是藏羚，每年聚集在卓乃湖产羔的雌藏羚数量超过两万只。藏羚也是单属单型物种，是伴随着青藏高原隆升而演化形成的物种，特有性最为显著。体型最大的是野牦牛，成年雄牛体重可能超过1吨，是牛科牛属物种中分布海拔最高的。藏野驴和藏原羚也在区内广泛分布，尤其是在可可西里的东部和南部。野牦牛、藏野驴和藏原羚都是原先生活在低地的祖先进入高原后演化而成的特有物种。盘羊广泛分布在全北界的高山区域，生活在包括可可西里在内的青藏高原上的西藏盘羊是青藏高原上独特的亚种，也有分类学家将其划分为独立的种。白唇鹿也是伴随着青藏高原隆升而演化形成的物种，遗传上与末次冰期分布于欧亚大陆的巨型鹿类较为接近。

分布在以可可西里为代表的青藏高原上的大型食肉动物主要是狼、棕熊、猞猁和雪豹。雪豹主要分布在可可西里北部和东部的崎岖山地。雪豹也是伴随着青藏高原隆升而演化的大型食肉动物。雪豹最古老的祖先类型化石可以追溯到400余万年以前，发现于青藏高原西部。今天雪豹的分布也以青藏高原为中心，分布在周边的8个国家。虽然狼是广泛分布于全北界的物种，但近年有研究证据显示，青藏高原上的狼可能是一个独立的物种。青藏高原上的棕熊也是一个独立的亚种。在种的级别，虽然大型食肉动物没有显示出很明显的特有性，但在亚种级别，特有性却十分明显。

而可可西里区内分布的中小型兽类，则全部是青藏高原特有物种。大者如藏狐，小者如啮齿类动物。

狼 *Canis Lupus*（图 5-3）

外形与狗和豺相似，足长体瘦，体型中等、匀称，四肢修长，趾行性，利于快速奔跑。头腭尖形，颜面部长，斜眼，鼻端突出，嘴巴宽大弯曲，耳尖且直立，嗅觉灵敏，听觉发达。犬齿及裂齿发达；上臼齿具明显齿尖，下臼齿内侧具一小齿尖及后跟尖；臼齿齿冠直径大于外侧门齿高度；齿式

图 5-3　狼

为 $\dfrac{3\cdot1\cdot4\cdot2}{3\cdot1\cdot4\cdot3}=42$。胸部略窄小。前足 4 ~ 5 趾，后足一般 4 趾；爪粗而钝，不能或略能伸缩。尾多毛，较发达，挺直状下垂夹于两后腿之间。全身毛色随产地而异，多毛色棕黄或灰黄色，略混黑色，下部带白色。冬毛保温良好，使狼可在 −40℃ 以下生存。以食草动物及啮齿动物等为食。栖息范围广，适应性强，山地、草原、森林、沙漠以至冰原均有狼群生存。夜间活动多，机警，多疑，善奔跑，耐力强，常采用穷追的方式获得猎物。狼是中国少数以大型哺乳动物为食的食肉类，捕食马鹿、狍、盘羊，但是也捕食小型动物如兔类和旱獭。多数食性研究显示狼主要捕食幼体、老体和有病的猎物。具有高度适应性，还进食果实、鱼类和大型啮齿类。

狼是社会性动物，一般以 5 ~ 8 只或更多个体形成家庭群。通过气味、抓痕和吼叫来标记领地。狼群具有严格的等级制度，由一只主雄和一只主雌占主导地位。善于游泳。狼群的家域范围为 130 ~ 13 000km²，在其家域内转

图 5-4 幼狼

移范围很大，一般在夜间转移。狼为一夫一妻制，父母共同养育后代。妊娠期 60～63 天，幼崽于晚春出生。一般每胎 6 仔，2 岁性成熟（图 5-4）。在藏羚栖息地内常可见到单独活动的狼。蔡桂全于 1978 年在本区南部各拉丹冬一带见过一个狼窝，从洞前的食物残渣可辨认出藏羚、藏原羚、盘羊、狐、高原兔和喜马拉雅旱獭等被捕动物。在恰桑曲（84 道班以东）曾获得 1 只尚在哺育的幼崽。狼属于典型的食物链次级掠食者。通常群体行动，由于狼会捕食羊等家畜，因此在 20 世纪末期前被人类大量捕杀，一些亚种如日本狼、纽芬兰狼、佛罗里达黑狼、基奈山狼等都已经灭绝。

除南极洲和大部分海岛外，狼广布于欧洲、亚洲和美洲。在中国也曾广泛分布于除台湾以外的各省区。在青藏高原，它们种群丰富，在可可西里常见于各类生境。在布喀达坂、可可西里湖、卓乃湖、库赛湖、海丁诺尔等地有较大规模的狼群活动，其猎物包括从鼠兔到野牦牛的几乎所有食草动物。狼也是区内成年野牦牛和藏羚等大型动物的唯一天敌，对维持草原生态平衡有重要的作用。

亚种为 *C. l.chanco*。

狼为中国国家二级保护动物。

豺 *Cuon alpinus*

豺头体长 880 ~ 1130mm，尾长 400 ~ 500mm，后足长 70 ~ 90mm，耳长 95 ~ 105mm，颅全长 150 ~ 170mm，体重 10 ~ 20kg。与犬属相近，但是吻和尾更短。颜色深红至灰褐色或微黄红色，喉部、四肢和面部为白色。耳大而圆，耳内毛白色。尾尖黑色，尾小于头体长的一半。雌雄体型几乎一致。乳头 6 或 7 对。头骨与狼相似，但额骨低（前腔不鼓胀），鼻骨较短（齿列宽度大于上颚长度的 75%）。M3/3 缺失；M1 的根座上仅 1 个齿尖；M2 比 M1 小（M2 面积小于 40mm^2）。P2 和 P3 具一个小的、向后的齿尖和齿带尖。齿式为 $\dfrac{3 \cdot 1 \cdot 4 \cdot 2}{3 \cdot 1 \cdot 4 \cdot 2} = 40$。

豺广布于我国，延伸至印度尼西亚（爪哇岛、苏门答腊岛）、马来西亚、印度、巴基斯坦、朝鲜、蒙古和俄罗斯。豺在可可西里不常见，仅在库赛湖一带有目击证据，但在其他地方，豺可出没于沙漠以外的各种栖息地类型。其食性较广，能捕食大型猎物如盘羊、山羊，也会猎食啮齿类、兔类等小型动物。常喜结群捕猎，每群 5 ~ 12 只，也有报道 40 只的群体。家域为 40 ~ 84km^2，大小由可利用的食物和水源决定。一般昼行性，晨昏活动，但偶尔也在夜间活动。许多研究显示雌性数量是雄性的 2 倍。巢穴通常是其他动物挖的。群体所有成员共同照料幼崽，捕猎后将食物带回。妊娠期 60 ~ 62 天，春季繁殖，每胎 4 ~ 6 仔，1 岁性成熟。

藏狐 *Vulpes ferrilata*（图 5-5）

藏狐头体长 490 ~ 650mm，尾长 250 ~ 300mm，后足长 110 ~ 140mm，

耳长 52 ～ 63mm，颅全长 138 ～ 150mm，体重 3.8 ～ 4.6kg。牙齿发达，犬齿较长，眶前孔的前缘到吻尖的距离长于左右臼齿间的宽度。头骨之吻部十分狭长，吻部中央部位之侧缘稍向内凹入，第二前臼齿处之吻宽约为腭长之 1/4，上犬齿之高约等于第四前臼齿加第一臼齿长度之总和。体型与赤狐 *Vulpes vulpes* 相近，但耳短小，耳长不及后足长的一半，耳背之毛色与头部及体背部近似，耳后茶色，耳内白色；背部呈褐红色，下腹部为淡白色到淡灰色；体侧有浅灰色宽带；与背部和腹部明显区分。藏狐有明显的窄淡红色鼻吻，头冠、颈、背部、四肢下部为浅红色。尾蓬松，尾形粗短，尾长小于头体长的 50%，除尾尖白色外，其余灰色。冬毛毛被厚而茸密，毛短而略卷曲。背中央毛色棕黄，体侧毛色银灰。尾末端近乎白色。

藏狐见于海拔达 2000 ～ 5200m 的高山草甸、高山草原、荒漠草原和山地

图 5-5　藏狐

的半干旱到干旱地区。分布于甘肃、青海、四川、云南西北部、新疆、西藏。在可可西里常见于乌兰乌拉湖、西金乌兰湖以及库赛湖以南等地区。昼行性，独居，但也可见有幼崽在一起的家庭群。藏狐主要在早晨和傍晚活动，但也见在全天的其他时间活动。洞穴见于大岩石基部、老的河岸线、低坡以及其他类似地点。巢穴有 1 ~ 4 个出口，洞口直径为 25 ~ 35cm。交配始于 2 月末，每胎 2 ~ 5 仔，4 ~ 5 月可见幼崽活动。食物主要为鼠兔和啮齿类。一项研究显示，食物中 95% 为高原鼠兔和小型啮齿类（松田鼠、高山鼠、仓鼠）；残余物还有昆虫、羽毛和浆果。另一项研究显示猎物还有沙蜥、高原兔、喜马拉雅旱獭、麝、岩羊和家畜。

棕熊 *Ursus arctos*（图 5-6）

棕熊是陆地上食肉目体形最大的哺乳动物之一，体长 1.5 ~ 2.8m，肩高 0.9 ~ 1.5m，雄性体重 90 ~ 800kg，雌性体重 80 ~ 250kg。头大而圆，体形健硕，肩背隆起。耳小，向两侧突出；雄性比雌性大。前足足垫大小是黑熊的一半。乳突宽度大于颅基长之半。Pl ~ P3 仅有 1 个齿根；M2 长度小于或等于 M1 与 P4 的长度之和；两枚上臼齿长度不大于第一臼齿间的上颚骨宽度；M1 长度大于 20.4mm；M2 长度大于 31mm，M3 后部窄。齿式：$\dfrac{3 \cdot 1 \cdot 4 \cdot 2}{3 \cdot 1 \cdot 4 \cdot 3}$=42。被毛粗密，冬季可达 10cm；颜色各异，如金色、棕色、黑色和棕黑等。前臂十分有力，前爪的爪尖最长能到 15cm。由于爪尖不能像猫科动物那样收回到爪鞘里，这些爪尖相对比较粗钝。前臂在挥击的时候力量强大，"粗钝"的爪子可以造成极大破坏。

不同种群的棕熊体型变化较大，这取决于食物的可利用性和栖息地。在熊科动物中表现出颜色和体型方面的最大变异——从暗黄色到黑色到红色，这导致了该种有超过 200 个同物异名。

熊分布于全北界，是分布最广的陆生哺乳动物，也是一种适应力比较强的动物。棕熊的主要栖息在寒温带针叶林中，但从荒漠边缘至高山森林，甚至冰

图 5-6　棕熊

原地带都能顽强生活。如今，棕熊的种群已极度缩小和片段化。它们广布于中国西部和东北部。生活在北美的棕熊更喜欢开阔地带，例如苔原区域和高山草甸，在海岸线附近也常能见到它们的足迹。欧亚大陆上的棕熊则更喜欢居于茂密的森林之中，方便白天隐藏。

　　棕熊有储存食物的习性，食性较杂，植物包括各种根茎、块茎、草料、谷物及果实等，喜吃蜜，植物成分可占其食物的 60% ~ 90%。动物包括蚂蚁、蚁卵、昆虫、啮齿类、有蹄类、鱼和腐肉等。在某些地区它们是有蹄类的重要捕食者。在冬眠时新陈代谢降至较低水平，以减少热量及钙质的流失，防止失温及骨质疏松。冬眠期间产仔，每胎 1 ~ 4 仔，春季雌熊常带小熊在林中玩耍。

棕熊多在白天活动，行走缓慢，没有固定的栖息场所，平时单独行动。它们的体型虽然很大，但奔跑起来并不慢，时速可达50km。在藏北高原，棕熊一般从11月初开始冬眠，一直到第二年4月中旬才开始新的活动，但有时12月中仍可见其活动。棕熊在多数情况下独居，但在繁殖季节，可见雌性携带2～3头幼崽一起活动。棕熊的家域是重要的，雄性的家域比雌性的更大。在分布范围的北部，它们会冬眠6～7个月。4.5～7岁性成熟。5月初至7月交配，但直到10月或11月才着床，幼崽大约1～3月出生，平均每胎2仔。雌熊是诱导性排卵者，雄熊每年可以是一胎以上幼崽的父亲。种群数量稀少，在70 000多平方千米范围内仅见到6只，平均每100km^{2}见不到1只，但在局部区域，种群密度较高，如在藏羚产羔地——卓乃湖周边大约有20余只棕熊常年活动。

青藏高原上的棕熊终年生活在开阔地，多在高寒草甸和高寒草原活动，冬季到石山寻找洞穴冬眠。可可西里地区的棕熊，常见于岗齐曲、乌兰乌拉湖、西金乌兰湖等地，多在昆仑山一线冬眠。尤其在主峰布喀达坂一带，初冬季节很容易遇到寻找洞穴的棕熊。冬眠越冬前，为了捕食先其冬眠的喜马拉雅旱獭，棕熊可以挖掘深达3m的巨型大坑。春夏季节，棕熊常在草原或草甸上挖掘鼠兔、旱獭等的洞穴，捕食这些动物。棕熊也经常捕食野驴、盘羊等大型有蹄类，有机会时也捕食野牦牛。另外，棕熊也经常吃狼咬死的猎物或者死亡的动物。值得一提的是，在藏羚集中产羔的季节，棕熊也会频繁造访大量藏羚集中的区域，捕食初生的羊羔。在可可西里卓乃湖的西湖头，5月初，湖水开始解冻，可见棕熊在入湖口的冰块中从容享用冻在冰块中的鱼。在青海、甘肃南北、四川西北以及西藏的牧区，棕熊常常破门闯入牧民家中，偷食一切可吃之物。在野外考察中发现，棕熊会趁考察队员离开帐篷之际，闯入帐篷饱餐各种美味：米、面、油、蔬菜、牛奶、水果、肉和罐头等。

棕熊为中国国家二级保护动物。

狗獾 *Meles leucurus*（图 5-7）

头体长 495 ~ 700mm，尾长 130 ~ 205mm，后足长 85 ~ 110mm，耳长 35 ~ 50mm，颅全长 110 ~ 128mm，体重 3.5 ~ 9.0kg。狗獾矮胖，体型大，有一明显的长鼻子，末端有一个大的外鼻垫。腿和尾均短而粗。面部延长、锥形，耳小而圆，耳尖白色，位于头两侧偏下。皮毛粗糙、茂密，长度适中。身体灰色，腿部为暗灰色到几乎黑色。狗獾头部有明显斑纹，面部大部为白色，具两黑纹，位于头部两侧，纵向贯穿整个面部，从鼻到眼，再到耳基部。白色的面部斑纹与全黑色的喉部和腹部形成鲜明对照。吻部长，具软骨质的鼻垫，鼻垫与上唇之间区域有毛。臭腺位于尾下肛门开口处之外，其气味用于标记。足为趾行性，每足具 5 趾，且足垫无毛。所有趾上均有长而黑色的弯爪，在前肢上的更长。有 3 对乳头，乳突相当大。头骨窄，从眼眶前缘到吻尖的长度是

图 5-7 狗獾

颅基长的 1/3；眶下孔比犬齿直径更长。Ml 方形，外缘有 2 个齿尖，在中间的纵脊有 3 个齿尖；在内侧和纵脊之间有一个凹度；Ml 长，其根座有 4 个齿尖。齿式：$\dfrac{3 \cdot 1 \cdot 3 \cdot 1}{3 \cdot 1 \cdot 3 \cdot 2} = 34$。

狗獾广布于中国各省区，并延伸到哈萨克斯坦、韩国、朝鲜、俄罗斯（从伏尔加河到西伯利亚）。在可可西里地区二道沟及其邻区阿尔金山国家级自然保护区卡尔敦海拔 4000 多米的草地上也有分布。其在整个分布区占据了辽阔的栖息地，并偏好海拔高达 1600 ~ 1700m 的森林茂密且开阔的地方。见于落叶林、混交林和针叶林地、树篱带、灌丛、有河流的生境、农业地、草地、草原和半荒漠地区；有时也可见于郊野地区。集 2 ~ 23 只个体的社会群，平均每群 6 只。气候较暖时，倾向于独居或成对活动；气候较冷时群体更大，且结合得更紧密；群体由优势对领导（一雄一雌）。狗獾生活在被称为"獾洞"的巨大的地下洞穴内，一般建于林地地区。獾洞有互相连接的通道，有巢室，地上有约 20 个出入口。也常使用旱獭的洞穴。狗獾的领地性很强，会保卫其家域。獾洞的分布取决于土壤和景观。挖掘獾洞的最好的地方是落叶林和混交林地，其次是灌木或灌丛和针叶林地，有时在建筑物下边。它们更喜欢土壤排水良好（易于挖掘）、受人类和其他动物干扰最小并有充足食物供应的地区。狗獾是机会主义猎食者，捕食无脊椎动物（蚯蚓、昆虫、软体动物、甲虫和黄蜂幼虫），小型哺乳动物（小鼠类、野兔类、家鼠类、鼩类、鼩鼱、鼹鼠、刺猬），地面营巢的鸟类，小型爬行动物，蛙类，腐肉，植物性食物（橡子、坚果、浆果、水果、种子、谷类、块茎、根、鳞茎），以及蘑菇。在分布区的很多地方，蚯蚓是其主要食物。夜行性或在晨昏活动。每年仅产 1 胎，雌性单独负责照看幼崽。它们可诱导性地排卵，延迟植入，一般发生在 12 月或 1 月初；延迟着床后，妊娠期持续 7 周。

香鼬 *Mustela altaica*

头体长 105 ~ 270mm，尾长 66 ~ 62mm，后足长 22 ~ 47mm，耳长

11 ～ 25mm，颅全长 36 ～ 50mm，体重 80 ～ 280g。主色与黄鼬近似，但更小；背部和尾呈淡黄褐色或淡红褐色；腹部黄色至黄白色，与背部颜色区别明显。头部淡灰褐色，唇和颊白色。香鼬在春秋季换毛，夏毛褐色更深，冬毛苍白色或淡黄色。尾长大于头体长的 40%，不蓬松，尾尖也非黑色；四肢颜色似背部，但与之对照鲜明的是足白色。吻突短，颅骨长；听泡长，内缘直，接近平行；后裂孔隐蔽。眶后区缢缩；眶下孔小于或等于犬齿直径。中国最小的 2 种鼬类是伶鼬和香鼬，二者外形可由尾长区别（伶鼬尾长小于头体长的 33%）。

除中国东南部和南部外，香鼬广布其他地区，如甘肃、内蒙古、青海、山西、新疆北部，延伸横跨亚洲。在可可西里各拉丹冬地区，曾在考察过程中见到 1 只活体，出没在高原鼠兔密集分布的地方。香鼬喜栖于高山草甸、多岩石的斜坡，曾见于海拔 1500 ～ 4000m 处。也能生活在人类居住区附近，有时袭击家禽。主要捕食鼠兔、仓鼠和高山鼩，其数量与鼠兔密度呈正相关；也吃各类小型动物，包括啮齿类、野兔、鸟类、蜥蜴、蛙类、鱼类和昆虫；有时还吃浆果。种群数量各年波动很大，可能与食物来源的变化有关。一般是夜行性，但也能在白天捕猎。善于爬树和游泳。已知香鼬为一夫多妻制，妊娠期 35 ～ 50 天，无延迟着床的直接证据。晚成幼崽出现于 7 月初，雌性单独照顾幼崽。

兔狲 *Felis manul*（图 5-8）

头体长 450 ～ 650mm，尾长 210 ～ 350mm，后足长 120 ～ 140mm，耳长 40 ～ 50mm，颅全长 82 ～ 92mm，体重 2.3 ～ 4.5kg。兔狲是一种短腿猫，体型与野猫相当。然而，它们的毛浓厚，尾毛浓密，前额宽，耳间距宽，看上去位于头侧。其毛是猫类中最长的，浅灰色，毛尖白色，似被霜覆盖的外罩。眼朝向前。前额随机地分散着小黑斑。背部有 6 ～ 7 条窄横纹，不同程度地延伸到体侧。耳后颜色与身体底色相似。眼周有白色圈，3 条小黑带通过颊部延伸到眼下，其中 2 条继续向前延续到颈部和耳部。2 条黑线勾勒出了眼斑。尾的上下面是均一的灰色，并有一个非常小的黑尖。头骨是猫属中最独特的，具完整的眼眶，头骨高度拱起（膨胀的额骨）；吻突短；听泡的外鼓骨部分比内鼓骨部分更膨胀；眶前缘有锋利的边，无颧骨水平扩展区；眼眶前移，增大了两眼间的覆盖区；眼眶面比其他猫类更垂直；内外鼓骨间的骨缝明显；鼻骨沿中缝降低，但无缢缩。P4 上前尖退化；犬齿比 P4 长；P2 阙如，齿式：$\dfrac{3\cdot1\cdot2\cdot1}{3\cdot1\cdot2\cdot1}$=28。

　　兔狲广布于中国西部和北部，并延伸到蒙古、俄罗斯、中亚和中东，最西到亚美尼亚。兔狲生活在低山斜坡、山丘荒漠和岩石裸露的干草原。在中亚可见于海拔高达 4000m 以上的地方。通常栖息于降雨量少、有薄的积雪层的干旱高山区。它们显然不能在深积雪层的地区捕食，因此 15 ~ 20cm 或更薄的雪覆盖层是一种很好的确定该种分布区的标志。裸露的岩石、岩屑坡和山麓南坡是它们典型的栖息地。主要捕食鼠兔、小型鼠类（高山鼹、沙鼠、仓鼠）、

图 5-8　兔狲

鸟类（山鹑和山鸦）、野兔和旱獭，鼠兔和鼱类丰富的地方其数量也很多，不在深积雪区生活。视觉和听觉发达，遇危险时则迅速逃窜或隐蔽在临时的土洞中。腹部的长毛和绒毛具有很好的保暖作用，有利于长时间伏卧在冻土地或雪地上，伺机捕猎。夜行性，晨昏活动，独居。2月繁殖，妊娠期65～70天；平均每胎3～6仔，通常每年1胎，12～18个月性成熟。

猞猁 *Lynx lynx*（图5-9）

头体长800～1300mm，尾长110～250mm，后足长225～250mm，耳长50～95mm，颅全长145～160mm，体重18～38kg。是猞猁属中体型最大的。身体粗壮，四肢粗长而矫健，尾极短粗，通常不及头体长的1/4，尾尖呈钝圆。耳基宽。两只直立的耳朵的尖端都生长着耸立的长长的深色丛毛，长达4～5cm，其中还夹杂着几根白毛。耳壳和笔毛能够随时迎向声源方向运动，有收集声波的作用，如果失去笔毛就会影响它的听力。3对乳头，乳突大，呈球形突起。在明显的听泡中，外鼓骨（前侧面部分）非常膨胀。额骨不是很突出，眶后突之间有一个显著的凹陷，眶后突相对较小。额骨向吻部突出至眶下沟。前颌骨的吻突和额骨连接或接近。P2阙如，犬齿大大长于P4的长度，齿式：$\frac{3\cdot1\cdot2\cdot1}{3\cdot1\cdot2\cdot1}$=28。

猞猁身体底色从灰色到灰褐色。两颊有下垂的长毛，腹毛也很长。脊背的颜色较深，呈红棕色，中部毛色深；腹部淡呈黄白色；眼周毛色发白，两颊具有2～3列明显的棕黑色纵纹。背部的毛发最厚，身上或深或浅点缀着深色斑点或者小条纹。这些斑点有利于它的隐蔽和觅食。背部的毛色变异较大，有乳灰、棕褐、土黄褐、灰草黄褐及浅灰褐等多种色型。有些部位的色调是比较恒定的，如上唇暗褐色或黑色，下唇污白色至暗褐色，颌两侧各有一块褐黑色斑，尾端一般纯黑色或褐色，四肢前面、外侧均具斑纹，胸、腹为一致的污白色或乳白色。喜马拉雅的猞猁毛色非常苍白，通常无清晰的斑点，而欧洲的猞猁斑点明显。喉部及体下方呈白色到浅灰色。

图 5-9 猞猁

在猫科动物中，猞猁的毛发是最柔软的，其背上每平方厘米有 9000 根毛。猞猁有独特的四肢，后肢比前肢长。四足宽大，趾间有连接的皮瓣。其冬毛长而密，冬季，大爪子上包被着长而密的毛茸茸的兽毛，在厚厚的积雪中移动，相当于提供了雪靴的效果。足迹上的质量负载轻盈度是所有猫科动物中最好者之一，是猫属的 3 倍。

猞猁为喜寒动物，栖息环境极富多样性，从亚寒带针叶林、寒温带针阔混交林至高寒草甸、高寒草原、高寒灌丛草原及高寒荒漠与半荒漠等各种环境均有其足迹。广布于中国西部、北部和东北部；延伸到欧洲、北美洲和亚洲北部。藏北高原、可可西里地区各拉丹冬、太阳湖等地有分布。主要栖息于北方的茂密森林中，但也出现在落叶林、干草原、山地和高山区。在天山山脉，猞猁最适宜的夏季栖息地包括岩石裸露的陡峭斜坡和有森林生长的岩屑坡。在阿尔泰山脉，可见于积雪层深度不超过 40 ~ 50cm 的泰加林地区。野兔和小型有蹄类的分布在很大程度上决定了猞猁的分布。它们主要以野兔、旱獭、鼠兔、小型有蹄类和鸟类为食。在其大部分领域中，小型有蹄类是其食物中最重要的组成部分。据研究，当有蹄类不足时，其食物中野兔达65%，啮齿类达21%（其中大多数是旱獭，尤其在春天）。在阿尔泰的冬季，其食物更多集中在小型有蹄类：有时可以捕杀体重为15～220kg的鹿，也会主动搜寻并猎杀狐狸。独居，夜行性，经常避开水，每天可以行进多达10km。为伏击型的捕食者，跟随有蹄类和野兔在山坡上下迁移到积雪层薄的地方。猞猁在狼多的地方则稀少。善于爬树，捕猎时利用森林中的小径、倒木和裸露的岩石。它们通常每年产1胎，平均每胎2～3仔，妊娠期63～74天。

有研究显示野兔是猞猁最重要的食物来源。在可可西里地区，猞猁也有广泛的分布，尤其在可可西里山两翼和昆仑山两翼。除了高原兔，猞猁也捕食中小型有蹄类和其他小型兽类、鸟类。对青藏高原上的猞猁研究极少，其详细的食性、习性等信息甚少。

雪豹 *Panthera uncia*（图 5-10）

雪豹有"雪山之王"之称，是一种重要的大型猫科食肉动物和旗舰种，由于其常在雪线附近和雪地间活动，故名"雪豹"。雪豹原产于亚洲中部山区，中国的天山等高海拔山地是雪豹的主要分布地。

雪豹敏感、机警、喜欢独行、夜间活动、远离人迹和高海拔的生活特性使其行为特征难以为人所知。到目前为止，人类对雪豹的了解仍然十分有限。因其处于高原生态食物链的顶端，雪豹亦被人们称为"高海拔生态系统健康与否的气压计"。雪豹在大型猫科动物中属于中等体型，大小似豹，头比豹小。其头体长1100～1300mm，尾长800～1300mm，后足长265mm，耳长61mm，颅全长155～173mm，体重35～75kg。耳短而圆，位于头的两侧，二者间隔较宽。耳后黑色，中心部分灰白色。头骨显著地呈高度半球形或拱起，这也说明了其基颅长度相对较短，并且该种也是豹亚科动物中唯一下颌窝后突与枕髁间距小于颅基长 30% 的种类。听泡的外鼓室与内鼓室几乎等大，侧枕突明显延伸到听泡以外。鼻腔较大，超出了这种头骨大小应有的比例。第三前臼齿之前的下颌骨高度至少等于甚至大于第一臼齿之后的高度。鼻骨比其他任何豹亚科种类都宽，鼻骨骨缝长度仅比其宽度大 5%～20%，并且不向后延伸到上颌。眶内宽度大于眶后宽度，比例上也比其他豹亚科动物更宽（大于颅基长的 25%）。第一上臼齿比其他豹亚科种类更显方形，其宽度小于 6mm。齿式：$\dfrac{3 \cdot 1 \cdot 3 \cdot 1}{3 \cdot 1 \cdot 3 \cdot 1}$ =30。

雪豹有许多在寒冷的山区生长的生物特征，它们身体粗壮、毛厚、耳小，这些特征都有助于减少身体热量散发。眼睛在猫科动物中较独特，其虹膜总是浅绿色或浅灰色，强光照射下会缩为圆状。雪豹也有着大且披毛的足部，前足5 趾，后足 4 趾，前足比后足宽大。趾端具尖锐的角质化硬爪。大脚的作用有如雪地靴，可以分散体重在雪地上的压力，不会在松软的积雪上陷得太深，有助于在雪地行走。脚掌的毛除了可以增加在陡峭或不稳定雪面的摩擦力之外，还能减少从脚掌散失的体热。

雪豹的皮毛特别珍贵，冬季毛在背部有 5cm 长，腹部长达 12cm，毛发密度高达 4 000 根 /cm²。皮毛为灰白色。耳朵的背面为灰白色，边缘为黑色；鼻子尖端为肉色或黑褐色；上唇白色，略带灰褐色，具黑色的小斑点和短条纹，唇边的胡须颜色黑白相间；其颈下、胸部、腹部、四肢内侧及尾巴下部均为白色，皮毛上有黑色斑点和黑环。从雪豹的背部开始，沿脊背有三条由黑斑形成的线纹直至尾巴的根部，后面的黑环边较宽大，至尾巴端最为明显，如同植物叶子，所以有"艾叶豹"的俗称。尽管雪豹的毛色变化很大，但最常见的是灰黑色和白色相嵌合。雪豹相对长而粗大的尾巴（约为体长的 3/4）成为与其他相似物种区分的明显特征，这也使得雪豹的腿看上去不成比例的短。雪豹的长尾巴长满浓密蓬松的毛，分布有斑纹，尾尖能绕成圆形花结，坚硬时如同钢鞭怒竖。有的个体由于尾巴过于粗大，养成了盘尾的习惯，形成一个卷曲的圆圈。

图 5-10　雪豹

除了在山地环境攀爬斜坡和快速奔跑的时候帮助雪豹来保持平衡外，在寒冷的环境中，这条尾巴也可以在它睡觉时盖住口鼻保温。同时，雪豹的鼻腔较大，能使吸入的冷空气温暖。

　　雪豹在生物分类学上的定位，曾经为单独的一个属——雪豹属 *Uncia*，其学名为 *Uncia uncia*。主要理由是其舌骨基本骨化，而豹属动物的舌骨中部为韧带性软骨。因此，雪豹不能像其他大型猫科动物一样发出低沉、强烈的吼叫，而只能嘶嚎。同时，雪豹与虎、豹等动物很难进行杂交，且没有产生过杂交种，而狮、虎、豹、美洲豹之间能够进行杂交，并有过杂交种的记录。从而有文献认为应将雪豹看作大型猫（狮、虎、豹等）与小型猫（金猫、豹猫等）的一个过渡型，单列为一个属较为合适。目前，《世界哺乳动物物种》第三版、

《濒危野生动植物种国际贸易公约》附录Ⅰ和《中国动物志》均使用该种名。然而最近的分子生物学研究显示这个物种应为豹属的一个亚属，同时种名应为 *Panthera uncia*。目前，国际自然保护联盟（IUCN）使用这一种名。

雪豹在我国分布于甘肃、内蒙古西部、青海、四川西部、新疆、西藏南部和西部、云南等区域，在国外，则可延伸分布到阿富汗、不丹、印度、哈萨克斯坦、吉尔吉斯斯坦、蒙古、尼泊尔、巴基斯坦、俄罗斯、塔吉克斯坦和乌兹别克斯坦。雪豹据称有两个亚种。在《世界哺乳动物手册》上，其亚种名分别为 *U. u. uncia* 和 *U. u. uncioides*。前者分布于中亚及东北方的蒙古和俄罗斯，后者分布于中国西部地区和喜马拉雅山。但这一点并没有被广泛认可。根据魏磊等人 2011 年的研究《豹属线粒体基因组分析》，发现狮是雪豹最亲的物种，而豹属是由虎、豹、雪豹、美洲虎以及狮所构成，并主张将云豹属也归类于豹属。研究人员还发现，整个豹亚科（原文称之为豹属）是约在 1130 万年前与猫亚科动物分开演化，而雪豹与狮的演化分歧时间大约在 463 万年前，此时青藏高原正在隆起、成形中；约 260 万年前，青藏高原的隆起进入第二阶段，形成更高海拔的高原，这段时期可能是雪豹演化成高原特有种的关键阶段；约 170 万年前，青藏高原已接近现在的高度，原本分布于高原的雪豹开始往周围高地进行辐射扩散。

在可可西里五雪峰、长江源头、烟瘴挂、豹子峡等地均有分布。种群数量极少，据 1988 年在青海境内的调查，估计数量为 1 只 /100km²。但在个别地方，如可可西里烟瘴挂，在 100 余平方千米的区域内，数量高达 9 ~ 14 只。尽管有 2 个亚种被描述，但是雪豹的亚种分化并不清楚。雪豹在高山栖息地呈岛屿状分布，具有长距离迁移能力，使得亚种归属问题难以解决。雪豹常见于高山地区，通常海拔为 3000 ~ 4000m，有时可高至 5000m 以上。喜欢悬崖峭壁、岩石裸露和断裂地形，且地形坡度超过 40°；也会利用宽阔而平坦的山谷（如昆仑山脉）。通常在草地、草原、高山干旱灌丛地活动。可猎杀 3 倍于其自身体重的猎物。最常见的猎物是野绵羊、野山羊、鼠兔、野兔、旱獭和雉鸡类，尤其喜爱捕食岩羊和北山羊。塔什库尔干保护区的一项研究显示，雪豹春季的粪便中，岩羊占60%，旱獭占29%。它们每两周会猎杀一头大型猎物，有时也会袭击家畜。许多研究显示雪豹利用雪天、雾天和雨天捕猎。偶尔也吃植物，在其粪便中曾见有大量柽柳。雪豹可在一个小范围内待上几天，然后行进1～7km到家域内新的地方。独居，通常夜行性，但可在昼夜任何时候捕猎。据报道，在蒙古的家域为14～142km^2。水平跳跃可达15m，垂直跳跃达6m。在交配季节和很短的繁殖间隔期成对活动。400多头圈养雪豹的繁育记录显示，89%的生产在4～6月，其中5月占54%；妊娠期90～100天，平均每胎产仔2～3只。

雪豹为中国国家一级保护动物。

藏野驴 *Equus kiang*（图 5-11）

藏野驴是所有野生驴中体型最大的一种，头体长182～214cm，肩高132～142cm，尾长32～45cm，后足长41～54cm，耳长220mm，颅全长473～547mm，体重250～400kg。典型的马科动物，外形与蒙古野驴相似。头部较短，耳较长，耳壳长超过170mm，能够灵活转动。吻端圆钝，颜色偏黑。鬣鬃短而直，尾鬃生于尾后半段或距尾端1/3段，四肢粗，前肢内侧均有圆形胼胝体，俗称"夜眼"，蹄较窄而高。全身被毛以红棕色为主，耳尖、背部脊线、鬃毛、尾部末端被毛颜色深，吻部呈乳白色，吻端上方、颈下、胸部、腹部、四肢等处被毛污白色，与躯干两侧颜色界线分明。体背呈棕色或暗棕色（夏毛略带黑色），胁毛色较深，至深棕色；自肩部颈鬣的后端沿背脊至尾部，具明显较窄的棕褐色或黑褐色脊纹，俗称"背绒"；肩胛部外侧各有一条明显的褐色条纹，肩后侧面具典型的白色楔形斑，此斑的前腹角呈弧形；腹部及四肢内侧呈白色，腹部的淡色区域明显向体侧扩展，四肢外侧呈淡棕色，臀部的白色与周围的体色相混合而无明显的界线。一般而言，成体夏毛较深，

图 5-11 藏野驴

冬毛较淡，幼体毛色较深，呈沙土黄色，绒毛很长，第二年夏天换毛后毛色似成体。

藏野驴外形似骡，体形和蹄子都较家驴大许多，显得特别矫健雄伟，因此当地人常常称之为"野马"。

藏野驴有集群活动的习性，但也常见单独活动者。一般群大小在10 ~ 100 只之间，但也有超过百匹的群，甚至可见上千只集为大群。小群多半由五六只组成，由一只雄驴率领，营游移生活。夏季，在水草条件好和人为干扰少的地方，藏野驴群体会很大。生活在新疆阿尔金山自然保护区的依夏克帕提湖边的驴群，大群的个体数常常在100 多只到200 多只之间。而在柴达木盆地北缘的哈尔腾盆地一带，通常是 3 ～ 5 只结小群活动，单独活动的野驴个体也比较常见。藏野驴有随季节短距离迁移的习性。平时活动很有规律，清晨到水源处饮水，白天在草场上采食、休息，傍晚回到山地深处过夜。每天要移动好几十千米的路程。在藏野驴经常活动的地方，未受到惊扰的群体移动时喜欢排成一路纵队，鱼贯而行。在草场、水源附近，经常沿着固定路线行走，在草地上留下特有的"驴径"。驴径宽约 20cm，纵横交错地伸向各处。藏野驴擅长奔跑，警惕性高。它们主要采食禾本科植物，食物中，针茅的比例尤其高，也采食少量莎草科植物。

藏野驴为青藏高原特有种，喜欢栖息于青藏高原的开阔地区，海拔可高达 5300m，但在邻近海拔低到 2700m 的荒漠草原中也有发现。对寒冷、日晒和风雪均具有极强的耐受力。在中国主要分布于青海的玉树、果洛、海北和海西州，四川西北部，甘肃的阿克塞、肃南和玛曲，新疆南部，西藏中部和西部。在可可西里、藏北高原以及新疆南部的阿尔金山国家级自然保护区，藏野驴随处可见，是数量最多的野生有蹄类，尤其是在可可西里东部和南部，可以观察到较大群体。野外考察时发现，成群的野驴喜欢与车辆竞赛，直到从汽车行进方向前面超越为止。1990 年可可西里综合考察，6 ～ 8 月共见到 69 群，平均每群 6.9 只，最大群体有 40 余只。桑恰曲和岗齐曲的调查数据显示，种群密度分别为 0.80 只 /km^2 和 0.31 只 /km^2。6 月中旬，见到 1 岁龄的幼驹仍跟随雌驴一起活动。交配季节通常于 7 月末开始直到 9 月。妊娠期大约 355 天，幼驹于 7 月中旬到 8 月出生。

藏野驴是欧亚大陆上幸存的野生马科动物中数量最多的物种。然而，藏野驴也深受围栏等设施的影响，其前景需要关注。

藏野驴为中国国家一级保护动物。

野牦牛 *Bos mutus*（图 5-12）

头体长 300 ~ 340cm；肩高 170 ~ 200cm（雄），137 ~ 156cm（雌）；尾长 100cm；颅全长 50cm；体重一般 535 ~ 821kg（雄），306 ~ 338kg（雌）。体型大，黑色（西藏阿里有大约 200 头体色金黄的野牦牛，当地称之为金丝野牦牛），腹部具有长而蓬松的毛，几乎垂到地面，尾上毛束很长（超过 1m）。长而尖锐的角颜色呈灰到黑色，向侧伸展然后转向上，尖端向后。雄性的角比雌性的长和宽，更为粗大结实。

野牦牛主要见于中国青藏高原，并延伸到拉达克地区和尼泊尔。在 13—18 世纪，还曾分布于哈萨克斯坦、蒙古和俄罗斯南部。可可西里的桑恰曲以北 40 余千米处、岗齐曲、乌兰乌拉湖、西金乌兰湖、勒斜武担湖、五雪峰、库赛湖南（楚玛尔河上游）等地均有分布。野牦牛栖息于海拔 4000 ~ 6100m 的草原和寒冷荒漠，冬季下到较低的谷地。善攀登陡坡。主要以禾本科植物为食，也吃一些杂草和富含矿物质的土壤。常营 2 ~ 6 只小群生活。在西藏

图 5-12　野牦牛

图 5-13　野牦牛

最北边与新疆交界处，曾见到过数百头的野牦牛大群，同样的情况亦可在冬季的阿尔金山国家级自然保护区地势较低的东部出现。1990 年可可西里综合考察数据显示，野牦牛在西金乌兰湖和库赛湖南的种群平均密度分别为 0.69 只 /km² 和 3.10 只 /km²。据悉，20 世纪 60 年代在乌兰乌拉湖仍有较多的野牦牛，后因放牧及偷猎活动而数量下降，该地区的密度 1990 年时为 0.02 只 / km²。现今高原上大多数的牦牛是家养的，有些是与家牛杂交的，野牦牛体型较家养的大很多。牦牛奔跑时步伐急促跳跃。怀孕期 258 天，于 5 ~ 6 月产仔，每胎 1 仔，雌牦牛仅在 2 年间产 1 胎。寿命可达 25 年。粗壮结实的身体，绒厚的皮毛和丰富的乳汁都是它们对严酷的环境条件的适应（图 5-13）。具丛毛的长尾适于驱赶夏季的蚊蝇。藏族人依靠牦牛生活，牦牛为他们提供肉、奶、乳酪、皮革，骨用于雕刻饰物，脱落的毛织成粗布、搓成绳用于制成帐篷，粪便用作燃料。

野牦牛为中国国家一级保护动物。

藏原羚 *Procapra picticaudata*（图 5-14）

藏原羚是一种小而矮壮的羚羊。头体长 91 ~ 105cm，肩高 54 ~ 65cm，尾长 80 ~ 100mm，颅全长 170 ~ 190mm，体重 13 ~ 16kg。体格矫健，四肢纤细，蹄狭窄，行动敏捷。吻部短宽，前额高突，眼大而圆，耳短小，尾短，雄性有一对较细小的角，雌性无角。颅全长在 160 ~ 185mm 之间。眼眶发达，呈管状，泪骨狭长，前缘几呈方形。后缘凹而形成眼眶的前缘，上缘边缘凸起，但不与鼻骨相接触。鼻骨后段二侧较平直，末端略尖。牙齿狭小，上齿之后角发达而成突出的齿棱；第二、三上前臼齿之前亦有此类齿棱。上臼齿有类似的前、中齿棱。

通体被毛厚而浓密，毛形直而稍粗硬。背部毛厚，毛形鞍状。臀部和后腿两侧的被毛硬直而富弹性，四肢下部被毛短而致富，紧贴皮肤。吻端亦披毛。头额、四肢下部色较浅，呈灰白色，吻部、颈、体背、体侧和腿外侧灰褐色，胸、腹部及腿内侧乳白色。臀斑白色。脸部无明显的斑纹，体侧不具条纹。尾背黑色，尾下及尾侧白色，尾毛蓬松，在受惊时尾竖立。雄性的角先向上生长，然后向后伸展到角的尖端再指向上方。雄性具粗大横脊的两角，近于平行，不像其他羚羊向两侧分开。

藏原羚是典型的高山寒漠动物，为青藏高原特有种，几乎随处可见。栖息于青藏高原北部荒漠、半荒漠、草原、山区灌丛等高海拔地区（可达海拔5750m），与分布区重叠的普氏原羚相比，它们更多地占据海拔更高、多山的栖息地。在水源充足的河谷、平缓山地和起伏不大的阶地内可见其活动。特别喜欢草本植物生长较茂盛和水源充足的地方，但活动范围不十分固定，经常到处游荡。藏原羚一般结成 3 ~ 20 只的群体生活，在不同季节会结成不同大小的群体。通常冬春季的群体较大，常常是数十头，有时形成上百头的大

图 5-14　藏原羚

群；夏秋季节则结成几头到十几头的小群，也有单独活动的个体。当它们前往较高的夏季草场时则集合成大群。1990 年可可西里综合考察时，它们在各拉丹冬及库赛湖以南的密度分别为 0.15 只 /km² 与 0.16 只 /km²。它们是谨慎和敏捷的动物，在坏天气时会挖坑作为庇护所。嗅觉不算灵敏，但听觉和视觉极好，甚至在几千米外便能感觉到天敌的存在。性情机警，遇到天敌后会迅速逃遁，到一定距离后停下回头凝望，然后再继续奔逃，或者在原地休息、进食。奔跑的姿势比较特殊，看起来好像一颠一颠的。藏原羚适应性强，抗病能力强，性情温驯活泼，容易接近驯化。冬季交配，6 月产仔，每胎 1 仔（偶尔有双胎）。

　　藏原羚是反刍动物，食物主要为植物的茎、叶、地衣。豆科植物是藏原羚采食的主要类群，禾本科、菊科、蔷薇科和莎草科其次。豆科、禾本科、菊科、蔷薇科和莎草科等五科植物占藏原羚采食总量的 90% 左右。不同物候期，藏原羚的食性变化明显，豆科、蔷薇科在草枯期所占的比例显著低于草青期，而禾本科、菊科和莎草科在草枯期所占比例则显著高于草青期。藏原羚主要以莎草科和禾本科植物及经绒蒿等草类为食，耐粗食的能力不如藏羚。清晨、傍晚为主要的摄食时间，同时也常到湖边、山溪饮水，在食物条件差的冬春季节，则白天大部分时间进行觅食活动。藏原羚能在极其缺氧的情况下生存。

在可可西里地区，藏原羚全域广泛分布，尤其在青藏公路沿线和青藏公路以东，均能观察到十只以上的群体。藏原羚个体较藏羚纤小，臀部白色，尾黑，区别于藏羚。藏原羚可以在有家畜活动的草场上活动，但容易受到围栏影响。

藏原羚为中国国家二级保护动物。

藏羚 *Pantholops hodgsonii*（图 5-15）

头体长 100 ~ 140cm，肩高 79 ~ 94cm，尾长 13 ~ 14cm，耳长 12 ~ 15cm，颅全长 216 ~ 278mm，体重 24 ~ 42kg。藏羚是羊亚科中一个比较偏离进化主线的属（*Pantholops*）的唯一代表，有时因它的外形和角的构

图 5-15　雄藏羚和配偶

造而被归入羚羊亚科，而且有时还被放在独立的亚科中。藏羚体型较大，体色沙褐色到带红的黄褐色，腹面白色，被毛密且呈羊毛状。雄性脸部的黑色斑与上唇的白斑反差鲜明，颈前有黑斑，四肢正前方毛色呈黑色，冬季交配期尤其明显。冬季毛色较浅，从远处看去雄羚近乎白色（图 5-16）。雄性具有特征性的长角（50 ～ 71cm）几乎垂直向上，尖端稍向前弯曲，不像其他羊亚科动物；雌性无角。两性均有很大的鼠蹊腺，在鼠眼部有一个开口长达 5cm、深为 6cm 的囊，里面含有气味浓烈的花生酱状的蜡黄色物质（Schaller，1998）。

藏羚分布于青藏高原，并延伸到拉达克和克什米尔地区。可可西里的各拉丹冬、雀莫错、桑恰曲、岗齐曲、乌兰乌拉湖、西金乌兰湖、勒斜武担湖、太阳湖、巍雪山沙漠、库赛湖等处均有分布。栖息于青藏高原的寒冷荒漠和高山草原，包括海拔低的柴达木盆地。以禾本科植物、杂草、地衣为食，与家养绵羊和山羊的食性高度重叠（>70%），但与同域分布的藏原羚重叠度不高，仅

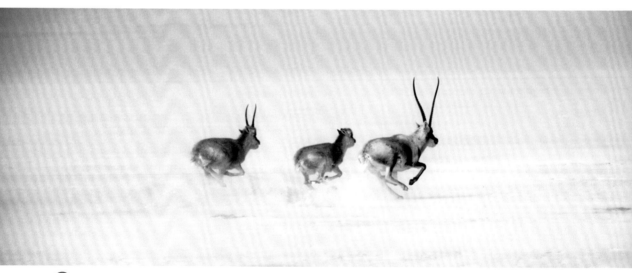

图 5-16　冬季藏羚毛色较浅。图为在雪地中奔跑的藏羚

为 30% 左右。常集群生活，几乎所有的成年藏羚都会感染皮蝇。藏羚是青藏高原唯一具有季节性长距离迁徙的哺乳动物，在迁徙季节雌雄两性几乎完全分开，雌羚作长距离迁移，而雄羚则仅从其越冬地区作短距离迁移。12 月中旬～12 月下旬交配，怀孕期 6 个月，于 6 月下旬～7 月上旬产羔，每胎 1 仔。据悉，1.5 岁即性成熟，但刚刚性成熟的雄藏羚一般得不到交配权，通常只有满 2.5 岁，才能进行首次繁殖。藏羚的毛皮具有优质底绒，是对极端寒冷冬季的适应，可以用来制造沙图什（shatoosh）围巾，价格十分昂贵。正因如此，在 20 世纪 80 年代至 21 世纪初，它们遭到疯狂盗猎，数量由 20 世纪初的近 100 万只下降至 7.5 万只。1990 年可可西里综合考察时，在 75 000 km² 范围内共见到 4800 多只，估计当时可可西里自然保护区范围的藏羚数量为 7000 余只。近 15 年来，在中国政府的大力保护下，藏羚种群数量大幅回升，目前已达到约 20 万只的水平。

藏羚为中国国家一级保护动物。

盘羊 *Ovis ammon*（图 5-17）

盘羊又叫大头羊、大角羊、大头弯羊、亚洲巨野羊等，是体形最大的野生羊类，在我国古代则叫作蟠羊，"盘"与"蟠"两个字读音相同，意思也相近，即弯曲盘旋之意，都是指盘羊雄兽头上的那一对粗壮的弯角。

盘羊躯体粗壮，雄性头体长 180～200cm，肩高 110～125cm，尾长 10～18cm，后足长 43～50cm，耳长 10～15cm，颅全长 29～36cm，体重 95～140kg，很少达到 180kg。雌性较雄性小很多，体长可达 1.59m，体重约为雄性的 1/3（68kg）。肩高等于或低于臀高。头大颈粗，尾短小。四肢粗短，蹄的前面特别陡直，适于岩石间攀爬。有眶下腺及蹄腺。乳头 1 对，位于鼠鼷部。

盘羊通体被毛粗而短，唯颈部披毛较长。体色一般为褐灰色或污灰色，脸面、肩胛、前背呈浅灰棕色，耳内白色部浅黄色，胸、腹部、四肢内侧和下部

图 5-17　盘羊

及臀部均呈污白色。前肢前面毛色深暗于其他各处，尾背色调与体背相同，通常雌羊的毛色比雄羊的深暗，个别盘羊全身毛色为一致的灰白色。底绒很厚的皮毛可在寒冷的冬天为其提供保护。雌雄均有角，但形状和大小均明显不同。雄性角特别大，呈螺旋状扭曲一圈多，角外侧有明显而狭窄的环棱，雄羊角自头顶长出后，两角略微向外侧后上方延伸，随即再向后下方及前方弯转，角尖最后又微微往外上方卷曲，故形成明显螺旋状角形，角基一般特别粗大而稍呈浑圆状，至角尖段则又呈刀片状，角长可达 1.45m 上下，巨大的角和头及身体显得不相称。雌羊羊角明显细弱很多，羊角形简单，角体也明显较雄羊的短细，角长不超过 0.5m，角形呈镰刀状。但比起其他一些羊类，雌羊羊角还是明显粗大。雄性巨大的角用于在发情期顶撞争斗。

　　盘羊广布于中国西部山地，并延伸到巴基斯坦、印度北部、尼泊尔、中亚、蒙古和西伯利亚南部。

本种为中亚山地特产，有许多亚种。分类学家对盘羊的亚种分类各有所见，十分复杂，有待进一步整理和澄清。近年更有学者将盘羊的各个亚种拆分为独立种。国内的盘羊亚种和分布大致如下：

① 阿尔泰山亚种 *O. a. ammon* 分布于新疆北部和蒙古交界的青河附近的阿尔泰山的低山和坡地地区；

② 戈壁亚种 *O. a. darwini* 分布于从新疆准噶尔盆地东部的克拉麦里山，将军庙的东北，经与蒙古交界的北塔山、甘肃的哈布底克山、苏海图山、北山，到内蒙古的大青山一线；

③ 西藏亚种 *O. a. hodgsoni*（含 *O. a. dalai-lamae*）是分布最广的一个亚种，主要分布于西藏，但雅鲁藏布江以南，延展到西藏西南部山区较罕见。可可西里的盘羊为西藏亚种 *Ovis ammon hodgsoni*；

④ 华北亚种（*O. a. jubata*）分布于从内蒙古的亚布兰山、贺兰山到陕西的横山一线；

⑤ 天山亚种 *O. a. karelini*（含 *O. a. adametzi*，*O. a. littledalei*，*O. a. sairensis*）分布于新疆北部和中北部，从西部喀什邻近的天山到东部博斯腾湖的邻近地带，包括伊犁盆地和乌尔都斯盆地的周围山地；

⑥ 帕米尔亚种（*O. a. polii*）分布于与哈萨克斯坦接壤的中国西部边境的帕米尔高原，从新疆的考克塔尔西部，到昆仑山最西边、红旗拉甫走廊的东南，南边和东边与阿富汗接壤。

盘羊是典型的山地动物，喜在半开阔的高山裸岩带及起伏的山间丘陵生活，分布海拔在 3500 ~ 5500m，可可西里的盘羊分布在海拔 5000m 以上山区的高寒草原、高寒荒漠、高寒草甸等环境中。有季节性的垂直徙习性。夏季常活动于雪线的下缘，冬季栖息环境积雪深厚时，它们则从高处迁至低山谷地生活，喜欢占据开阔的山坡或山脊（图5-18）。雌羊带着幼羔喜栖于较陡峭（悬

图 5-18 盘羊喜欢占据开阔的山坡或山脊

岩）地区。群居性，可结成 2 ～ 150 只的群体，多以小群活动，每群数量不多，数只至十多只的较常见，但常规集群一般由七八只个体组成。冬季雌雄合群在一起活动，配种时期每只雄羊和数只雌羊一起生活，配种季节结束后又分开活动。怀孕期 150 ～ 160 天，5 ～ 6 月为产仔期，每胎 1 仔，很少有 2 仔。

　　盘羊食性较广，分布区的各种植物均食用。有一种说法是：老龄雄羊由于巨大的角妨碍，往往无法采食，被活活饿死。与岩羊同域分布的地方，它们比较喜欢占据非禾本科植物占优势的群落，而岩羊则比较喜欢占据禾本科植物占优势的群落。主要在晨昏活动，冬季也常常在白天觅食。盘羊善于爬山，比较耐寒。盘羊的主要天敌是狼和雪豹。采食或休息时常有一头成年盘羊在高处守望，能及时发现很远地方的异常，当危险来临，即向群体发出信号。它们能在悬崖峭壁上奔跑跳跃，来去自如。它们有规律地到开阔的泉边和河边饮水，也极耐渴，能几天不喝水，冬天无水就吃雪。盘羊的视觉、听觉和嗅觉敏锐，性情机警，稍有动静，便迅速逃遁。在交配期间，雄羊争偶激烈，巨角相撞，响声巨大，人们在山坡上可以听到山的另一侧雄羊争偶时巨角撞击的声音，所以雄羊角上一般都能看到许多撞击的痕迹。

在可可西里地区，盘羊广泛分布在昆仑山、可可西里山和乌兰乌拉山等山系两翼，西金乌兰湖、库赛湖南（楚玛尔河流域）、桑恰曲以北20多千米处以及太阳湖以东布喀达坂的冰川脚下。但不见于广阔平坦的高原面地区，数量以昆仑山一线为多。可可西里区内的盘羊似有两个亚种：见于昆仑山一线的个体夏季全身沙黄色，冬季周身色浅，而背部略染灰褐色，似天山、帕米尔亚种；而生活在可可西里山、乌兰乌拉山的盘羊则是西藏盘羊。盘羊可能是可可西里区内数量最为稀少的有蹄类，仅见于地势较为平缓、水草较为丰美的山麓地带，栖息地范围也较小，且对家畜的竞争最为敏感，其保护状况值得特别关注。另外，相比于其他有蹄类，盘羊见到天敌后逃离速度较慢，在野外还观察到会有频繁的回望行为，这使得其更容易受到捕杀。在布喀达坂峰附近，盘羊数量较多。仅在一处冰川下一次就能发现 5 ~ 7 只盘羊被捕食后残留的头骨，可见其较易受到天敌的攻击。

岩羊 *Pseudois nayaur*（图 5-19）

岩羊又叫崖羊、石羊、青羊等，形态介于绵羊与山羊之间，外貌也确实兼有这两类羊的一些特征。就体形而言，岩羊很像绵羊，不过它的角不盘旋，而近似山羊，但雄羊的下颌又没有胡须，也没有膻味。它的体形中等，体长 120 ~ 140cm，尾长 13 ~ 20cm，肩高 70 ~ 90cm，体重为 60 ~ 75kg。头部长而狭，耳朵短小。通身均为青灰色，吻部和颜面部为灰白色与黑色相混，胸部为黑褐色，向下延伸到前肢的前面，转为明显的黑纹，直达蹄部。腹部和四肢的内侧则呈白色或黄白色。体侧的下缘从腋下开始，经腰部、鼠鼷部一直到后肢的前面蹄子上边，有一条明显的黑纹。臀部和尾巴的底部为白色，尾巴背面末端的 2/3 为黑色。冬季体毛比夏季长而色淡。雄羊的四肢前缘有黑纹，而雌羊则没有。雄羊和雌羊都有角，但雌羊的角很短，仅有 13cm 左右，基部扁，角形直，往上逐渐变得尖细，横切面几乎为圆形。雄羊的角的长度为 60cm 左右，最高纪录为 84.4cm，既不像盘羊那样盘成螺旋形，而且有很多褶皱和颗粒，也不像北山羊那样朝后呈弯刀形，而且具横棱，而是先向上，再向两侧分开外展，然后在一半处稍向后弯，角尖略微偏向上方，整个角的表面都比较光滑，末端尖细，角基略有一些粗而模糊的横棱，横切面为圆形或钝三角形，虽然没有盘羊和北山羊的角那样奇特，但也因为特别粗大，显得十分雄伟。

岩羊栖息在海拔 2100 ~ 6300m 之间的高山裸岩地带，不同地区栖息的高度有所变化，仅偶见于森林及灌木丛中，有较强的耐寒性。分布于中国青藏高原、四川西部、云南北部、内蒙古西部、甘肃、宁夏北部、新疆南部、陕西等地，以及毗邻的尼泊尔等国。躺卧在草地上时，其身体的颜色与草地上的裸露

图 5-19　岩羊

岩石极难分辨，因而有保护作用。虽然经常出现于比较开阔的地方，但其攀登山峦的本领在动物中是无与伦比的。受惊时能在乱石间迅速跳跃，并攀上险峻陡峭的山崖。但也有一个致命的弱点，逃到山脊上以后，总要回过头来看一看，再飞奔而逃，而往往在这个时候丧生。它有迁移习性，冬季生活在大约海拔2400m处，春夏常栖于海拔3500～6000m之间，冬季和夏季都不下到林线以下的地方活动。性喜群居，常十多只或几十只在一起活动，有时也可结成数百只的大群。群体成员的依恋性很强，如果有的成员不幸死亡，其他成员常将死尸围住，不让兀鹫等食腐动物叼走。夏季雄羊有时五六只在一起，爬上最高的顶峰上栖息，到秋季发情期时才下来加入大群中同居。有时，岩羊与北山羊也会在同一处栖息，但不混群，也不发生冲突。主要以蒿草、薹草、针茅等高山荒漠植物和杜鹃、绣线菊、金露梅等灌木的枝叶为食，取食时间不十分固定，白天常时而取食、时而休息。

以下为部分地区西藏岩羊种群数量调查结果：盐池湾自然保护区（甘肃）3.301 只 / km²；阿尔泰自然保护区（新疆）4.5 只 / km²；塔什库尔干自然保护区（新疆）2.5 只 / km²；阿尔金山 50 只 /391 km²；阿尔泰山 9.4 只 / km²；阿尔泰山西部 0.5 ～ 9.2 只 / km²。夏勒认为在西藏羌塘的种群密度比估计的要低得多，因为他在该地区沿着 7142km 长的路线仅观察到 426 只西藏岩羊（Schaller，1990）。但可以肯定，西藏岩羊在西藏北部和昆仑山的无人居住区内数量比较丰富。在昆仑山、喀喇昆仑山和帕米尔高原交汇处的塔什库尔干自然保护区数量相对比较丰富（Schaller et al.，1988）。1962 年，估计青海的岩羊总数为 120 万只，其中 26.7 万只在东部地区。而 1972 年调查，青海东部大约有 9.2 万只，可见种群数量在减少，而且种群常被分割。

种群增长影响的主要因素是普遍的任意猎杀。从 1958 年到 1989 年间，每年有 100 000 ～ 200 000kg 的岩羊肉从青海出口到德国等地，即每年大约有5000 ～ 10 000 只岩羊被杀。该数据还不包括那些被当地猎人捕杀的数量。近年随着没收枪支和禁猎政策的开展，岩羊的数量在包括可可西里在内的青藏高原及周边地区都有所恢复，但围栏和牲畜竞争等也使得岩羊数量的增长受到很大限制。

可可西里的岩羊主要分布在昆仑山一线和东南部索加、曲麻河等地较为陡峭的山地中，数量较大。岩羊较耐受放牧干扰，也是放牧山地区域最为常见的有蹄类，是雪豹的主要猎物。

白唇鹿 *Cervus albirostris*（图 5-20）

白唇鹿是中国的珍贵特产动物，在产地被视为"神鹿"。它也是一种古老的物种，早在更新世晚期的地层中，就已经发现了它的化石。它曾经广泛地分布于喜马拉雅山的中部一带，由于古地理的影响，第三纪后期、第四纪初期的喜马拉雅造山运动使得以青藏高原为中心的地面剧烈上升，高原隆起，森林消失，所以白唇鹿的分布范围也向东退缩，现在的分布地点有甘肃、青海、云南西北部、四川、西藏等地。近年有遗传学研究结果显示，白唇鹿与现存的其他鹿类亲缘关系较远，而与冰期广泛分布在北半球的大角鹿等亲缘关系较近。

白唇鹿是大型鹿类，体形高大，与马鹿的体形相似，但比马鹿略小，头体长 155 ~ 210cm，肩高 120 ~ 140cm（雄）[115cm（雌）]，后足长 33 ~ 52cm，耳长 21 ~ 28cm，颅全长 340 ~ 404mm，体重 180 ~ 230kg(雄)，雌性小于 180kg。尾巴是大型鹿类中最短的，仅有 100 ~ 130mm。头部略呈等腰三角形，额部宽平，耳朵长而尖，鼻骨短而宽，凸出的颅骨上有大的泪窝，占据泪骨的全部（几乎是马鹿泪窝的 2 倍）。眶下腺大而深，十分显著，可能与相互间的通信有关。最为主要的特征是有一个纯白色的下唇，因白色延续到喉上部和吻的两侧，所以得名，而且还有"白鼻鹿""白吻鹿"等俗称。它的颈部很长，臀部有淡黄色的斑块，但没有黑色的背线和白斑，因此当地人也称它为"黄臀鹿"。白唇鹿毛色在冬夏有差别。冬季的体毛为暗褐色，带有淡栗

图 5-20 白唇鹿

色的小斑点，所以又有"红鹿"之称；夏毛颜色较深，呈黄褐色，腹部为浅黄色，所以也被叫作"黄鹿"。通体被毛十分厚密，体毛较长、粗硬且无绒毛，具有中空的髓心，保暖性能好，能够抵抗风雪。雄鹿肩部和前背部的硬毛还常逆生，形成"皱领"的模样。雄鹿的蹄子大而宽，较为短圆，雌鹿的蹄子则较尖而窄。只有雄鹿头上长有淡黄色的角，除角干的下基部呈圆形外，其余均呈扁圆状，特别是在角的分叉处更显得宽而扁，所以又有"扁角鹿"之称。眉叉与主干呈直角，起点近于主干的基部。主干略微向后弯曲，第二叉与眉叉的距离大，第三叉最长，主干在第三叉上分成 2 个小枝，从角基至角尖最长可达 130 ~ 140cm，两角之间的距离最宽的超过 100cm，有 8 ~ 9 个分叉，各枝几乎排列在同一个平面上，呈车轴状。

  白唇鹿是典型的大群社会性鹿类，以集群方式活动，群体的规模因季节和栖息环境的差异而不同。通常成小群生活，群体仅为 3～5 只，有时也有数十只、甚至 100～200 只，有些季节也能见到 200～300 只的大群。群体可以分为由雌鹿和幼仔组成的雌性群、雄鹿组成的雄性群以及雄鹿和雌鹿组成的混合群等三个类型，雄性群中的个体比雌性群少，最大的群体也不超过 8 只，混合群不分年龄、性别，主要出现在繁殖季节。除繁殖季节外，雄性与雌性分开生活。5 月末到 6 月末之间产仔，每胎 1 仔，怀孕期 7～8 个月，3 岁时性成熟。

白唇鹿生活于高寒地区，为山地动物，分布海拔较高，活动于3500～5000m 的森林灌丛、灌丛草甸及高山草甸草原地带，尤以林线一带为其最适活动的生境。与高原其他鹿类相比，白唇鹿更喜欢开阔的栖息地（图5-21）。白唇鹿夏季基本上在高山草原上度过，冬季要避开积雪多的高山草原

图 5-21　白唇鹿活动于森林灌丛、灌丛草甸及高山草甸草原地带，尤其喜欢开阔的栖息地

而向灌木林移动。由于青藏高原草场中近 80% 为牦牛、绵羊、山羊的放牧地，所以，为了避开与这些家畜和牧民的接触，白唇鹿出现了季节性的移动，转移到家畜到不了的海拔 5000m 以上甚至更高的地域，或者湖中的岛屿、被湿地包围着的地域以及悬崖上的草地等地方。冬季则迁移到海拔较低的草地。除了有垂直迁移现象，由于食物和水源关系或者由于被追猎，它们还可作长达 100～200km 的水平迁移。不过在一般情况下，它们比较固定地徘徊于一座水草灌木丰盛的大山周围。喜欢在林间空地和林缘活动，嗅觉和听觉都非常灵敏。由于蹄子比其他鹿类宽大，适于爬山，有时甚至可以攀登裸岩峭壁，奔跑的时候足关节还发出"咔嚓、咔嚓"的响声，这也可能是相互联系的一种信号。它还善于游泳，能渡过流速湍急的宽阔水面。

白唇鹿的食物主要是草本植物，其中以禾本科和莎草科植物为主，特别是草熟禾、薹草、珠芽蓼、黄芪等，也吃山柳、高山栎等树木的嫩芽、叶、嫩枝和树皮，食物种类多达 80 种以上。主要在早晨和黄昏时觅食，也有舔食盐分的习惯，尤其是春季和夏季。它在野外的天敌有豺、狼和雪豹等。但由于鹿角珍贵，该物种遭到大量猎捕。

在中国，由于白唇鹿与马鹿在产地上互相重叠，在四川西北部和甘肃祁连山北麓，还曾发现过白唇鹿与马鹿自然杂交，并产生杂交后代的情况，所以有人误认为它们属于同一物种，其实它们还是有很大差别的，除了唇部为白色，眶下腺较大外，还有角的形状很不相同。白唇鹿的角的眉叉和次叉相距较远，而且次叉特别长，位置较高，而马鹿角的眉叉与次叉相距很近。

白唇鹿是青藏高原特有种，仅分布于青藏高原东部边缘——西藏东部，青海中、东、南部，甘肃西部和四川西部。在可可西里地区，白唇鹿主要分布在东部、南部缓冲区，尤其是通天河河谷地带，偶见于昆仑山地区。在可可西里的豹子峡入口发现过其鹿角；在烟瘴挂，有成群的白唇鹿活动；格尔木野牛沟也有较多的白唇鹿活动。在青海、四川和甘肃均有人工饲养种群。

白唇鹿为中国国家一级保护动物。

高原鼠兔 *Ochotona curzoniae*（图 5-22）

高原鼠兔是一种小型非冬眠的植食性哺乳动物，又称黑唇鼠兔，属兔形目鼠兔科。高原鼠兔身材浑圆，没有尾巴，体色灰褐色。高原鼠兔为青藏高原的特有物种，数量大，多栖息在土壤较为疏松的坡地和河谷，因被认为是草场退化的元凶，一直被当作灭杀的对象。实际上，高原鼠兔是青藏高原的特有种和关键种，它们对维护青藏高原生物多样性及生态系统的平衡有着重要作用。

高原鼠兔（图 5-23）体形中等，体重可达 178g，体长 120 ~ 190mm。耳小而圆，耳长 20 ~ 33mm。后肢略长于前肢，后足长 25 ~ 33mm，前后足的指（趾）垫常隐于毛内，爪较发达，无明显的外尾，雌兔乳头 3 对。吻、鼻部

图 5-22　高原鼠兔

图 5-23　高原鼠兔

被毛黑色，耳背面黑棕色，耳壳边缘淡色。从头脸部经颈、背至尾基部沙黄或黄褐色，向两侧至腹面颜色变浅。腹面污白色，毛尖染淡黄色泽。门齿孔与腭孔融合为一孔，犁骨悬露。额骨上无卵圆形小孔。整个颅形与达乌尔鼠兔相近，但是眶间部较窄而且明显向上拱突，从头开侧面观呈弧形，脑颅部前 1/3 较隆起而其后部平坦。颧弓粗壮，人字脊发达，听泡大而鼓凸。上、下颌每侧各具 6 颗颊齿。

高原鼠兔终生营家族式生活，具有高度的社会性，生活在地界明确、受保卫的家庭洞系领域之中。穴居，多在草地上挖密集的洞群，洞口间常有光秃的跑道相连，地下也有洞道相通，洞系分临时洞和冬季洞。其巢区相对稳定，每个巢区的家族成员平均为 2.7 只（最多为 4 只），配对前巢区面积平均1262.5m²，配对后巢区面积略有扩大，平均 2308m²。各自的巢区比较稳定，有明显的护域行为。高原鼠兔很奇特，家庭群有的是一夫一妻制，有的是一夫多妻制，还有少数多夫多妻制，三种现象并存，这在其他动物身上是不可能发现的。在家庭群中，成员间经常表现相互友好的社交行为（例如相互理毛、摩擦鼻子、并肩而坐），主要表现在各个年龄段的兄弟姐妹们和父亲之间。高原鼠兔属白昼型活动的种类，活动距离一般距中心洞20m左右，以各种牧草为食，秋季也不贮存越冬用的牧草。主要取食禾本科、莎草科及豆科植物，平均每日采食鲜草77.3g，约占其体重的一半。高原鼠兔能发出六种不同的声音，成年鼠兔在求偶交配时发出长而急促的"咦"的声音，幼年鼠兔声音相对小而温柔。

高原鼠兔繁殖从4月开始，5月为孕期高峰，至8月结束。孕期30天，每胎通常产3～4仔，多达6仔。每年可繁殖2胎，繁殖期雌雄同栖一洞，以后各自独立生活。幼崽在夏季出生，一般倾向于留在家庭洞系中或仅在家庭洞群附近活动，如果向外扩散的话，通常只是短距离。在整个夏季，鼠兔中的成年雌性将会大量产育幼崽，这使它们的数量急剧攀升，稠密度大约能达到每公顷300只。在海拔较低的地区，如果种群密度不高（低于100只/公顷），则当年出生的第一胎幼崽就能达到性成熟，并参与繁殖。冬季死亡率高，导致幸存的个体在早春混乱地扩散到各个家庭洞系领域，形成了多种婚配制度。

高原鼠兔主要栖居于海拔3100～5100m的高寒草甸、高寒草原地区，喜欢选择滩地、河岸、山麓缓坡等植被低矮的开阔环境，回避灌丛及植被郁闭度高的环境。高原鼠兔在高山草甸和草原上才可见，是青藏高原特有种，该物种的模式产地在西藏南部。主要分布于青藏高原大部分地区，包括青海、西藏、四川西北部、甘肃南部、新疆南部高海拔地区，并延伸到尼泊尔北部。

由于青藏高原上缺乏蚯蚓等土壤动物，于是哺乳动物对土壤的挖掘在物质循环过程中有重要的作用。在青藏高原的高山草甸和高山草原上，弱小的高原鼠兔由于有挖洞筑窝的习性，从而与一大批动植物建立了相互依存的关系。高原鼠兔在青藏高原上与它的邻居们共同建立起独特的生态系统。它所挖掘的洞穴本来是为了躲避冷酷的气候和逃避食肉动物，却可以为许多小型鸟类和蜥蜴提供赖以生存的巢穴；对微生境造成干扰，引起植物多样性的增加；同时高原鼠兔作为青藏高原分布最广的小型哺乳动物，也是草原上多种猛禽（鹰、隼、鸢等）和食肉目动物（狼、狐狸、棕熊、香鼬等）的主要捕食对象。高原鼠兔的洞穴是"天然如厕之所"，滋养了植物，为植物品种多样性提供了条件。该物种对维持青藏高原草地生态系统的结构完整和功能健康具有重要意义，因而，它也被称为青藏高原的关键物种。

由于其强盛的繁殖能力和对退化、开阔草地极强的适应能力，容易形成大面积、高密度状态，对放牧草地造成大的破坏，因此，高原鼠兔在许多人眼里一直被看作有害动物。他们认为鼠兔和家畜争夺草场，或者它的活动导致了高山草地的退化。人们在青藏高原的广大区域里施放或喷洒有毒物质，目的是为了减少鼠兔对高原植被和草场的破坏。事实上，在鼠兔数量达到较高稠密度的区域里，青草早已被其他动物诸如牛羊等家畜吃光了，但是人们却误以为他们所看到的颓败的土地都是由鼠兔造成的。事实正好相反，鼠兔是土地受损受虐的警示器：哪里有鼠兔，哪里就有各种在那个特殊区域里生存并生长起来的饶有趣味的动植物；哪里的鼠兔被扼杀，哪里的自然风景就会失去活力与色彩。所幸，在可可西里，高原鼠兔没有受到人为灭杀的干扰。

在可可西里地区，高原鼠兔分布也很广，如各拉丹冬、勒斜武担湖、五雪峰、库赛湖南（楚玛尔河上游）等，主要分布在东部海拔较低的区域，而在西部更为高寒干燥的区域，更多的则是拉达克鼠兔。

拉达克鼠兔 *Ochotona ladacensis*

头体长 180 ~ 229mm，后足长 34 ~ 40mm，耳长 24 ~ 33mm，颅全长 47 ~ 51mm，体重 190 ~ 288g。在可可西里的太阳湖、五雪峰、卓乃湖、不冻泉等地均有发现记录。夏季背毛沙黄色，头有棕色、淡棕色或浅红棕色斑，耳背面浅棕色或橙棕色，下体灰色或米黄色。冬季背毛红褐色。头骨大，拱形，门齿孔和颚孔分开，额骨上面没有卵小孔，中间稍突起，眶间区窄，颧弓边缘几乎平行，听泡小。

拉达克鼠兔在我国沿青藏高原（主要是昆仑山脉）北缘和西缘，分布于新疆西南部、青海东部、西藏北部和西部。栖息于高山（海拔 4 200 ～ 5 400m）贫瘠的（通常干旱）高山谷地。善挖洞，在沙砾层之下、灌丛旁或草甸内挖掘大洞。广义草食性。冬天可觅食报春花的根；它的长门齿是其对觅食生态位的适应。有叫声，具有社会性，集家庭群，有明确的领地。据调查，其在可可西里地区局地种群密度可达每公顷 70 ～ 100 只，为高寒荒漠草原的优势种。

高原兔 *Lepus oiostolus*（图 5-24）

高原兔是一种矮壮的野兔。头体长 400 ～ 580mm，尾长 65 ～ 125mm，后足长 102 ～ 140mm，耳长 105 ～ 155mm，颅全长 84 ～ 100mm，体重

图 5-24　高原兔

2000 ~ 4250g。毛皮粗密而柔软，毛尖多弯曲．以致背毛呈波浪状且卷曲。耳是中国野兔中最大的；耳尖黑色。背毛沙黄色、亮淡棕色、暗黄棕色和茶棕色；臀部有一大块银灰色、暗灰、铅灰或浅棕灰色斑，明显不同于背毛颜色。尾上面白色，但其上有一条棕灰色窄纹，尾下面白色。眼周有浅白色眼圈。鼻吻部延长且窄；眶上突前分叉和后分叉发达，呈三角形；眶上突明显往上翘；听泡小。上门齿前沟简单而深，"V"形，充满齿骨质。

高原兔分布横跨中国西部高地，并延伸到尼泊尔和印度。在可可西里各地均有发现，但分布不连续，呈岛屿状，密度大约为每公顷10多只。主要发现于各种类型的高地草地、高山草甸、灌丛草甸和高地寒冷的荒漠，一般海拔高于3000m，最高可达5300m。东南部的种群栖息在针阔混交林山区。主要采食禾本科和其他草本植物。胆小、独居，但在交配季节也可见其集小群觅食。经常局限在某一固定地方活动。主要夜间活动，偶有白昼活动。白天在阳光下的低处背风的地方安静地歇息。每年仅换毛一次。4月开始繁殖，每年产2胎，每胎4~6仔。

喜马拉雅旱獭 *Marmota himalayana*（图 5-25）

喜马拉雅旱獭（以下简称"旱獭"）别名哈拉、雪猪，属于啮齿目、松鼠科、旱獭属的一种大型地栖啮齿类哺乳动物，体呈棕黄褐色，并具散在黑色斑纹，体形粗壮而肥胖，尾短。为穴居、群居动物，洞巢为家族型。是青藏高原特有种。主要分布于我国的青藏高原，甘肃祁连山地、甘南、新疆、滇西北以及内蒙古西部的阿拉善盟。中国以外分布于喜马拉雅及喀喇昆仑山南坡以及尼泊尔、不丹和印度北部。

旱獭体形粗壮，雄性个体身长在470~670mm之间，雌性在450~520mm之间，尾长125~150mm，后足长76~100mm，耳长23~30mm，颅全长96~114mm，体重4000~9215g。旱獭身躯肥胖，类似于圆条形。头部又短又宽，耳壳短而小，颈部短粗，尾巴短小而且末端略扁，

图 5-25　喜马拉雅旱獭

长不超过后足的 2 倍。雌性个体生有乳头 5 对或 6 对。四肢短粗，前足长有 4 趾，后足长有 5 趾，趾端具爪，爪发达，适于掘土。

　　自鼻端经两眉间到两耳前方之间有似三角形的黑色毛区，即"黑三角"，此黑三角愈近鼻端愈窄，色调愈黑。嘴四周为黄白色、淡棕黄色或橘黄色。眼眶黑色，面部两颊到耳外侧基部呈淡黄褐色或棕黄色，明显有别于"黑三角"。耳壳呈深棕黄色或深黄色。颈背和体背部同色，呈沙黄色。毛基黑褐色，中段草黄色或浅黄色，毛尖黑色。背部至臀部黑色毛尖多显著，常形成不规则的黑色细斑纹。体侧黑色，肛门和外阴周围染深棕色或深棕黄色。四肢和足上面呈淡棕黄色或沙黄色，下面与体腹面同色。足掌和爪黑色。尾背面毛色同背部，毛端约 1/4 为黑色或黑褐色；尾腹面近基部 1/2 为棕黄色或褐黄色，端部 1/2 为黑褐色。毛色随年岁、地区不同而变异。幼体毛色多较成体灰黄或暗，有少数白化个体。

旱獭头骨粗壮结实，略似三角形，眶上突发达，向下方微弯，眶间区凹陷较浅而平坦，颧骨后部明显扩张，鳞骨前下缘的眶后突甚小、不显现，矢状嵴较低。枕骨大孔前缘呈半椭圆形。腭弓狭长，其后缘超过颌骨后缘。下颌骨的喙状突后缘近乎垂直，不显著向后弯曲，喙状突与关节突之间的切迹深而较窄。齿式为 22 枚，上门齿大，唇面无纵沟。旱獭营白昼活动。初春出蛰时，待日出，地面气温较高后，出洞先取暖，后寻食；午间也在洞外趴伏，日落前，即入洞。夏季天暖后，则晨曦和黄昏时期出洞较多。雨雪（春雪）时尚有活动。冬季入洞冬眠，冬眠时洞口堵塞。活动范围常以巢域为中心，活动半径一般不超过 500m，有较固定的路线。能直坐，如树桩，远眺瞭望，听觉发达，较难接近，发现异物时，作"咕比咕比"叫声，呼叫不已；当接近时，即钻入洞里。

旱獭主要以采食草本植物来维持基本的生存，对洞口附近的草较少取食。在自然界中，对于放到洞口的多类食品（包括青草）均不取食。喜食带有露珠的嫩草茎叶、嫩枝。偶尔也会捕捉一些昆虫与小型啮齿动物作为食物，有时也会到农作物区附近偷食青稞、燕麦、油菜、洋芋等作物的禾苗、茎叶。初春时候，青草尚未发芽，旱獭也会挖食草根。旱獭为群居动物，洞巢为家族型。每一个家族都是由一对异性亲獭与一二龄仔兽组成。有时数个家族聚居，曾在一洞中发现冬眠旱獭 24 只。在夏季也有一洞一兽情况。它们共同居住于一个洞系之中，幼崽性成熟后离开。旱獭洞典型，分为临时洞和栖居洞，栖居洞又分为冬洞和夏洞两种类型。冬洞的内部结构比较复杂，有几个洞口，洞口前面有土丘。洞口又被分为外洞口与内洞口，外洞口的直径是 40cm 左右，内洞口的直径在 20cm 左右。洞道的形状类似于大半圆，由洞口开始慢慢向下倾斜，逐渐和地面平行。洞穴内垫着厚厚的干草。洞内温度比较稳定，窝巢内四季的温度均保持在 0℃以上，但不超过 10℃。旱獭一般只会筑一个窝巢。冬洞与夏洞都可以作为繁殖与休息的场所。临时洞内部构造比较简单，只有室而无窝巢。洞道的长度不超过 2m，大约有 1 ~ 2 个洞口，多分布在栖息洞和觅食场所周围，作躲避天敌之用，亦可作为夏季中午的歇凉地。凡是有旱獭栖居的洞穴，洞口宽广结实，光滑油润，无草，出入践踏的足迹明显，有强烈的鼠臭味，入口处有新鲜的粪便，夏季有蝇出入；废弃洞陈旧而半塌陷，洞口生有杂草或被蛛丝所封；临时洞洞口较小，洞壁上的爪痕明显，出入处有足迹，有时亦有粪便。

旱獭有冬眠习性，常挖深洞作为群居成员冬眠越冬之所。自春末即开始积脂供越冬生理上的需要。出入蛰时间取决于当地的物候，一般从 9 月份开始入蛰，至 10 月中旬入蛰完毕，翌年 4 月出蛰。入、出蛰时间基本取决于牧草枯黄与返青时间。毛在出蛰后发灰，且针毛尖磨折较为显著。每年换毛一次。春末夏初开始换毛，毛先从背部开始换，后扩展到两侧和臀部，再及头部、尾部和四肢，至秋初入蛰前新毛全部长成。旱獭一年繁殖一次，出蛰后不久即进入繁殖期，开始交配，交配期延续 1 月左右。妊娠率不高，妊娠獭常只占成年雌獭一半，妊娠率与年龄呈抛物线关系，4 ~ 6 龄雌獭妊娠率最高。妊娠后可能产生死胎，平均每只妊娠獭出现 1 只死胎。年产 1 胎，怀孕期约为 35 天左右，4 ~ 7 月产仔。每胎 2 ~ 9 只幼仔，以 2 ~ 4 只为最多，曾有报道 2 ~ 11 只（低密度时平均 7 只，高密度时平均 4.8 只）。幼崽一般在 15 日龄断乳。仔獭常于哺乳期死亡，因而仔獭数明显低于胚胎数。6 月底即可见到幼仔出洞活动，十分活跃，取食频繁。幼体与母獭一直生活至第二年的 7 月才分居出去，独立生活。旱獭 3 岁性成熟，但每年参与繁殖的雌性个体，仅仅只占性成熟雌性个体总数的 50% ~ 60%。

旱獭是青藏高原草甸草原上广泛栖息的动物，在中国有 2 个亚种，其中可可西里分布的是 *Marmota himalayana robsta*，可见于各拉丹冬、桑恰曲、勒斜武担湖、太阳湖等地。该亚种广布于青海、西藏、四川西部、云南、甘肃及新疆等地。它们栖息于 1500 ~ 4500m 的高山草原，适应于高山草甸、少雨的干旱条件，典型栖息地在陡峭、有灌丛点缀的山坡上。该种集小群或大群，依赖于当地资源和所偏爱的草本植物生存，数量不因草甸草原上不同的植被群落而发生显著的变化，主要受地形的影响。山麓平原和山地阳坡下缘是旱獭数量集聚的高密度地区，阶地、山坡上和河谷沟壁为中等，其他地区均为少数或没有。在平地上，它的分布多呈弥漫型，即在大面积上比较平均；在山坡、谷地和丘陵地带，往往沿着等高线呈带状分布，也有在小片生活条件优越的地块密集的情况。

在可可西里地区，旱獭在昆仑山、可可西里山等山脉的南坡，水草条件适宜的地方集中分布，尤其是在多岩的地带。而在可可西里湖、科考湖等湖盆周围的草原上有广泛均匀的分布。尤其在可可西里湖一带，有些区域几乎每数平方米就有一个旱獭洞的出口。在勒斜武担湖的河岸阶地上，局部植被以嵩草为主，该生境中每公顷有几十只旱獭，为本区种群密度最高的地方。旱獭是棕熊重要的食物。棕熊在夏季持续地挖掘旱獭洞捕食旱獭，而旱獭冬眠后不久棕熊也就冬眠了。旱獭也控制着其他草场小型哺乳动物的数量，使得鼠兔和田鼠等的数量不至于泛滥。在可可西里以东的广大区域，旱獭种群曾经被大力毒杀灭绝，现在普遍种群密度不及可可西里的 1/100。在接近可可西里的曲麻河地区，牧场上的旱獭也有一定数量。

长尾仓鼠 *Cricetulus longicaudatus*

头体长 80 ~ 135mm，尾长 35 ~ 45mm，后足长 15 ~ 21mm，耳长 15 ~ 20mm，颅全长 25 ~ 31mm，体重 15 ~ 50g。小型，接近黑线仓鼠或稍大一些。背毛沙黄色或暗棕灰色；腹毛浅灰白色，毛基浅灰黑色，毛尖白色；

体侧有一条接近水平的清晰线条，使背毛和腹毛形成鲜明对照。尾较细长，明显较后足长，大约是头体长的 33%，甚至更长；尾上面深暗，下面白色。足背纯白；耳深暗，耳缘白色。头骨低，以致头骨背侧稍微隆起或倾向水平；吻窄长；无眶上脊，枕裸不突在枕骨面后面。门齿孔长，达第一上臼齿前缘；翼间孔深，前端达第三上臼齿；听泡大，高且圆。

长尾仓鼠分布于中国北部和中部的山西、陕西、甘肃、宁夏、青海、内蒙古、河北、北京、天津、河南北部等省区，延伸到哈萨克斯坦和俄罗斯（图瓦、阿尔泰地区）。可可西里五雪峰有分布。栖息在沙漠地区、灌丛地、森林和高山草地。居住在浅洞里，洞常筑于岩石下面，在地表下面水平延伸，内筑有食物储藏室和垫草的巢；有时占据其他小型哺乳动物的洞穴。吃植株和昆虫。夜行性。每年至少繁殖 2 胎，每胎 4～9 仔. 繁殖从 3 月或 4 月开始。

小毛足鼠 *Phodopus roborovskii*

头体长 61～102mm，尾长 6～11mm，后足长 9～12mm，耳长 10～13mm，颅全长 19～23mm，体重 10～20g。比坎氏毛足鼠略小一些。背毛淡沙棕色，深灰色毛基；腹侧和足包括整个脚掌覆有全白的毛；不同颜色的背毛和腹毛没有混合，但是沿体侧形成一条明显的线条。头骨吻部短，颅骨凸圆。门齿孔短，比上齿列短，其末端在第一臼齿前面，臼齿的齿尖没有坎氏毛足鼠发达，牙齿齿冠较小，听泡很低且小。

小毛足鼠的分布区横跨中国北部，并延伸到蒙古、俄罗斯（图瓦）和哈萨克斯坦。可可西里西金乌兰湖有分布。栖息在沙漠的沙地和草地，避开有黏土或长满灌丛植被的地方。洞有单一开口（直径 4cm），在沙丘或沙丘边缘挖洞。洞深 90cm，包含 1 个巢室和 2～3 处食物储藏室。食种子（经常装满它们的颊囊），也吃绿色植物和昆虫。夜行性；不冬眠。3～9 月（乃至更晚）繁殖，每年繁殖多至 4 胎，每胎 3～9 仔，妊娠期 20 天。幼崽当年即可繁殖。该种系蒙新区典型的荒漠种类，又称荒漠毛足鼠。仅在土层沙质并长有稀疏薹草的缓坡捕到 1 只标本。本种在与可可西里毗邻的新疆阿尔金山保护区内数量较多，每 100 铗日可获 5 ~ 6 只。体外寄生 2 种昆虫，即长鬃双蚤和方指双蚤。

斯氏高山䶄 *Alticola stoliczkanus*

头体长 100 ~ 121mm，尾长 14 ~ 24mm，后足长 20 ~ 23mm，颅全长 25 ~ 28mm。背毛为苍白的棕灰色，经常有浅红棕色，和灰白色的腹毛区别明显。尾很短并覆有纯白色毛。头骨类似阿尔泰高山䶄，M3 在舌侧只有 1 个褶，但这个种的听泡较小（约 7mm）。

本种为青藏高原特有种，主要分布于青藏高原（西藏和新疆南部）及与青海和甘肃毗邻的山区，可延伸至拉达克地区和尼泊尔。可可西里太阳湖有其分布。该种性喜寒旱生境，呈断续分布。常栖息于针叶林上限和雪线边缘之间的干旱、半干旱草地及灌丛地。在可可西里的高寒荒漠化草地生态系统的山坡石隙生境中，数量稍多，每 100 铗日可捕 4 ~ 5 只。昼行性。采食青草和高山草本植物。每年在 4 ~ 8 月繁殖 2 次，每胎 4 ~ 5 仔。

松田鼠 *Pitymys leucurus*

头体长 98 ~ 125mm，尾长 26 ~ 35mm，后足长 16 ~ 19mm，耳长 10 ~ 13mm。背毛呈苍白的黄棕色，沿体侧较淡并渐混入浅黄灰色腹毛中。尾是单一的浅黄棕色。四足背面苍白或浅黄白色。适应半挖洞生活的特征包括短耳和延长的爪。臼齿珐琅质形式削弱，类似水䶄，第一下臼齿（M3）在后横棱叶前面只有 3 个封闭交替的三角突和 1 个前环，前环在舌侧和唇侧都有凹痕。颚骨后缘有一中间骨桥，连接中翼骨窝并分割成 2 个侧窝。

松田鼠为青藏高原特有物种，分布仅限于青藏高原，并沿喜马拉雅山脉向南延伸到拉达克地区。可可西里各拉丹冬、岗齐曲、乌兰乌拉湖、库赛湖南（楚玛尔河上游）等地有其分布。栖息于高海拔长满青草的栖息地，尤其喜爱在溪边润土且草本植物繁茂的生境中穴居，垂直分布高度为海拔 4600 ~ 4900m。在高寒草甸生态系统中亦系优势种之一。因其对生态环境的选择较严，故在本区的分布是断续的。严格的植食性。群居，挖深洞，尤其在溪岸和湖岸。一个标本的子宫内有 7 个胎儿。其体外寄生昆虫有前额蚤灰獭亚种、长髦双蚤、青海双蚤和方指双蚤等。

该种曾被归入松田鼠属 *Neodon* 和田鼠属 *Microtus*。

鸟类

可可西里的鸟类组成：

可可西里共分布有鸟类 48 种（图 5-26），分属于 11 目 20 科；其中夏候鸟 16 种，占 33.3%；留鸟 27 种，占 56.2%；迷鸟或旅鸟 3 种，占 11.5%；国家一级保护鸟类 3 种，二级保护鸟类 7 种，中国特有种鸟类 4 种。

可可西里的鸟类种数占青藏高原鸟类总种数（473 种）的 10.1%，珍稀濒危鸟类种数占青藏高原珍稀濒危鸟类总种数（109 种）的 9.17%，特有种种数占青藏高原特有种总种数（60 种）的 6.67%（贾荻帆，2012）。

现将本地区部分代表性鸟类介绍如下：

斑头雁 *Anser indicus*

中型雁类，体长 62 ~ 85cm，体重 2 ~ 3kg。通体大都灰褐色，头和颈侧白色，头顶有二道黑色带斑，在白色头上极为醒目，在高原湖泊繁殖，尤喜咸水湖，也选择淡水湖和开阔而多沼泽地带。在低地湖泊、河流和沼泽地越冬。分布于中亚及蒙古国，在印度、巴基斯坦、缅甸和中国云南等地越冬。

斑头雁两性相似，但雌鸟略小。成鸟头顶污白色，具棕黄色羽缘，尤其在眼先、额和颊部较深。头顶后部有二道黑色横斑，前一道在头顶稍后，较长，延伸至两眼，呈马蹄铁形状；后一道位于枕部，较短。头部白色向下延伸，在颈的两侧各形成一道白色纵纹；后颈暗褐色。背部淡灰褐色，羽端缀有棕色，形成鳞状斑；翅覆羽灰色，外侧初级飞羽灰色，先端黑色，内侧初级飞羽和次级飞羽黑色，腰及尾上覆羽白色，尾灰褐色，具白色端斑。颏、喉污白色，缀有棕黄色，前颈暗褐色，胸和上腹灰色，下腹及尾下覆羽污白色，两胁暗灰色，具暗栗色宽端斑。虹膜暗棕色，嘴橙黄色，嘴甲黑色，脚和趾橙黄色。幼鸟头顶污黑色，不具横斑；颈灰褐色，两侧无白色纵纹；胸、腹灰白色，两胁淡灰色，无暗栗色端斑。

高原鸟类，生活在高原湿地湖泊，亦见于耕地，迁徙和繁殖时结成小群，可见与棕头鸥混群繁殖，亦见与黑颈鹤、赤麻鸭等鸟类混群，常与人保持一定的距离，在拉萨市郊，该物种常结群活动于当地居民的房前屋后，甚至与人们饲养的家禽混群活动。斑头雁是非常适应高原生活的鸟类，在迁徙过程中会飞越珠峰，为此它可以承受仅有海平面上 30% 的氧气浓度，这主要是因为与其他鸟类相比，它们体内的血红蛋白与氧结合的速度要快。据研究，它们的血红蛋白的 α 亚基发生变异，导致血红蛋白可以迅速地与氧结合，这是对高原生活的一种适应。

3 月中旬斑头雁开始从中国南部越冬地迁往北部和西北部繁殖地，到达繁殖地的时间最早在 3 月末至 4 月初，最迟在 4 月中下旬。迁徙时多呈小群，通常 20 ～ 30 只排成"人"字形或"V"字形迁飞，边飞边鸣，鸣声高而洪亮，声音似"hang — hang —"。在 9 月初开始秋季南迁，一直持续到 10 月中下旬。迁徙多在晚上进行，白天休息和觅食。有时白天亦迁徙。迁徙路线较为固定，从西北高原繁殖地经唐古拉山口迁往南部越冬地，如遇天气变化，气候恶劣，山口风力强大时，常常在山口周围云集数千只受阻的斑头雁，直到气候好转时才飞越过去。

性喜集群，繁殖期、越冬期和迁徙季节，均成群活动。刚迁到繁殖地时，多呈小群栖息于湖滨草滩上，或游泳于已经解冻的浅水中。性机警，见人进入即高声鸣叫，并立即行走到离入侵者较远的地方，常与人保持 150 ～ 200m 的距离，如人再逼近，则成群飞向湖中或湖中未融化的冰块上。随着鸟的不断迁

图 5-26　可可西里分布的部分鸟类

a. 白腰雪雀；b. 地山雀；c. 红隼；d. 猎隼；e. 胡兀鹫；f. 棕背雪雀；g. 大䴕；h. 棕颈雪雀；i. 西藏毛腿沙鸡

入，集群越来越大，有时多至数百甚至上千只。斑头雁尽管游泳很好，但主要以陆栖为主，多数时间都是生活在陆地上，善行走，虽显得有些笨拙。奔跑快捷，飞行能力亦很强。当飞行中的雁群要在水面或草滩上降落时，通常要成群地在上面盘旋飞行一两圈后才降落下来。

　　主要以禾本科和莎草科植物的叶、茎、青草和豆科植物种子等植物性食物为食，也吃贝类、软体动物和其他小型无脊椎动物。多于黄昏和晚上在植物茂密、人迹罕至的湖边和浅滩多水草地方觅食，冬季也到农田中觅食农作物。

在可可西里地区，斑头雁夏季见于所有湖泊周围，是最常见的鸟类之一，它们可以适应有一定盐度的水体。

灰雁 *Anser anser*

灰雁身长 75 ~ 90cm，翼展 147 ~ 182cm，体重 2300 ~ 3500g，寿命 17年。雌雄相似，雄略大于雌。雌雄两性全年体色概为灰褐色，头顶和后颈褐色；嘴基有一条窄的白纹，繁殖期间呈锈黄色，有时白纹不明显。背和两肩灰褐色，具棕白色羽缘；腰灰色，腰的两侧白色，翅上初级覆羽灰色，其余翅上覆羽灰褐色至暗褐色，飞羽黑褐色，尾上覆羽白色，尾羽褐色，具白色端斑和羽缘；最外侧两对尾羽全白色。头侧、颏和前颈灰色，胸、腹污白色，杂有不规则的暗褐色斑，由胸向腹逐渐增多。两胁淡灰褐色，羽端灰白色，尾下覆羽白色。虹膜褐色，嘴肉色，跗跖亦为肉色。幼鸟上体暗灰褐色，胸和腹前部灰褐色，没有黑色斑块，两胁亦缺少白色横斑。

在野外观察中，本物种最大的特征就是没有特征，它不具有豆雁喙端醒目的黄色、鸿雁颜色对比鲜明的颈部，也不具有白额雁和小白额雁引人瞩目的白色额头，因此，如果在野外看到一只灰褐色的大型雁类又没有观察到上述特征，且可以肯定地观察到粉红色地喙和脚，那么就可以判断其为灰雁。

灰雁 3 月末至 4 月初成群从南方越冬地迁到中国黑龙江、内蒙古、甘肃、青海、新疆等北部地区繁殖，9 月末开始成群迁往中国南方越冬，大批迁徙在 10 月初至 10 月末，少数持续到 11 月初，人们曾于 1992 年 10 月中旬至 10 月末在吉林省西部草原见到 3000 只的大群。飞行时两翅扇动缓慢，显得有些笨拙，但较有力，不慌不忙，徐徐而飞，成单列或"V"字形队形。飞行高度亦很高，通常晚上迁徙，白天休息和觅食。有时边飞边叫，鸣声洪亮、清脆而高。

除繁殖期外，成群活动，群通常由数十、数百，甚至上千只组成，特别是迁徙期间。在地上行走灵活，行动敏捷，休息时常用一只脚站立。游泳、潜水均好，但不能持久，非不得已时，很少潜水。行动极为谨慎小心，警惕性很高，特别是成群在一起觅食和休息的时候，常有一只或数只灰雁担当警卫，不吃、不睡，警惕地伸长脖子，观察着四方，一旦发现敌人临近，它们首先起飞，然后其他成员跟着飞走。

主要在白天觅食，夜间休息。常成家族群或由数个家族组成的小群在一起觅食。清晨太阳还未出来时就成群飞往觅食地觅食，然后飞到其他水域中较为隐蔽的地方休息，直到黄昏才又飞回夜间休息地。冬季在无干扰的情况下，通常在同一地方觅食和休息，觅食地多在富有植物的水域岸边、草原、农田、荒地和浅水处。食物主要为各种水生和陆生植物的叶、根、茎、嫩芽、果实和种子等植物性食物，有时也吃螺、虾、昆虫等动物食物；迁徙期间和冬季，亦吃散落的农作物种子和幼苗。

一般 2 ~ 3 龄性成熟，但亦有雄鸟在不到 2 龄时即开始追逐雌鸟和驱赶其他雄鸟，并开始成对。繁殖期 4 ~ 6 月。通常到达繁殖地后不久即开始营巢。营巢环境多为偏僻、人迹罕至的水边草丛或芦苇丛，也有在岛屿、草原和沼泽地上营巢的，营巢时亲鸟在地上以苔藓、杂草或羽毛筑巢。多成对或成小群营巢，有时在一些营巢环境好的地方巢特别集中，巢间距仅 10m 左右。雌雄共同营巢。巢由芦苇、蒲草和其他干草构成，巢四周和内部垫以绒羽。每窝产卵 4 ~ 8 枚，一般 4 ~ 5 枚。卵白色、缀有橙黄色斑点，大小为（84.5 ~ 90.5）mm×（60 ~ 63.2）mm，重 156 ~ 178g。4 月初至 4 月末产卵，通常 1 天 1 枚。卵产齐后开始孵卵，由雌鸟单独承担，雄鸟在巢附近警戒，孵化期 27 ~ 29 天。5 月初至 5 月末雏鸟陆续孵出，6 月中旬成鸟集中在偏僻、人迹罕至的水边芦苇丛中换羽。本物种未列入保护名单，但由于过度捕猎和栖息地的破坏（如在鄱阳湖、洞庭湖等越冬地，受到非法捕猎和湖区破坏的威胁），本物种的数量呈下降趋势。

本物种是古北区代表鸟种之一，普遍认为是欧洲家鹅的祖先。繁殖于西伯利亚南部、欧洲北部、东部、冰岛，以及中国新疆西部、北部，青海柴达木盆地、青海湖，东北的内蒙古、黑龙江等地区；越冬于欧洲南部、地中海沿岸、伊拉克、印度西北部，中国南方的江苏、湖南、广东、福建等地也有本物种越冬，分布于欧亚大陆及非洲北部。

在可可西里地区，灰雁夏季见于东部新生湖等水生植物较多、盐度极低近于淡水的湖泊。迁徙过境季节散见于各处。

大天鹅 *Cygnus cygnus*

体型高大，体长 120 ～ 160cm，翼展 218 ～ 243cm，体重 8 ～ 12kg，寿命 20 ～ 25 年。嘴黑，嘴基有大片黄色，黄色延至上喙侧缘成尖。游水时颈较疣鼻天鹅为直。

它是世界上飞得最高的鸟类之一 (能和它比高的还有高山兀鹫)，能飞越世界屋脊——珠穆朗玛峰，最高飞行高度可达 9000m 以上。

分布于欧亚大陆，在中国冬季分布于黄河、长江流域及附近湖泊；春季迁徙途经我国华北、新疆、内蒙古，而到我国的黑龙江以及蒙古国、俄罗斯（西伯利亚）等地繁殖。

大天鹅全身的羽毛均为雪白色，雌雄同色，雌略较雄小，全身洁白，仅头稍沾棕黄色。虹膜暗褐色，嘴黑色，上嘴基部黄色，此黄斑沿两侧向前延伸至鼻孔之下，形成一喇叭形。嘴端黑色。跗跖、蹼、爪亦为黑色。幼鸟全身灰褐色，头和颈部较暗，下体、尾和飞羽较淡，嘴基部粉红色，嘴端黑色。一年后它们才完全长出和成鸟的羽毛相同的白羽毛。

大天鹅的喙部有丰富的触觉感受器，叫作赫伯小体，主要生于上、下嘴尖端的里面，仅在上嘴边缘就有 27 个 /mm^2，比人类手指上的还要多，它就是靠嘴缘灵敏的触觉在水中寻觅水菊、莎草等水生植物，有时也捕捉昆虫和蚯蚓等小型动物为食。

在繁殖期喜欢栖息在开阔的、食物丰富的浅水水域中，如富有水生植物的湖泊、水塘和流速缓慢的河流，特别是在针叶林带，最喜桦树林带和无林的高原湖泊与水塘，冬季则主要栖息在多草的大型湖泊、水库、水塘、河流、海滩和开阔的农田地带。

候鸟，每年的 9 月中下旬开始离开繁殖地往越冬地迁徙，10 月下旬至 11 月初到达越冬地。翌年 2 月末 3 月初又离开越冬地往繁殖地迁徙，3 月末 4 月初到达繁殖地。迁徙时常成 6 ~ 20 只的小群或家族群迁飞。飞行高度较高，队列整齐，常成"一"字形、"人"字形和"V"字形。通常边飞边鸣，鸣声响亮而单调，有似"ho — ho —"或"hour —"的喇叭声音。飞行时较疣鼻天鹅静声得多。迁徙多沿湖泊、河流等水域地区进行，沿途不断停息和觅食，因此迁徙持续时间较长。

主要以水生植物叶、茎、种子和根茎为食，如莲藕、胡颓子和水草。嘴的掘食能力很强，它甚至能挖掘埋藏于淤泥下 0.5m 处的食物。冬季有时也到农田觅食谷物和幼苗。除植物性食物外，也吃少量动物性食物，如软体动物、水生昆虫和其他水生无脊椎动物。主要在早晨和黄昏觅食。觅食地和栖息地常常在一起或相距不远。如无干扰，它们通常不换地方，栖息地较为固定。

性喜集群，除繁殖期外常成群生活，特别是冬季，常呈家族群活动，有时也多至数十，甚至数百只的大群栖息在一起。性胆小，警惕性极高，活动和栖息时远离岸边，游泳亦多在开阔的水域，甚至晚上亦栖息在离岸较远的水中。视力亦很好，在很远处即能发现危险而游走。通常多在水上活动。善游泳，一般不潜水。游泳时颈向上伸直，与水面成垂直姿势。游泳缓慢从容，姿势优美。除非迫不得已，一般很少起飞。由于体躯大而笨重，起飞不甚灵活，需两翅急剧拍打水面，两脚在水面奔跑一定距离才能飞起。有时边飞边鸣或边游边鸣，鸣声单调而粗哑，有似喇叭声。

在可可西里地区，大天鹅主要是旅鸟，迁徙季节见于各大湖泊，如新生湖、库赛湖和卓乃湖等地。

赤麻鸭 *Tadorna ferruginea*

体型较大，体长 51 ~ 68cm，体重约 1.5kg，比家鸭稍大。全身赤黄褐色，翅上有明显的白色翅斑和铜绿色翼镜；嘴、脚、尾黑色；飞翔时，黑色的飞羽、黄褐色的体羽以及白色的翼上和翼下覆羽形成鲜明的对照。繁殖期 4 ~ 5 月，在草原和荒漠水域附近洞穴中营巢，每窝产卵 6 ~ 15 枚，卵椭圆形，淡黄色，雌鸟负责孵卵。主要繁殖于欧洲东南部、地中海沿岸、非洲西北部、亚洲中部和东部，在日本、朝鲜半岛、中南半岛、印度、缅甸、泰国和非洲尼罗河流域等地越冬。

赤麻鸭雄鸟头顶棕白色；颏、喉、前颈及颈侧淡棕黄色；下颈基部在繁殖季节有一窄的黑色领环；胸、上背及两肩均赤黄褐色，下背稍淡，腰羽棕褐色，具暗褐色虫蠹状斑；尾和尾上覆羽黑色；翅上覆羽白色，微沾棕色；小翼羽及初级飞羽黑褐色，次级飞羽外侧辉绿色，形成鲜明的绿色翼镜。三级飞羽外侧三枚外翈棕褐色。下体棕黄褐色，其中以上胸和下腹以及尾下覆羽最深；腋羽和翼下覆羽白色。雌鸟羽色和雄鸟相似，但体色稍淡，头顶和头侧几白色，颈基无黑色领环。幼鸟和雌鸟相似，但稍暗些，微沾灰褐色，特别表现在头部和上体。虹膜暗褐色，嘴和跗跖黑色。

赤麻鸭栖息于江河、湖泊、河口、水塘及其附近的草原、荒地、沼泽、沙滩、农田和平原疏林等各类生境中，最喜欢栖息于平原上的湖泊地带。主要在内陆淡水生活，有时也见于海边沙滩上和咸水湖区。在远离水域的开阔草原上也有栖息。繁殖期成对生活，非繁殖期则以家族群和小群生活，有时也集成数十、甚至近百只的大群。性机警，很远见人就飞。

赤麻鸭主要以水生植物叶、芽、种子，农作物幼苗，谷物等植物性食物为食，也吃昆虫、甲壳动物、软体动物、小蛙和小鱼等动物性食物。觅食多在黄昏和清晨，有时白天也觅食，特别是秋冬季节，常见几只至 20 多只的小群在河流两岸耕地上觅食散落的谷粒，也在水边浅水处和水面觅食。

赤麻鸭是迁徙性鸟类。每年3月初至3月中旬，当繁殖地的冰雪刚开始融化时就成群从越冬地迁往繁殖地。10月末至11月初又成群从繁殖地迁往越冬地。迁徙多呈家族群，或由家族群集成更大的群体迁飞。常常边飞边鸣。多呈直线或横排队列飞行前进。沿途不断停息和觅食。在停息地常常集成数十甚至近百只的更大群体。

在可可西里地区，赤麻鸭广泛分布于各种水体中，夏季活动海拔可以超过5000m，但密度不高。在距离水体不远的悬崖或者高山石洞中筑巢。

蓑羽鹤 *Anthropoides virgo*

大型涉禽，体长68～92cm，是鹤类中个体最小者。为高原、草原、沼泽、半荒漠及寒冷荒漠栖息鸟种，分布至海拔5000m。飞行时呈"V"字编队，颈伸直。叫声如号角，似灰鹤，但较尖而少起伏。

头侧、颏、喉和前颈黑色；眼后和耳羽白色，羽毛延长成束状，垂于头侧；头顶珍珠灰色；喉和前颈羽毛也极度延长成蓑状，悬垂于前胸。其余头、颈和体羽蓝灰色；大覆羽和初级飞羽灰黑色，内侧次级飞羽和三级飞羽延长，覆盖于尾上，也为石板灰色，但羽端黑色。虹膜红色或紫红色，嘴黄绿色，脚和趾黑色。

栖息于开阔平原草地、草甸沼泽、芦苇沼泽、苇塘、湖泊、河谷、半荒漠和高原湖泊、草甸等各种生境中，有时，特别是秋冬季节也到农田地活动。栖地海拔最高可达5000m左右。除繁殖期成对活动外，多呈家族或小群活动，有时也见单只活动。常活动在水边浅水处或水域附近地势较高的羊草草甸上。性胆小而机警，善奔走，常远远地避开人类，也不愿与其他鹤类合群。

春季于3月中旬到达吉林西部繁殖地，3月末4月初到达黑龙江和内蒙古呼伦贝尔市。秋季于10月中下旬南迁，成家族群或小群迁飞。

主要以各种小型鱼类、虾、蛙、蝌蚪、水生昆虫、植物嫩芽、叶、草子，以及农作物玉米、小麦等食物为食，边走边食。

广泛分布于亚洲、欧洲和非洲。在中国主要分布于新疆、宁夏、内蒙古、黑龙江、吉林等省（繁殖地），迁徙地见于河北、青海、河南、山西等省；越冬地在西藏南部。

可可西里地区可能是繁殖于东北亚至中亚的蓑羽鹤最主要的过境区域。迁徙季节大群蓑羽鹤见于青藏公路沿线以及可可西里东部的湖群及开阔湿润的草原区域。

灰鹤 *Grus grus*

大型涉禽，体长 100 ~ 120cm。颈、脚均甚长，全身羽毛大都灰色。主要以植物叶、茎、嫩芽、块茎，草子，农作物，软体动物、昆虫、蛙、蜥蜴、鱼类等为食。春季于 3 月中下旬开始往繁殖地迁徙，秋季于 9 月末 10 月初迁往越冬地。迁徙时常为数个家族群组成的小群迁飞，有时也成 40 ~ 50 只的大群，繁殖期 4 ~ 7 月。每窝通常产卵 2 枚，雌雄轮流孵卵，孵化期 28 ~ 30 天。

灰鹤是大型涉禽，后趾小而高位，不能与前三趾对握，因此不能栖息在树上。成鸟两性相似，雌鹤略小。前额和眼先黑色，被有稀疏的黑色毛状短羽，冠部几乎无羽，裸出的皮肤为红色。眼后有一白色宽纹穿过耳羽至后枕，再沿颈部向下到上背，身体其余部分为石板灰色，在背、腰灰色较深，胸、翅灰色较淡，背常沾有褐色。喉、前颈和后颈灰黑色。初级飞羽、次级飞羽端部、尾羽端部和尾上覆羽为黑色；三级飞羽灰色，先端略黑，且延长弯曲成弓状，其羽端的羽枝分离成毛发状。虹膜红褐色；嘴黑绿色，端部沾黄；腿和脚灰黑色。幼鸟：体羽已呈灰色，但羽毛端部为棕褐色，冠部被羽，无下垂的内侧飞羽；第二年头顶开始裸露，仅被有毛状短羽，上体仍留有棕褐色的旧羽。幼鸟虹膜浅灰色；嘴基肉色，尖端灰肉色；脚灰黑色。

栖息于开阔平原、草地、沼泽、河滩、旷野、湖泊以及农田地带；尤其喜欢富有水边植物的开阔湖泊和沼泽地带。常栖息于沼泽草甸，沼泽中多草丘和水洼地，水生植物有水麦冬、水毛茛和薹草等 20 多种；在中国黑龙江省林甸县，灰鹤栖息的芦苇沼泽，有芦苇、狭叶甜茅、菰、小狸藻等植物。在迁徙途中的停歇地和越冬地，主要在河流、湖泊、水库或海岸附近，常到农田中觅食，回到河漫滩、沼泽地或海滩夜宿。例如，在山西省河津市黄河滩越冬的灰鹤，白天主要在作物地中觅食休息，以花生地最多，夜间在距河岸 1 ~ 2km 处四面环水的沙滩或荒草丛生的小岛上过夜，从未见灰鹤在耕地内集群过夜。

灰鹤成 5 ~ 10 多只的小群活动，迁徙期间有时集群多达 40 ~ 50 只，在冬天越冬地集群个体多达数百只。性机警，胆小怕人。活动和觅食时常有一只鹤担任警戒任务，不时地伸颈注视四周动静，发现有危险，立刻长鸣一声，并振翅飞翔，其他鹤亦立刻齐声长鸣，振翅而飞。飞行时排列成"V"字或"人"字形，头、颈向前伸直，脚向后直伸。栖息时常一只脚站立，另一只脚收于腹部。

灰鹤是世界上 15 种鹤类中分布最广的物种，广泛分布于亚洲、欧洲、非洲和北美洲。在中国其繁殖地主要在北方。

在可可西里地区，灰鹤主要是迁徙季节过境鸟，见于区内东部湖泊密集的区域。而近年也有夏季居留记录。

黑颈鹤 *Grus nigricollis*（图 5-27）

大型涉禽，体长 110 ~ 120cm，体重 4 ~ 6kg。全身灰白色，颈、腿比较长，头顶和眼先裸出部分呈暗红色，头顶布有稀疏发状羽。头顶裸露的红色皮肤，阳光下看去非常鲜艳，到求偶期间更会膨胀起来，显得特别鲜红。除眼后和眼下方具一小白色或灰白色斑外，头的其余部分和颈的上部约 2/3 为黑色，故称黑颈鹤。飞羽黑褐色，成鸟两性相似，雌鹤略小。初级飞羽、次级飞羽和三级飞羽均黑褐色，三级飞羽延长并弯曲呈弓形，羽端分枝成丝状，覆盖在尾上。尾羽黑色，羽缘沾棕黄色。肩羽浅灰黑色，先端转为灰白色。其余上体及

图 5-27　黑颈鹤

下体全为灰白色，各羽羽缘沾淡棕色。雌鹤上背有棕褐色的蓑羽伸出，雄鹤则不明显。虹膜黄色，嘴角灰色沾绿，至嘴尖黄色增多；腿和脚黑色。幼鸟：头顶棕黄色，颈杂有黑色和白色，背灰黄色，初级飞羽和次级飞羽为黑色，越冬后，颈上 1/3 灰黑色，背残留有黄褐色羽毛。虹膜黄褐色，嘴肉红色，尖端沾黄，腿和脚灰褐色。主要栖息于海拔 2500 ～ 5000m 的高原、草甸、沼泽和芦苇沼泽，以及湖滨草甸沼泽和河谷沼泽地带。是在高原淡水湿地生活的鹤类，也是世界上唯一生长、繁殖在高原的鹤。能飞越世界最高峰——珠穆朗玛峰，飞行高度可达 10 000m。

春季于 3 月中下旬迁到繁殖地，秋季于 10 月中旬到达越冬地。从 9 月开始，黑颈鹤结群南迁越冬，通过环志已确知有两条迁徙路线：① 由中国若尔盖至草海，直线距离 800km 左右，从松潘草地沿邛崃山脉、岷江流域南下到乌蒙山脉的湖泊越冬；② 由隆宝滩至纳帕海，直线距离 700km，从玉树及通天河流域等地，沿金沙江河谷及雀儿山、沙鲁里山经四川西北部到云南西北横断山脉的湖泊越冬。依据调查资料分析推测，在西边可能还有第三条迁徙路线：在新疆东南部、青海西部繁殖的黑颈鹤通过唐古拉山口，而在藏北、藏西北繁殖的黑颈鹤，则由高海拔向南或东南迁徙到低海拔的雅鲁藏布江中游河谷越冬。据在草海观察，黑颈鹤每年10月中旬至11月初到达，至翌年3月中旬至4月初北返，在越冬地生活150天左右。越冬集群形式有家庭群、亚成体群以及与灰鹤或其他雁鸭组成的混合群。

黑颈鹤越冬时集群较大，它们带着刚刚长大的幼鸟，与其他家族结成十几只，甚至四五十只的大群，长途飞行时，排成"一"字形、"V"字形成"人"字形的整齐队伍，飞越崇山峻岭，到达气候温和的地方去越冬。它的越冬地要比繁殖地相对集中，主要有贵州威宁的草海，云南东北部的昭通、会泽、永善、巧家，西北部的中甸、丽江和宁蒗，西藏拉孜、日喀则、扎囊、乃东等地的沼泽、湿地和河流等水域，这些地方由于自然条件优越，又有丰盛的食物，所以每年来越冬的黑颈鹤很多，还伴随有上千只的灰鹤和多种雁鸭类等众多的水禽种类。刚飞到越冬地时，黑颈鹤胆很小，特别警惕，一直要在空中盘旋，直到它们认为安全了才会慢慢降落下来。到达目的地后，开始分群配对，并转为成对活动。

黑颈鹤杂食性，以植物的叶、根、茎、块茎以及水藻、砂粒为食，也吃昆虫、鱼、蛙以及农田中残留的作物种子等。越冬期间，早晨7点前后它们就陆续飞到沼泽地或向阳的山坡地觅食，有时也到收割后的农田中刨食遗留的洋芋、青稞、荞麦、燕麦、萝卜以及草根等。它们刨食的时候很少用脚，而是用尖嘴在浅水中捕捉动物或从泥土中掘取食物。越冬期间很少有大的群体，一般是3~5只的小群分散觅食。时而也会飞到牛群当中，与之和睦相处，并啄食它们粪便中的食物或寄生虫。黑颈鹤的警惕性很高，每当有人走近时，便向远处飞去。

黑颈鹤为中国特产种，分布于中国的青藏高原和云贵高原，北起新疆的阿尔金山并延伸到甘肃的祁连山，南至西藏的喜马拉雅山北坡和云南的横断山，西起喀喇昆仑山，东至青藏高原东北缘的甘肃、青海和四川交界的松潘草地及云南与贵州交界的乌蒙山，包括青海、四川、甘肃、新疆、西藏、云南和贵州共7个省（区）。繁殖地在青海（玉树、治多、曲麻莱、称多、杂多、玛多、久治、泽库、贵德、共和、刚察、天峻、祁连、乌兰、都兰、格尔木）、西藏（当雄、那曲、嘉黎、安多、班戈、申扎、日土、昂仁、萨迦、仲巴）、四川（诺尔盖）、甘肃（碌曲、玛曲）、新疆（若羌）。越冬地在西藏（拉萨、山南、日喀则、林芝），云南（中甸、丽江、宁蒗、昭通、巧家、寻甸、会泽、曲靖），贵州（草海）。

在可可西里地区，黑颈鹤夏季广泛见于各大湖区，但数量并不多。

棕头鸥 *Larus brunnicephalus*（图5-28）

中型水鸟，体长41～46cm。夏羽头淡褐色，在与白色颈的接合处颜色较深，具黑色羽尖，形成一黑色领圈，尤以后颈和喉部明显。眼后缘具窄的白边。背、肩、内侧翅上覆羽和内侧飞羽珠灰色，外侧翅上覆羽白色。初级飞羽基部白色，末端黑色，外侧两枚初级飞羽黑色，具显著的卵圆形白色亚端斑。内侧飞羽白色，尖端黑色。腰、尾和下体白色。冬羽和夏羽相似，但头白色，头顶缀淡灰色，耳覆羽具暗色斑点。幼鸟和冬羽相似，但外侧初级飞羽末端无白色翼镜斑，尾末端具黑色亚端斑和窄的白色尖端。虹膜暗褐色或黄褐色，幼鸟几乎白色。嘴、脚深红色，幼鸟黄色或橙色，嘴尖端暗色。

5月中旬产卵，每巢3～4枚，卵重46g左右，表面有黑褐色斑点或条状斑纹，孵化期25天，幼鸟飞羽齐后，才随亲鸟离去。10月后，除极个别外，绝大部分鸥集群南飞越冬。繁殖期间栖息于海拔2000～3500m的高山和高原湖泊、水塘、河流和沼泽地带，非繁殖期主要栖息于海岸、港湾、河口及山脚平原湖泊、水库和大的河流中。

棕头鸥分布于亚洲中部、南部、东南部。繁殖于亚洲中部；冬季至印度、

图 5-28　棕头鸥

中国、孟加拉湾及东南亚越冬。一般罕见，但常见于繁殖地点（如青海湖）。中国分布：繁殖于新疆、青海和西藏；越冬于云南、香港等地，偶尔也见于浙江；迁徙期间经过甘肃、河北、山西等省。

旅鸟见于阿富汗、伊朗、以色列、吉尔吉斯斯坦、马尔代夫、阿曼、阿联酋。

在可可西里地区，棕头鸥是最常见的鸥类，夏季广泛分布于各大湖区及周边草原。

鱼类

鱼类组成与分布

可可西里共分布有鱼类 2 科 3 属 6 种，分述如下：

刺突高原鳅 *Triplophysa stewarti*：分布于本地区的沱沱河、奔得错和当曲流域，常栖息于湖泊岸边或河流多水草的浅水处，以水生无脊椎动物为食。

小眼高原鳅 *Triplophysa microps*：是本地区分布最广泛的鱼类，除唐古拉山温泉外，见于沱沱河、通天河、楚玛尔河、可可西里湖、乌兰乌拉湖等流域。常栖息于河流岸边浅水石下，是以动物性食物为主的杂食性鱼类。

斯氏高原鳅 *Triplophysa stoliczkae*：分布于本地区的唐古拉山温泉溪流中，常栖息于溪流石下，以硅藻和摇蚊幼虫为主要食物。

细尾高原鳅 *Triplophysa stenura*：分布于本地区长江源头各河流如沱沱河、尕日曲等流域。栖息于溪流浅水卵石下，以底栖硅藻为主食。

裸腹叶须鱼 *Ptychobarbus kaznakovi*：分布于本地区布曲、当曲、沱沱河流域。栖息于水流湍急多石的河段，以水生昆虫和摇蚊幼虫为食。

小头高原鱼 *Herzensteinia microcephalus*：本种为本地区仅次于小眼高原鳅的优势鱼类，分布于长江源头诸水系、乌兰乌拉湖等地。栖息于湖泊河流的缓流处，以硅藻为主食。

可可西里的鱼类种数占青藏高原鱼类种数（114种）的5.26%（武云飞 等，1991）。

可可西里鱼类区系特征

鱼类区系简单与水系格局的复杂性形成鲜明对照，体现本地区严酷的环境条件对鱼类生存的影响。本地区鱼类组成与长江流域等外流水域相似，反映内流湖鱼类起源与外流河有密切关系。本地区鱼类在垂直分布上无明显地带差异；同域分布的鱼类占据不同的生活小区，对维持水域生态系统平衡起到重要作用。

综上，可可西里鱼类区系应划归中亚高山区（华西区）羌塘高原亚区。

可可西里鱼类受威胁状况

本地区鱼类受威胁严重，仅沱沱河一地，在1973—1990年间，单尾鱼体重便下降74.33g，鱼类向小型化发展，受威胁原因主要如下：无节制捕捞，矿山开发，全球气候变化导致冰川退缩和河水咸化。

昆虫

可可西里昆虫组成与区系组成：

可可西里共分布有昆虫 9 目 35 科 157 种，其中中国新记录昆虫 8 个，新发现的特有属 2 个，新发现的特有种 55 个，新属和新种所占比例极大，说明可可西里周围环境和昆虫区系的意义独特。

当地的昆虫以古北区和青藏区成分为主，无东洋界成分，新种新属占比例巨大，显示出其高山高寒昆虫区系的特殊特点。

◎ 藏羚生物学

藏羚的食性及其与其他有蹄类的食物重叠

藏羚的食物组成

藏羚暖季食物为 24 种（属）植物，主要由禾本科（55.56%）和莎草科（21.18%）植物组成，共占食物组成的 76.74%，冷季食物为 18 种（属）植物，主要为禾本科（70.41%）和豆科（12.58%）植物，二者占食物组成的82.99%。

藏野驴暖季食物为 19 种（属）植物，主要食物为禾本科（73.35%）和莎草科（17.18%）植物，所占食物组成比例达 90.53%；冷季食物虽然由 13 种（属）植物构成，但基本由禾本科植物组成，其比例高达 94.41%。

藏原羚暖季食物为 29 种（属）植物，主要食物为豆科（62.59%）和禾本科（12.21%）植物，占其食物组成的 74.80%；冷季食物由 25 种（属）植物构成，以豆科（48.92%）和菊科（13.59%）为主要食物，其比例为 62.51%。

野牦牛暖季和冷季食物均由 13 种（属）植物组成，其中，暖季食物以莎草科（67.40%）和禾本科（31.03%）为主，占食物组成的 98.43%，其冷季主要食物依然由莎草科（56.96%）和禾本科（36.78%）植物组成，其比例为 93.74%。

家牦牛暖季食物基本由莎草科（67.27%）和禾本科（28.96%）植物组成，占食物组成的 96.23%，而冷季食物由莎草科（61.84%）、禾本科（18.70%）和豆科（14.49%）组成，占其食物构成的 95.03%。

家羊暖季食物基本由禾本科（57.29%）和莎草科（37.76%）植物组成，占食物组成的 95.05%，其冷季食物由禾本科（43.61%）、莎草科（32.32%）和豆科（16.70%）植物组成，占食物组成的 92.63%。

食性重叠指数和食物生态位宽度

藏羚、藏野驴、野牦牛和藏原羚暖季的食物生态位宽度分别为 5.219、3.608、3.166 和 2.456；而其冷季的食物生态位宽度分别是 4.750、2.219、3.675 和 3.680。表明藏羚和藏野驴的冷季食物生态位宽度低于暖季，而野牦牛和藏原羚冷季食物生态位宽度较暖季高。

在暖季和冷季，藏原羚与藏羚、藏野驴及野牦牛彼此之间的食物重叠值较低（表 5-4）。但是，藏羚、藏野驴及野牦牛彼此之间的食物重叠值较高，其

表 5-4　有蹄类暖季和冷季食物重叠指数

	藏羚	藏原羚	藏野驴	野牦牛	家牦牛	家绵羊
藏羚		0.334	0.63	0.52	0.52	0.734
藏原羚	0.293		0.241	0.159	0.174	0.217
藏野驴	0.716	0.114		0.484	0.487	0.623
野牦牛	0.503	0.131	0.42		0.934	0.685
家牦牛	0.397	0.266	0.227	0.707		0.682
家绵羊	0.66	0.312	0.474	0.722	0.691	

注：本表格对角线下方数据为冷季食物重叠指数，对角线上方数据为暖季食物重叠指数。

中藏羚与藏野驴食物重叠最高，其次为藏羚与野牦牛，以及野牦牛与藏野驴。此外，表5-4还显示，除藏原羚外，其他野生有蹄类分别与家绵羊和家牦牛有高度的食物重叠。

在食物重叠的季节性变化中，藏羚与藏野驴的冷季食物重叠指数大于暖季，而其他的野生有蹄类之间的冷季食物重叠指数则均小于暖季。

讨论

同域分布物种的食物重叠指数是研究动物资源利用性竞争的有效参数（Schoener，1974；Abrams，1980；Mysterud，2000）。在调查研究中发现，除了藏原羚主要采食豆科和菊科植物而与其他有蹄类的食物重叠较低外，藏羚、野牦牛、藏野驴之间均存在不同程度的食物重叠，且随季节不同而变化。藏羚与野牦牛、野牦牛与藏野驴的冷季食物重叠指数低于暖季，而藏羚和藏野驴的冷季食物重叠指数高于暖季。该结果反映了其复杂的竞争和共存关系。在生态位竞争理论中，较高的食物重叠意味着存在较高的资源利用性竞争（Schoener，1974，1983；Mysterud，2000）。同域分布的不同物种对同一资源的较高程度的利用，势必导致不同物种在生态位上的分离（Schoener，1974；樊乃昌 等，1995）。藏羚通常活动于平缓起伏的丘陵、湖岸阶地和滩地，很少发现其在坡度大于30°的高山上活动（崔庆虎，2006）。而藏野驴可在坡度大于30°高山上自由奔跑觅食（Schaller，1998）。由上述食性分析结果表明，藏羚与藏野驴的主要食物类群——禾本科植物在暖季分别占其食物构成的55.56%和73.35%，冷季则分别上升到了70.41%和94.41%，二者在暖季和冷季的食物重叠度分别为63.0%和71.6%。说明藏羚与藏野驴在食物匮乏的冬季食物竞争加剧，在可可西里地区，由于可利用食物资源和空间限制很少，可能通过自由迁徙来回避其食物间的这种竞争而同域共存（周用武 等，2005）。此外，野牦牛与藏羚以及野牦牛与藏野驴之间存在的食物竞争则导致藏羚和藏野驴在降水量小于400mm的半干旱环境中活动，而野牦牛可在潮湿的沼泽滩地、河谷以及坡度大于 30° 的山坡上采食（Schaller，1998）。

众多的研究表明，栖息地的日益丧失和破碎化是许多大型野生动物逐步走向灭绝的主要原因，而导致栖息地日益丧失和破碎化的主要原因是放牧家畜的影响（蒋志刚 等，1997；蒋志刚，2004；Fox et al., 2005；叶润蓉 等，2006）。研究结果表明，除了藏原羚外，家牦牛和家绵羊分别与藏羚、藏野驴及野牦牛存在较高程度的食物重叠。在暖季，家绵羊和家牦牛均与野生动物竞争禾草类植物，冷季则主要竞争豆科类植物，而豆科类植物可能是野生动物在食物匮乏的冷季获取营养的主要来源。Du 等（2004）的研究表明，从 1978 年到 1999 年，青藏高原的牛、羊数量分别增长了 249% 和 106%。在 2006 年 10 月穿越可可西里科考活动中，途中看到了至少有 7 个牧户在此定居放牧，这些牧户占据着好的高山草甸和草原，其中有一牧户约有 400 多只家羊。本研究的食性分析结果表明，放牧家畜数量的增长必将加剧对该区域内野生动物的栖息地、食物及空间等资源的竞争。此外，家畜的超载过牧，还可加速贫瘠土地的荒漠化过程（周兴民 等，1995）。而可可西里地区因受独特的气候影响和微弱的生物、化学作用，土壤发育较差，土层浅薄，土壤有机物含量低，区域内的植被群落生长缓慢而脆弱（李柄元 等，1996）。所以，本研究结果支持了蒋志刚（2004）提出的过度放牧是野生有蹄类濒危的主要原因的观点。同时，本研究结果支持夏勒提出的"为了更好地保护青藏高原特有的野生动物种群，有必要考虑建立大型保护区，或者和相邻保护区联合起来，共同阻止放牧家畜对野生动物栖息地的侵占"的管理方式（Schaller，2006）。庆幸的是，近几年国家陆续向青海省三江源自然保护区投资了 76 亿人民币，通过移民、草地资源的恢复与重建等措施的实施，已显著改善了该区域的植被生态环境，使野生动物的栖息环境得到了有效保护。

综上所述，青海可可西里几种有蹄类食物重叠分析的结果表明：藏羚与藏野驴存在食物竞争，在食物匮乏的冬季其竞争加剧，竞争的结果使藏羚和藏野驴通过自由迁徙，降低其相互作用而趋向于共存。藏原羚在长期的进化过程中通过食性的分化以及在此基础上的冷季食物的泛化来降低与其他有蹄类之间的食物竞争而共存。野牦牛通过主要食物的分化和空间生态位的分离而与藏羚和藏野驴同域共存。此外，家绵羊与藏羚、家牦牛与野牦牛均存在较高的食物重叠，表明放牧家畜与野生动物间存在有食物资源利用性的竞争关系。

藏羚集群行为

藏羚的集群类型

观察期间，野外条件下直接观察到独立的藏羚群 936 次，根据集群组成将其划分为雌性群、雄性群、母仔群、雌雄混群和独羚 5 种类型：① 雌性群，由雌性个体构成的社群；② 雄性群，仅由雄性个体构成的社群；③ 母仔群，由雌藏羚及其幼仔构成的社群；④ 雌雄混群，由雄性和雌性个体构成的繁殖社群；⑤ 独羚，单独活动的藏羚个体（图 5-29）。在与其他类型的集群同时出现时，独羚与其他集群成员之间的距离至少大于 100m，以保证它们与其他集群的成员之间没有明显的社会联系。

（1）集群类型的频率分布。

野外观察中，共见到藏羚 936 群次，合计 13 795 只次。每群平均（14.7±1.05）（平均值 ± 标准误）只，最大的群体 604 只，最小为独羚。雌性群 388 群次（41.45%），计 4807 只次；雄性群 42 群次（4.49%），231 只次；母仔群共 292 群次（31.20%），7657 只次；雌雄混群共 108 群次（11.54%），共 994 只次；独羚 106 只次（11.32%）。卡方检验结果表明，不同类型集群出现频率的差异极显著（$\chi^2 = 455.410$，d$f = 4$，$p < 0.001$）。

（2）集群类型的季节变化。

春季，藏羚的集群以雌性群（49 群次）和雄性群（25 群次）为主，其余

图 5-29 藏羚的集群类型

a. 雌性群；b. 雄性群；c. 母仔群；d. 雌雄混群；e. 独羚

为独羚形式（7 群次），无雌雄混群和母仔群。夏季集群主要为母仔群（192 群次）和雌性群（162 群次），因雄性不在试验区活动而未见雄性群和雌雄混群；独羚 35 只次（35 群次），其中包含 1 只小羔，疑为走失个体，其余均为雌性成年藏羚。与夏季相比，秋季雌性群（146 群次）的比例上升至 49.66%，母仔群（99 群次）下降到 33.67%，雄性群（3 群次）和雌雄混群（8 群次）出现，独羚群（38 群次）包含 3 只雄性成年藏羚（7.89%），1 只藏羚羔（2.63%），以及 34 只次雌性成年藏羚（89.48%）。冬季，雌雄混群（100 群次）大量出现；母仔群仅见到 1 群（2 只）；雄性群（14 群次）比例增加。交叉表分析显示，不同类型的集群出现频率与季节密切相关（$\chi^2 = 712.313$，$df = 12$，$p < 0.001$）。卡方检验表明，每个季节不同类型集群出现的频率亦有极显著差异（$\chi^2 = 32.889$，$df = 2$，$p < 0.001$；夏季：$\chi^2 = 107.141$，$df = 2$，$p < 0.001$；秋季：$\chi^2 = 261.000$，$df = 4$，$p < 0.001$；冬季：$\chi^2 = 172.012$，$df = 4$，$p < 0.001$）。这些分析表明，藏羚不同集群类型出现的频率受季节影响很大。

藏羚的集群大小

按藏羚集群大小排列，独羚出现 106 群次，占总群次的 11.32%；2～20 只的集群，673 群次，占 71.90%；21～50 只的集群 112 群次，为 11.97%；51～100 只的集群 30 群次，占 3.21%；101～200 只的集群 11 群次，占 1.18%；200 只以上的集群 4 群次，占 0.43%。卡方检验结果显示，按上述 6 种集群大小分组，各组出现的频率存在极显著差异（$\chi^2 = 2126.474$，$df = 5$，$p < 0.001$）。

藏羚集群大小主要集中于 2～20 只的范围。大于 50 只的集群仅出现在夏秋两季。最大集群 604 只出现在夏季。卡方检验结果显示，各季节不同大小的集群出现频率亦存在极显著差异（春季：$\chi^2 = 163.889$，$df = 3$，$p < 0.001$；夏季：$\chi^2 = 639.067$，$df = 5$，$p < 0.001$；秋季：$\chi^2 = 410.163$，$df = 3$，$p < 0.001$；冬季：$\chi^2 = 164.140$，$df = 2$，$p < 0.001$）。这些分析结果表明，藏羚的集群大小出现的频率受季节影响很大。

除秋季（$\chi^2 = 5.570$，$df = 3$，$p > 0.05$）外，其余各季节不同类型集群之间集群大小亦有极显著差异（春季：$\chi^2 = 6.986$，$df = 1$，$p < 0.01$；夏季：$\chi^2 = 63.420$，$df = 1$，$p < 0.001$；冬季：$\chi^2 = 15.564$，$df = 3$，$p < 0.01$）。

讨论

藏羚的集群行为与其自身的生物学特征密切相关，主要有两个方面：种群内部的生育周期和个体间的竞争以及外部的捕食风险。

（1）生育周期与集群类型的季节变化。

藏羚生育周期的季节性变化导致其集群类型的相应改变。春季以雌性群和雄性群为主，夏季和秋季主要为雌性群和母仔群，雌雄混群则是冬季交配期的主要集群类型。这与夏勒在羌塘中部和东部的观察结果（发情期：雄性群 68 群次，雌性群 127 群次，雌雄混群 294 群次；非发情期：雄性群 8 群次，雌性群 27 群次，雌雄混群 53 群次）一致。

雄性群在夏秋季节很少见到的原因有二：第一，雌、雄藏羚除冬季交配季节外，均分群活动。所以在雌藏羚经常活动的地方一般见不到雄性个体。第二，受气候条件和沼泽环境的影响，此时的观察数据均取自保护区的试验区，这里恰是雌藏羚的主要迁徙通道，很少见到雄性个体。因此，对雄性群的取样强度偏低。这将有待于腹地考察数据的更多积累后做必要的调整。当然，雄性远离迁徙通道对于迁徙途中的繁殖雌羚获取充足食物是有利的。此外，迁徙途中的雌性群或母仔群的集群规模经常发生变化，大的集群有利于快速移动，小的集群有利于高效觅食。

冬季是藏羚的交配季节，雄藏羚回到地势平缓的交配场，与雌性群混合。成年雄性往往能够形成一雄多雌（10 ~ 20 只）的交配群（图 5-30）。而亚成体雄性在试图获得交配的过程中，常常遭到成年雄性的猛烈攻击，被排挤到交配群之间的空闲地带，从而形成大量的雄性群。成年雄性之间的相互竞争以及亚成体雄性的干扰是导致交配群成员组成频繁变化的主要原因。

（2）竞争、捕食风险以及繁殖对藏羚集群大小的影响。

对于藏羚集群的大小，已有一些报道。冯祚建在喀喇昆仑山—昆仑山地区的统计结果显示，藏羚 2 ~ 10 只的群为 82 群次，占到总群次的 80.4%，其

图 5-30　雄藏羚和它的配偶

包含的个体数 296 只次，占总个体数的 8.0%；11 ～ 60 只的群为 14 群次，计 494 只次，占总个体数的 12.4%；大于 100 只的个体数最多，占 79.6%。1990 年 6 月初～ 8 月中旬，冯祚建在可可西里的考察过程中也得到相似结果：113 群次中 2 ～ 10 只的群 89 群次，占 78.76%，为主要类型。夏勒根据多次在青藏高原的调查也认为，藏羚的集群以 2 ～ 20 只的规模为主，百只以上的集群仅出现在夏季，且为雌性群。

　　我们的观察结果与冯祚建和夏勒的报道基本相符（冯祚建 等，1996；Schaller 等，2006），2 ～ 20 只的集群占集群总数的 71.9%，大于 100 只的集群只有 1.61%。既然集群有利于降低捕食风险，有利于藏羚的生存，为什么藏羚又只喜欢选择小型而非偏爱大型集群呢？这可能与较小的集群既可以有效降低捕食风险，同时又能缓解集群内个体间的竞争压力有关。事实上，大的集群导致个体觅食效率下降的问题已受到关注。我们在野外观察中发现，可可西里地区的植被非常稀疏，试验区的植被盖度只有 10% ~ 20%，食物资源异常匮乏，这种情况在冬、春季尤甚。因此，若集群过大，势必导致个体之间比较强烈的觅食竞争。此外，较大的集群还有另一些问题，如更容易吸引天敌的注意，更有利于疾病的流行和传播等。

夏季之所以出现大的集群，是因为较大的集群有利于雌藏羚的快速迁徙。而冬季集群较小的主要原因有两个：其一，可可西里冬季的食物资源异常匮乏，较小的集群可以减少集群成员之间的资源竞争和相互干扰，以利提高觅食效率。其二，冬季的集群以一雄多雌的雌雄交配群为主，而这种集群的规模都比较小，因为雄藏羚在争夺配偶的竞争中，需要投入大量的时间进行警戒和防御，而且随着雌性个体数量的增加，控制和管理雌性的时间投入猛增，与此相应，觅食和预防捕食者的时间投入则大幅度减少，从而面临更大的饥饿和被捕食的风险。

（3）独羚的意义及形成原因。

独羚在每个季节都比较常见，但是否将其列为一种集群类型，学者们意见并不一致。冯祚建在其论文中没有将独羚作为集群类型对待，而夏勒在其论著中始终将独羚视为集群类型列入表中（Schaller 等，2006）。余玉群等（2000）在报道天山盘羊的集群行为时也将独羊视为集群类型之一。我们认为，将独羚视为一种集群类型较为合理，理由如下：首先，这些个体多数是暂时游离于集群之外，不是永久的独居，与独居动物具有显著区别；其次，通过比较单个动物与同种动物集群内个体的行为，可以更好地理解动物社会性的起源、进化和适应意义，而这正是探讨集群行为的根本目的。因此，在我们的研究中，将独羚视为集群类型之一。根据野外观察，独羚形成的原因有以下几点：①产羔季节，临产雌藏羚通常要离开集群，寻找干扰较小的地方产羔，产羔结束后再携带小羔回归群体；② 在交配季节，没有交配权的亚成体雄性和老年个体常常被排挤在集群之外，成为独羚；③ 个体因觅食、饮水、卧息等行为持续时间较长而暂时脱离社群等。

独羚虽然常见，但选择这种集群类型的个体却非常少，仅有 0.77%，这说明独羚面临的捕食风险太大，不利于个体的生存，这一问题有待于今后进一步研究。

夏季雌藏羚昼间行为时间分配及活动节律

行为时间分配

对 416 个藏羚行为样本的分析结果表明，藏羚在 10min 的观察期内用于觅食的时间为（354.71 ± 11.88）s，卧息时间为（116.12 ± 10.72）s，移动时间为（77.84 ± 6.32）s，警戒及"其他"两类行为的时间分别为（43.86 ± 4.00）s 和（7.47 ± 1.40）s。各类行为消耗时间的比例分别为觅食 59.1%，卧息 19.4%，移动 13.0%，警戒 7.3%，"其他"1.3%。Kruskal-Wallis H 检验表明，5 类行为的累计时间存在极显著差异（$\chi^2 = 622.320$，d$f = 4$，$p < 0.01$）。上述结果表明，觅食是藏羚最常见的行为，卧息、移动和警戒次之，而"其他"行为则很少见到。

昼间活动节律

按 1 h 为一个时段对 08：00—20：00 进行行为取样，分别获得 8、37、70、66、52、23、23、28、36、31、22、20 个样本，分析得到藏羚的昼间活动节律可知：觅食行为存在 3 个高峰，分别在 10：00—11：00，13：00—14：00 和 18：00—19：00；警戒的高峰期出现在早上 08：00—09：00，在15：00—16：00 以及 17：00—18：00 也分别出现小的高峰，但不明显；卧息行为表现为双峰形状，分别为 11：00—12：00 和 16：00—17：00；移动行为也表现为双峰，出现在 08：00—09：00 和 15：00—16：00；"其他"行为在各时段间没有明显的变化趋势。Kruskal-Wallis H 检验结果显示，白昼各时段之间觅食（χ^2=22.798，df=11，p<0.05）、警戒（χ^2=32.517，df=11，p<0.01）、卧息（χ^2=25.630，df=11，p<0.01）和移动（χ^2=34.497，df=11，p<0.01）这 4 类行为的时间分配存在显著或极显著差异，而"其他"行为没有差异（χ^2=13.921，df=11，p>0.05）。

讨论

（1）行为时间分配的特点及适应意义。

动物的行为模式受到很多因素的影响，如营养需求、食物分布、气候条件以及捕食风险等（Samson et al.，1995；Hopewell et al.，2005）。对捻角羚 *Tragelaphus strepsiceros* 的研究表明，觅食时间超过可利用时间的 50%，且温度是其主要影响因素（Owen-Smith，1998）。刘振生等（2005b）对贺兰山岩羊 *Pseudois nayaur* 的研究认为，食物数量和质量的变化以及岩羊自身不同的生长阶段和生理时期是决定其昼间行为时间分配的主要因素。而在可可西里，藏羚的觅食时间高达 59.12%，这可能与食物资源匮乏和产羔迁徙期高的能量需求有关。研究表明，可可西里气候条件极为恶劣，植被极为稀疏，植物生长季节非常短，致使食草动物赖以生存的食物资源异常匮乏（恰加，1996）。此外，6～9 月是雌藏羚的产羔迁徙季节，雌性个体组成大的集群加剧了迁徙路线上食物资源的竞争（连新明 等，2005）。以上原因都迫使藏羚投入大量的时间用于觅食，以满足迁徙和产羔育幼过程的能量消耗。

藏羚的卧息时间所占比例为 19.35%，仅次于觅食时间所占的比例，这可能与藏羚在迁徙、产羔、育幼过程中消耗了过多的能量，抵抗力下降，需要及时恢复体力有关；同时，可可西里地区的风沙较大（张琳，1996），卧息可以减少风力导致体热的过度散发（Leuthold，1977），有助于保存和节省能量；此外，卧息往往伴随反刍行为的发生，而充足的卧息有利于食物消化和促进能量吸收。

夏季雌藏羚群中小羔比例较大，因此藏羚的主要天敌——狼 Canis lupus 常常尾随其后（中国科学院西北高原生物研究所，1989），伺机捕杀幼体或防御能力较弱的成体，对藏羚的生存构成了严重威胁，因此藏羚理应花费较多的时间用于警戒以确保幼体和自身的安全。但是由于动物个体能够从集群中其他成员的警戒行为中获益，个体的警戒投入时间会因此明显减少（Beauchamp et al.，2003），从而导致本研究中雌藏羚警戒时间所占的比例并不高，仅为7.31%。"其他"行为所占比例较低，仅为1.25%。这是因为该类行为所包含的饮水、排遗、瘙痒、修饰和嬉戏5种行为的发生次数很少，持续时间也很短。只有哺乳和舔羔两种育幼行为在产羔后的1周内频繁出现，以至于育幼行为的时间占到"其他"行为累计时间的93.60%。但是，随着幼羚的逐渐长大，开始觅食，母羚的育幼行为也逐渐减少，并最终消失，而这一过程持续的时间大约为1~1.5月。因此，尽管育幼行为在母羚产羔后的特定时间段内较频繁地出现，但并不足以使"其他"行为类型的累计时间在整个夏季显著提高。此外，为避免干扰藏羚的产羔过程，本研究将行为观察点设在青藏公路附近藏羚的迁徙通道上，它与产羔地（卓乃湖）的直线距离约150km，因此，由于以下两方面原因可能造成对哺乳和舔羔两种行为的取样偏低：其一，迁往产羔地的母羚羊除少数个体中途产羔外，绝大多数尚未产羔，没有育幼行为发生；其二，回迁途中，由于天敌捕杀，相当比例的幼羔已经夭折，而幸存下来的幼羔已具备独立取食青草的能力。在今后的研究中，对此应予重视。

（2）昼间活动节律。

动物的昼夜节律是一种复杂的生物学现象，是动物对各种环境条件变化（如光照、温度、湿度等非生物条件，食物条件、种内社群关系和种间关系等生物因素）的一种综合适应（孙儒泳，2001）。本研究发现藏羚在一天中出现

3 个觅食高峰，这与文献记载的晨昏觅食不符（中国科学院西北高原生物研究所，1989）。有关有蹄类活动节律的研究认为，动物晨昏觅食是由于日出和日落前后气候凉爽，适宜觅食（陈立伟 等，1997；刘昊 等，2004）。但在可可西里，研究区域夏季晴天的日最低气温（<0℃）在 07：00 时，最高气温在 15：00—17：00（张琳，1996）。因此我们认为，温度仍然可能是藏羚觅食节律的影响因子，只是因为研究区域特殊的温度变化趋势，藏羚的觅食高峰会避开极端温度时段。此外，藏羚中午的觅食高峰可能更多与人类活动有关。因为夏季正是研究区域道路维修的最佳季节，道路维修工人天天作业，而此时段却是工人们的休息时间，人为干扰相对其他时段较小，因此动物减少其对干扰的警戒时间，将更多的时间用于觅食。

警戒和移动两类行为出现高峰重叠，这可能由于移动与规避捕食风险有关。当环境中的捕食风险升高时，警戒水平也会升高，导致藏羚主动规避捕食风险，从而移动行为增加。卧息行为表现为双峰，高峰均处于觅食高峰或移动高峰前后，这一方面是因为卧息伴随着反刍行为，可以将食物进一步消化，转化为能量；另一方面卧息也有助于保存和恢复体能，减少能量的消耗。"其他"行为的节律不明显，这与其所占比例较低、不能够表现出明显的变化趋势有关。

藏羚及其他几种有蹄类消化道寄生虫分析

动物感染蠕虫病，其虫卵多经消化道排出，粪便检查对诊断蠕虫病具有重要意义。藏羚、藏原羚的粪样通过漂浮可以辨析的蠕虫卵是细颈属 Nematodirus、马歇尔属线虫属 Marshallagia 和莫尼茨属 Moniezia 绦虫卵，虫卵大小分别为（264.39 ～ 284.50）μm ×（108.29 ～ 119.56）μm；（208.56 ～ 224.80）μm ×（86.37 ～ 89.25）μm；74.58μm×61.94μm。野牦牛粪样中的蠕虫卵是古柏属 Cooperia 和毛圆属 Trichostrongylus 线虫卵，虫卵大小分别（76.50 ～ 84.42）μm ×（35.22 ～ 37.10）μm；（85.99 ～ 89.07）μm ×（40.30 ～ 44.61）μm。藏野驴感染的蠕虫是裸头属 *Anoplocephala* 绦虫和圆线科 Strongylidae 线虫卵，虫卵大小分别为（194.60 ～ 220.50）μm ×（71.74 ～ 74.94）μm；（121.51 ～ 171.97）μm ×（52.32 ～ 76.55）μm，而危害较为严重，有可能寄生的吸虫和肺线虫此次粪检没有发现。

（1）冬季藏羚、藏原羚、野牦牛和藏野驴普遍感染寄生蠕虫。

通常，病原生物对野生种群动物的感染比较普遍。经对藏羚、藏原羚、野牦牛和藏野驴的粪样检查发现，其绦虫感染率在15% ～ 31% 之间；线虫感染率在50% ～ 100% 之间。表明冬季藏羚、藏原羚、野牦牛和藏野驴普遍感染寄生蠕虫。

（2）冬季藏羚、野牦牛、藏野驴和藏原羚寄生蠕虫种类少，而抗冻的寄生虫蠕虫卵可能是其重复感染的主要虫种。

肝片吸虫主要寄生于反刍动物的肝脏胆管中，也可感染人，危害严重。在冬春季节，若肺线虫与呼吸道病菌混合感染易导致宿主因肺炎疾病大批死亡。而藏羚、藏原羚、野牦牛隶属于偶蹄目牛科反刍动物，并与放牧牛羊在同一块草地上取食，是有可能感染这两类寄生虫的，但此次粪检没发现这两类虫体或虫卵，这可能与肺线虫幼虫和肝片吸虫卵不能越冬发育有关。据报道，肺线虫幼虫在0℃时只能生存大约48 h。肝片吸虫卵在4℃保存1个月后放入29℃中培养，发现卵细胞不能孵化出感染性毛蚴。而此次发现的马歇尔属线虫卵、细颈属线虫卵能在0℃环境下不发育也不死亡，在 −25 ～ −17℃的低温环境中经过3个月之久的冷冻后，将虫卵再置于20℃的环境培养，仍能孵化出幼虫，说明马歇尔属线虫、细颈属线虫的卵有相当强的抗冻能力，能在冬季可可西里的最低温度 −23.7 ～ −22.2℃越冬，外界温度一旦回升，仍可孵化出侵袭性幼虫感染动物。表明具有抗冻的寄生蠕虫卵可能是可可西里有蹄类重复感染的主要蠕虫种。

（3）冬季的藏羚、藏原羚、野牦牛和藏野驴寄生蠕虫感染强度低，动物处于带虫免疫状态。

Price 认为寄生虫是一种开拓性物种，具有高度的进化和形成物种速率，有较广的适应范围，从而形成了不稳定的宿主—寄生虫系统，寄生虫和宿主种群之间仍然产生相互作用。这种相互作用的结果，使宿主—寄生虫双方始终处于一种动态平衡中。因此只有大多数宿主不被寄生或者只寄生少量的寄生虫，寄生虫对宿主种群的危害才能减少到最低程度，从而维持宿主—寄生虫之间的相对平衡。通过对冬季藏羚、藏原羚、野牦牛和藏野驴粪便蠕虫卵检查，藏羚、藏原羚、野牦牛的绦虫卵和线虫卵平均 EPG 分别在 2.86 ～ 12.65 枚和 2.45 ～ 11.1 枚 之间，而藏野驴绦虫卵和线虫卵的平均 EPG 分别为 3.77 枚和 104 枚。由此可以认为冬季的藏羚、藏原羚、野牦牛和藏野驴寄生蠕虫感染强度低，动物处于带虫免疫状态。

藏羚种群性别比例研究

研究种群性别比例的意义

种群性别比例（sex ratio）即种群中雌性与雄性的比例，是动物种群生态学研究的一项重要内容，也是判定种群稳定性和健康程度的重要指标之一。大多数动物的种群性别比例在不同年龄组间存在动态变化（Coney et al., 1998），因此可根据年龄组将种群性比分为四个阶段：第一性比，即受精卵的性别比例，又叫配子性比；第二性比，即胎儿出生时的性别比例；第三性比，性成熟后的种群性别比例，也被称为成熟性比（ASR），用成年个体中雄性所占的比例表示（Wilson et al., 2002）；第四性比，即进入繁殖后期的雌雄个体比例。对于野生动物，由于采样困难，很难准确获得第三和第四性比的估计，因而，不少学者将性成熟后的种群性比统称为第三性比，本研究也采用这一标准。在由性染色体决定性别的动物中，第一性比始终为1：1，第二性比和第三行比有的近似1：1，而有的明显偏离1：1，直接原因乃是胚胎发育过程中以及胎儿出生至性成熟期间两性死亡率差异所致。但其背后却包含复杂的物种进化过程中性选择的力量以及生态因素之影响。因此，探讨动物性比及其动态变化对于理解物种复杂的进化和适应具有重要的理论意义。

研究动物种群性比首先必须确定个体性别。对于家养动物而言，采用常规方法即检查性器官就能确定个体性别。但对野生动物尤其是大型动物而言，采用常规方法确定个体性别却存在诸多困难：不能捕捉，只能借助望远镜远距离观察，并以第二性征鉴定个体性别。当然，对于性二型的物种而言，这并不算难，难的是，动物常常成群活动，个体在群中的空间位置不断改变，极易导致个体被重复计数，使得最终获得的种群性比与真实的种群性比存在较大的差异。因此，研究野生动物特别是大型动物的性比关键是要克服确定个体性别的困难。

众所周知，藏羚具有集中产羔的习性，通过多年野外观察，我们发现：在产羔地可以收集到不少藏羚胎盘样品，而偶蹄类的胎盘主要是由受精卵发育而来，特别是胎盘组织中的管状结构负责向胎儿输送营养。因此，只要采集适当的胎盘组织样品就可以利用性染色体上的基因差异确定藏羚初生幼仔的性别。因此，利用胎盘研究藏羚种群的出生性比是可行的。

此外，在2001年可可西里反盗猎行动中，收缴一批冬季藏羚皮张，我们及时采集到了相关样品。据犯罪嫌疑人交代，盗猎方式为区域性杀光，即在某一区域实施的盗猎是不区分年龄和性别的，一旦发现藏羚，即全部枪杀。这种盗猎方式十分残忍，但由此获得的样本适合做种群性比的研究。

研究中，我们利用性染色体基因检测技术，以可可西里卓乃湖产羔地的胎盘样品和反盗猎行动中收缴的皮张样品为材料，分别确定藏羚种群的第二性比（出生性比）和第三性比（非繁殖时期各年龄组的混合性比）。

藏羚种群初生性别比例

利用 KY1/KY2，SE47/SE48，Y1/Y2 三对引物，对藏羚胎盘样品进行 PCR 扩增，琼脂糖凝胶电泳检测后得出，116 份样品共有雌性 61 只，雄性 55 只，雌雄性别比（♀：♂）为 1.11 ：1，统计检验（$\chi^2 = 0.31$，$df = 1$，$p = 0.557$）显示，该性别比例并未偏离理论值 1 ：1。也就是说，虽然胎盘样本显示，藏羚初生时，雌羚羔略多于雄羚羔，但两者比例并无显著差异，可视为相等。这意味着，在雌藏羚怀孕期，不存在任何机制使得雄性胎儿的死亡率高于雌性胎儿。

藏羚种群第三性比

利用三对引物对藏羚皮张样品进行性别鉴定，结果显示，350 份皮张样品共有雌性 284 只，雄性 66 只，雌雄性别比（♀：♂）为 4.3 ：1，统计检验（$\chi^2 = 135.78$，$df = 1$，$p < 0.0001$）显示，第三性比严重偏离 1 ：1 的理论值。说明非繁殖时期，藏羚种群的确存在雌多雄少现象。

讨论

传统的研究动物性别相关内容多是观察与性别相关的宏观表征进行判定，这种方法对于研究运动能力弱、性别表征明显或者家养、半家养的动物是比较有效的，但是对于多数野生动物而言，由于其生活环境复杂或隐秘，警觉性高不易接近，且有些动物性别表征不明显或者幼年个体性别表征不明显，宏观观察法就无法取得精确的种群性别比例。此外，用细胞遗传学原理分析胚胎性别的方法（Bondioli，1992），也因其需要对野生动物进行活体抓捕取样，所以均不能用于对野生动物性别的鉴定及相关研究。20 世纪 90 年代后，针对动物性别特异性 DNA 片段进行的聚合酶链式反应（PCR）开始广泛应用（Goodfellow et al.，1993；Ennis et al.，1994；Pomp et al.，1995；Kaminski et al.，1996；Makondo et al.，1997），该方法简便、快捷、无误差，现已在农业、林业、畜牧业等很多领域得到了广泛应用。藏羚警觉性高、奔跑速度快，且幼年雄性和雌性很难辨别，传统的观察法根本无法对其性别进行准确判定，而本研究则表明，将特定的采样技术与分子生物学手段相结合，研究其性别是切实可行的，也为今后开展其他种类的野生动物性比研究提供了方法学的参考和借鉴。

藏羚初生时雌雄比例为 1.11 ∶ 1，统计上没有明显偏离 1 ∶ 1 的理论值，似乎说明胚胎发育时期不存在性比调节机制。但是，如果藏羚出生时的雌雄比例果真就是 1.11 ∶ 1 的话，即初生时，雌性幼羔比雄性幼羔略多一些，那么，在藏羚物种水平上这个出生性比将具有重大意义，它意味着在藏羚的胚胎发育时期就存在某种机制使得种群中的性别比例朝着与"一夫多妻"婚配制相适应的方向发展，这种机制最大的好处在于怀孕雌藏羚可以提前结束没有希望的繁殖投入，以提高其个体的越冬存活率，为来年繁殖成功奠定一个好的基础。当然，1.11 ∶ 1 的出生性比要获得统计学意义上的支持，样本数大约需要扩大到原来的 13 倍。

藏羚种群的第三性比为 4.3 ∶ 1，且具有十分显著的统计学意义，表明：在藏羚种群中，雌性的确显著多于雄性，这也与我们以往长期野外调查的结果相吻合，也与刘务林（2005）在西藏北部大量观察到的 4∶1 的雌雄比结果一致。对比藏羚初生性比及种群混合性比，不难发现，随着年龄的增加，藏羚种群中的性别组成发生了非常大的变化：雄性数量明显减少，或者可以表述为藏羚雄性个体经历了更加严酷的选择过程，而且这种选择过程应该是多方面综合作用的结果。本研究根据多年观察结果，对其中的主要选择作用做出以下两个推断：

推断一：雄藏羚集群特征带来的选择压力。藏羚集群特征为雄藏羚多组成 10 只以下的小群体或独立活动，很少见较大的雄藏羚群，而雌藏羚则组成十几到上百只的较大群（连新明 等，2005）。藏羚在每年的六七月份进入产羔期，随后羔羊跟随雌藏羚一起活动，冬季藏羚群进入交配期后，雄羚羔同母亲分离，随雄藏羚小群或独立活动（连新明 等，2005），雌羚羔则随母亲留在群体中。而动物的集群行为与其防御敌害的功能是有一定的关系的（边疆晖 等，

1997），在一个大的集群中，不仅集群的警觉性可以减少被捕食风险，即使在被捕食者发现后，集群中个体的逃遁行为对捕食者注意力的分散也可以减少其被捕食的风险。雄藏羚以较小集群或独立活动，无疑会加大被捕食风险，造成数量的下降。

推断二：雄藏羚为争夺配偶进行的角斗、维持配偶行为带来的选择压力。藏羚为一雄多雌的婚配制度，一只雄藏羚少时可有 3 ~ 4 只雌性配偶，多时可达 7 只雌性配偶或者更多。交配期从每年的 12 月初可持续到次年的 1 月底。在交配前，雄藏羚会先进行角斗而确定各自的地位，角斗胜利者可占有距水源较近、植被长势较好的交配场地，因此也可以得到更多的雌性配偶和交配机会。在决斗的过程中，雄性间会用羊角互相顶撞，很多雄藏羚会在角斗中受伤，甚至死亡，野外观察就曾亲眼见到过角斗中的一只雄藏羚腹部被对手的羊角刺穿而死亡。交配过程中，雄性为了保住自己的配偶，还常会在领地边缘警戒走动，以防其他雄性入侵以及抢夺雌性，或防止雌性主动离开交配领地。这必然减少其觅食时间，消耗巨大的体力。观察显示，进入交配期前的雄藏羚膘肥体健，而交配后的雄藏羚，瘦得可见凸起的肋骨。如此巨大的体能消耗过程结束后，雄性躲避以及抵御天敌的能力必然会下降很多，如此时再遇到捕食者或者恶劣天气，那么雄性个体的死亡率会非常高，必将带来其数量的下降。

当然，除此两个推断以外，雄性个体通常在山上活动，而山上植被较差带来的食物短缺影响，以及寄生虫等诸多因素都可能是引起藏羚种群中雄性个体死亡率较高的原因，而结合多年观察经验，本研究认为，造成藏羚种群雄性个体死亡率高、雌雄性别比例发生变化的因素主要是雄性集群特征、交配期间雄性的角斗行为以及维持雌性配偶的行为所导致的。

综合以上分析，对藏羚种群性别比例的研究应该更加深入细致地开展下去。特别是对其初生性比，应当加大样本量，尽量减少取样带来的误差；对于种群第三性比，应该与粪便分子生物学（Murphy et al., 2002；张震 等，

2007）研究手段相结合，在不同地理区域和不同季节之间开展对比研究，以更加深入地掌握其变动规律，寻找相关机制，同时也为更好地保护藏羚这一青藏高原上的旗舰动物提供科学依据。

◎ 可可西里有蹄类数量调查

简述

　　青海是藏羚主要分布地区之一，根据以往的非专项动物资源调查和有关资料记载，青海省的藏羚主要分布在可可西里、三江源地区及海西州部分区域，分布面积初步估计达 120 000km²。由于多方面的原因，长期以来未开展过全省范围的藏羚资源调查工作，因而截至调查开始前，我们对藏羚资源的具体分布、种群数量、种群特征以及致危状况等信息尚不十分清楚。藏羚资源量不清的问题已在很大程度上影响到对该物种的拯救、有效保护和科学管理。为了推动藏羚相关科学研究项目的立项和促进国家藏羚拯救保护工程的顺利实施，并吸引和带动国内外动物保护部门、民间保护组织和社会各界对藏羚保护工作的关注和支持，开展科学、全面的藏羚资源调查，具有十分重要的现实意义。本次开展的青海省藏羚调查工作旨在查清青海境内藏羚资源的基本状况，内容包括：空间分布、种群数量、种群结构、生境状况以及致危因子等重要信息，为今后实施藏羚拯救保护工程，全面保护青海境内的藏羚提供科学依据。

　　由于多种有蹄类（如野牦牛、藏原羚、藏野驴等）、食肉动物与藏羚同域分布，它们之间可能存在的相互作用也会直接或间接影响到藏羚种群的发展，而且这些种类多数也是国家重点保护的野生动物，因此，本次调查除重点关注藏羚种群数量外，也会完整地记录其他大中型食草动物以及食肉动物的信息，以便全面了解可可西里及其周边地区物种保护现状。

调查设计

（1）考察区域。

冬季路线调查：根据以往掌握的青海省藏羚分布概况，本次调查集中在可可西里国家级自然保护区全境，三江源国家级自然保护区的曲麻莱县（曲麻河乡、叶格乡等）、治多县（索加乡等），格尔木管辖的那陵格勒河、野牛沟等地区。

夏季考察：产羔地的数量调查集中在卓乃湖和太阳湖一带；迁徙监测主要在青藏公路昆仑山口至沱沱河一带进行，其中楚玛尔河大桥至五道梁区间为重点监测路段。此外，还在三江源的个别地区开展了补充调查。

（2）方法及路线。

冬季调查：以距离取样为基础的样线法（也称路线调查法）是目前野生动物调查过程中最常用的方法，其基本原理经过大量研究已趋成熟，特别适合于在较短时间内进行大面积的数量调查。因此，本次调查采用此法。为了取得较好的调查结果，本方法要求对调查区域比较熟悉，以便设计出既符合客观实际又基本满足样线法理论假设的调查路线。本次调查预设路线即是基于专业人员在可可西里地区两年多的野外工作经验和保护区工作人员多年的野外经验精心设计出来的，既适应野外作业，又能满足样线法的基本要求。

夏季调查：① 青藏公路沿线迁徙监测：每天定时乘车按 20 ~ 40km 的时速沿青藏公路行进，记录途中见到的迁徙藏羚和其他大中型动物的数量，同时，整个白天连续监测青藏铁路重要通道位置藏羚的通过情况。

② 产羔地产羔雌藏羚数量调查：根据集中产羔地的地形地貌，选择多个

制高点，利用带支架的高倍望远镜用直接分区计数法统计成年藏羚的数量。

③ 三江源补充调查：采用路线调查直接计数法，沿楚玛尔河、沱沱河的干流和主要支流统计沿途见到的滞留在越冬区的藏羚数量，车辆行进时速控制在 20 ~ 40km 之间。

（3）调查程序。

路线调查法：调查人员乘车沿预选路线以 20 ~ 40km/h 的速度行进，并观察样线两侧出现的动物群，按要求记录动物名称、数量、年龄、性别、与观察者之间的距离（用 WCJ-2 型激光测距仪测定，误差不大于 1 m）以及方位角（用 GPS 测定，用于计算动物群与样线的垂直距离）、栖息地类型及地貌特征、发现动物时的地理坐标（用 GPS 测定）等有关数据。需要强调的是，虽然本次调查的主要目标是查清藏羚的资源状况，但由于藏羚的保护与管理涉及其他相关物种，因此，当见到其他大型食草动物（野牦牛、藏原羚、岩羊、盘羊、藏野驴等）、重要的食肉动物（狼、猛禽、狐狸等）以及主要害鼠（如高原鼠兔）时也要完整记录相应数据，以便将来分析影响藏羚生存的种间关系，全面反映物种保护现状。

直接分区计数法：根据卓乃湖的地形地貌以及多年观察到的产羔藏羚的活动范围，将卓乃湖南岸从东到西预分成相对独立的 5 ~ 8 个区域，并为每个区域选取 1 个最佳观测点。在每一个观测点上，共有受过反复训练的 4 个人同时用高倍望远镜进行直接观测，另外 1 个人负责记录观测结果并进行现场分析计算，这样每个观测点共有 4 个观测结果。如现场分析发现 4 人观测结果相对于平均值的误差超过 10%，则此次观测结果被判无效，需立即重新观测。

数据处理：① 路线调查法：调查路线及动物分布图采用 GIS 软件包 Arcview 3.2a 绘制，种群密度、数量及其相关参数的估计采用 DISTANCE 4.1 软件包分析。

② 直接计数法：由于每个人的观测结果都要受地形和动物高密度集群的共同影响，因而都会偏低，所以，采用 4 个观测结果中最高的一个代表每个小区的最后观测结果比较合理。

调查结果

冬季路线调查结果

（1）调查路线的基本情况和主要调查结果。

冬季调查的野外作业分两个阶段进行，第一阶段为 2004 年 11 月 10 日至 11 月 18 日，在可可西里自然保护区范围内进行，共分 3 个队，分别走北线、中线和南线；第二个阶段从 2004 年 11 月 20 日开始至 2004 年 11 月 28 日结束，仍分 3 个队，分别在曲麻莱县、治多县及格尔木市的那陵格勒河及野牛沟地区进行，每条路线的长度见表 5-5。

表 5-5　各调查路线的长度

单位：km

	可可西里			曲麻莱县	治多县	格尔木市	合计
	北线	中线	南线				
总长度	600	210	509	450	350	260	2379
有效长度	400	210	300	300	150	60	1420

调查过程中发现的大中型野生动物种类及数量见表 5-6。

由于在调查过程中发现的狼、狐狸、盘羊、岩羊和猞猁的数量很少，因此后面进行的种群密度和种群数量的分析将不再涉及这些种类，而仅对藏羚、藏原羚、藏野驴和野牦牛这 4 个优势物种进行种群密度和种群数量的估计。

表 5-6　各调查路线发现动物种类和数量

单位：只

	可可西里			曲麻莱县	治多县	格尔木市	合计
	北线	中线	南线				
藏羚	221	352	371	315	112	53	1424
藏原羚	45	261	189	302	334	214	1345
藏野驴	232	282	88	1174	377	1352	3505
野牦牛	526	16	40	54	0	478	1114
狼	6	2	6	3	3	10	30
狐狸	2	3	0	9	2	1	17
盘羊	0	0	0	7	0	0	7
岩羊	0	0	0	0	0	46	46
猞猁	1	0	0	1	0	0	2

（2）藏羚。

在有效样线范围内，共发现藏羚 136 群，每群平均有藏羚 10.15 只，最少 1 只，最多 66 只。

若按 200m 间隔统计样线两旁所发现的藏羚数量，则可以得到发现数量与发现距离之间的关系。

将 136 群藏羚的测量结果（群大小、与样线之间的垂直距离）输入数据库，用 DISTANCE 4.1 软件包处理，可得到藏羚种群密度、种群数量（按分布面积 120 000km^2 计）及相关参数的估计结果，见表 5-7。

表 5-7　藏羚种群密度及相关参数

有效样带半宽 / m	种群密度 /（只 / km^2）				种群数量 / 只		
	平均值	95% 下限	95% 上限	变异系数	平均值	95% 下限	95% 上限
1231.08	0.360	0.233	0.556	0.214	43 160	27 918	66 724

（3）藏原羚。

在有效样线范围内，共发现藏原羚 284 群，每群平均有藏原羚 4.61 只，最少 1 只，最多 34 只。

仍按 200m 间隔统计样线两旁所发现的藏原羚数量，得到发现数量与发现距离之间的关系。

将 284 群藏原羚的测量结果（群大小、与样线之间的垂直距离）输入数据库，用 DISTANCE 4.1 软件包处理，得到藏原羚种群密度、种群数量（按分布面积 120 000km² 计）及相关参数的估计结果，见表 5-8。

表 5-8　藏原羚种群密度及相关参数

有效样带半宽 / m	种群密度 / (只 / km²)				种群数量 / 只		
	平均值	95% 下限	95% 上限	变异系数	平均值	95% 下限	95% 上限
695.77	0.632	0.261	1.533	0.363	75 847	31 266	183 998

（4）藏野驴。

在有效样线范围内，共发现藏野驴 202 群，每群平均有藏野驴 17.01 只，最小的群只有 1 只，但出现次数最多；最大的群为 513 只，仅出现 1 次。

按 200m 间隔统计样线两旁所发现的藏野驴数量得到发现数量与发现距离之间的关系。

将 202 群藏野驴的测量结果（群大小、与样线之间的垂直距离）输入数据库，用 DISTANCE 4.1 软件包处理，得到藏野驴种群密度、种群数量（按分布面积 100 000km² 计）及相关参数的估计结果，见表 5-9。

（5）野牦牛。

在有效样线范围内，共发现野牦牛 123 群，其中独牛（通常为雄牛）出

表 5-9　藏野驴种群密度及相关参数

有效样带半宽 / m	种群密度 / (只 / km²)				种群数量 / 只		
	平均值	95%下限	95%上限	变异系数	平均值	95%下限	95%上限
1701.65	0.527	0.201	1.386	0.421	52 740	20 069	138 601

现次数最多，大型群（通常为母子群）出现次数较少，平均每群有个体数 8.91 只。

按 200m 间隔统计样线两旁所发现的野牦牛数量，可得到发现数量与发现距离之间的关系。

将 123 群野牦牛的测量结果（群大小、与样线之间的垂直距离）输入数据库，用 DISTANCE 4.1 软件包处理，得到野牦牛种群密度、种群数量（按分布面积 100 000km² 计）及相关参数的估计结果，见表 5-10。

表 5-10　野牦牛种群密度及相关参数

有效样带半宽 / m	种群密度 / (只 / km²)				种群数量 / 只		
	平均值	95%下限	95%上限	变异系数	平均值	95%下限	95%上限
2018.20	0.082	0.009	0.754	0.971	8239	900	75 435

夏季调查结果

（1）产羔地的调查。

根据多年观测经验和本次调查确认，青海境内实际产羔地有 2 个，即卓乃湖和太阳湖，它们出现产羔集群高峰的时间大致相同。受人力、车辆、调查时间的约束，本次调查专业人员无法同时对 2 个产羔地进行分区作业，经过再三权衡，决定在卓乃湖产羔地进行严格意义上的分区统计，给出可信度较高的最低产羔雌藏羚数量；太阳湖的产羔雌藏羚数量由可可西里自然保护区才嘎局长带 1 支小分队用他们的传统方法进行统计，同时他们也对卓乃湖的产羔雌藏羚群进行传统统计，通过比较卓乃湖的分区统计结果和传统方法的差异，计算校正系数，校正太阳湖的产羔雌藏羚数量。

卓乃湖产羔雌藏羚分区统计的结果为：16 800 只；传统方法的统计结果为 20 000 只，比分区统计结果偏高约 19%。或者说，分区统计的结果是传统方法统计结果的 84%。太阳湖产羔地传统方法得到的结果为 10 000 只，经校正，其最低产羔雌藏羚的数量为 8400 只。2 个产羔地共有产羔雌藏羚 25 200 只。

（2）青藏公路迁徙监测。

6 月份昆仑山口至不冻泉路段的监测发现，在青藏公路的东南方向 10km 范围内有成群的藏羚活动，其中雄藏羚共见到 19 次，计 142 只次，群大小在 1～21 只之间；雌藏羚见到 28 次，计 670 只次，群大小在 1～70 只之间；藏羚羔 11 次，计 39 只次，最少时为 1 只，最多时为 8 只。监测显示，虽然雌藏羚有跨越青藏公路前往卓乃湖产羔的倾向，但没有成功，而是就地产羔，然后返回昆仑山口东南方向的栖息地。此外，监测期间还发现了野牦牛、藏原羚、藏野驴、狼和狐狸等动物。

楚玛尔河至五道梁路段的监测发现，6 月 10 日～7 月初，跨越青藏公路和青藏铁路到卓乃湖方向产羔的雌藏羚为 1424 只，比 2004 年同期观测到的迁徙产羔雌藏羚（2640 只）少；7 月 25 日至 8 月 20 日，回迁并跨越公路和铁路的雌藏羚为 958 只，说明监测期间，可能还有部分产羔雌藏羚还没有来得及回迁。

此外，在不定期的巡回调查中发现，在五道梁以南，也有部分雌藏羚通过青藏铁路和青藏公路迁徙。在通过公路时，有个别雌藏羚和藏羚羔被过往车辆轧死，但因调查资料有限，这里不做分析。

（3）三江源地区的补点调查。

该部分调查受地形地貌和夏季沼泽影响没有取得太多资料，仅在楚玛尔河主干道靠近简易公路的路段发现7群相互独立的雄藏羚，共计73只，最大群为23只，最小群为3只。索家村地区的调查因车辆损坏未能进行。此外，还见到野牦牛、藏原羚、藏野驴等动物，由于数据较少、记录信息不规范，这里不再分析。

（4）青海藏羚分布区的变化。

根据本次调查结果，结合文献记载（表5-11）、3年多的野外考察及访谈信息，初步推测青海藏羚历史分布较为广泛，在玉树州全境、果洛州、海西州、海南州等均有分布，最东部已经达到青海周边。初步推测20世纪四五十年代藏羚分布总面积约397 000 km²。

与历史分布相比，现在藏羚仅分布于青海西部高海拔、人类活动较少的区域，包括玉树州西部的可可西里地区、唐古拉山镇（海西州代管）、治多县西部、曲麻莱县西部，海西州西部区域，另外在玉树州杂多县西部、海西州昆仑山东麓可能仍有藏羚残存。经估计，现在藏羚分布区域面积约为132 000km²，仅约为历史分布面积的1/3。另有面积约6.5km²的区域可能有藏羚残存。

总体而言，藏羚分布从青海东部向西部退却，分布范围大为缩减，分布面积减少。这很可能与东部原有藏羚栖息地内人口密度、人类活动强度、放牧强度及牲畜密度增加，道路等基础设施建设加强等有关。

目前的可可西里自然遗产地已经覆盖了当今青海藏羚的主要分布区域。

表 5–11 青海藏羚历史分布资料

分布区域	文献
共和县	张荣祖，1997
贵南县	张荣祖，1997
玛多县	中国科学院西北高原生物研究所，1989
玉树市	张荣祖，1997
杂多县	中国科学院西北高原生物研究所，1989
称多县	中国科学院西北高原生物研究所，1989
治多县	中国科学院西北高原生物研究所，1989
囊谦县	中国科学院西北高原生物研究所，1989
曲麻莱县	张荣祖，1997
海西蒙古族藏族自治州	中国科学院西北高原生物研究所，1989
格尔木市	张荣祖，1997
玉树藏族自治州	张洁 等，1963
果洛藏族自治州	张洁 等，1963
果洛藏族自治州	郑生武，1994
玉树市	郑生武，1994
海西蒙古族藏族自治州	郑生武，1994
阿尔金山	周嘉镝 等，1985
昆仑山—东段	周嘉镝 等，1985
羌塘高原	张洁 等，1963

讨论

调查结果的可靠性

野生动物调查是一项十分重要但又非常艰巨的工作，在人力、物力和财力方面要求较大投入。虽然常用的调查方法很多，但所需投入差别很大，所得结果也多不一致，有时，不同方法之间还会产生巨大差异。因此，选择适当的调查方法不仅受人、财物的影响，同时还要考虑所得结果的可靠性。

可可西里及其周边地区地势高亢，视野开阔，加之主要调查对象藏羚等个体较大，易于观察，因此，选用样线法较为适宜：不仅可以在较短时间内完成大面积的调查，还能提供较为可靠的结论。当然，这需要满足样线法的一些基本要求（如样线上的动物发现概率为1；样线是客观的，具有代表性；动物与样线之间的距离能够精确测定等），并事先对样线进行精心设计，而这又要求样线设计者对调查区域有充分的了解。事实上，为了满足以上条件，样线设计者在该地区开展了两年多的野外工作，先后4次深入腹地了解情况。在样线设计过程中，还与从事多年保护工作的人员进行充分交流。此外，野外调查骨干人员和技术负责人事先都经过技术培训。可以说，以上各项措施为调查结果的可靠性奠定了坚实的基础。

调查结果显示，种群密度估计值的变异系数藏羚为0.214，藏原羚为0.363，均可接受，并且比较理想；藏野驴为0.421，偏高，但尚可接受；野牦牛为0.971，超过了可接受范围。野牦牛的结果之所以如此，是因为其体形硕大，颜色深黑，易于发现，其发现概率基本上没有随观察距离增大而明显下降，不适合用DISTANCE软件的理论模型进行分析。与此相反，藏羚和其他2种动物的发现概率明显地随距离增大而减小，故其结果比较理想。

另外，格尔木市代管的唐古拉山镇辖区内，一直有较多的藏羚分布，但由于连年草地使用纠纷，虽计划在此开展调查工作，但未能实际实施。尽管我们的实际调查地区覆盖面积超过了 14 000km²，可以用其结果来推断该地区的数量，但由于该地区人为活动强度可能与实际调查地区有所不同，因此，这种推断可能会产生一些偏差。

三江源地区夏季补充调查受沼泽分布和气候等因素的综合影响，很多地方难以到达，因此，所获数据可作为资料积累，暂无法分析。

分布状况

了解藏羚的历史分布对于探讨其致危因素、制定合理的保护政策和实施科学有效的保护极为重要。然而，长期以来有关青海藏羚的历史分布却没有一个明确的结论，主要原因是有关该物种的研究不多，积累的资料十分有限，所以没有人对此给出总结。不过，文献资料还是为我们勾画出了一个大致的分布范围，它包括海南州的共和县、贵南县，海西州的格尔木市，果洛州的玛多县，玉树州的玉树市、杂多县、治多县、称多县、曲麻莱县和囊谦县。但是，这种按行政区划给出的分布范围存在很大缺点，它不能真实反映藏羚的分布规律，对物种保护没有实际意义。比如，在海西州曾经有藏羚分布，但在海西州的大量戈壁荒漠地带却不可能有分布。在此给出的历史分布区主要依据 3 年多的野外考察中所观察到的藏羚栖息地类型、结合文献资料和 GIS 地形地貌分析方法得到的，应该说有一定的客观性。但由于缺少人类活动影响的可靠历史资料，这是一个明显的缺陷。所幸，青海历史上的人口非常少，藏羚分布区的人口就更少，人类活动对藏羚分布的影响远比现在要小得多，所以，给出的历史分布不会有大的偏差，何况引用的文献资料所依据的事实大多为 20 世纪六七十年代野外考察所得。

与历史分布相比，本书中给出的分布现状应该可靠性更高，因为它直接依据包括本次调查在内的 3 年多的野外调查数据，而且还将不确定的部分化为藏羚的可能残存区，似乎不会再有什么问题。但是，还是有一些值得注意的事情，例如，野外调查数据都是一些记录着地理坐标的分布点，如何根据这些分布点确定分布区的边界呢？答案就是依据地形地貌匹配、栖息地类型匹配以及人类活动影响范围。

这里需要说明的是，在做地形地貌匹配时所采用的地球高程资料是2000年美国航天飞机机载雷达扫描栅格数据SRTM，其水平分辨率为90m，完全可以满足区域尺度上的动物分布分析之需。

另外，在分析人类活动的影响时，没有采用传统的人口、家养动物以及其他重要的经济量化指标数据，原因有二：其一，受时间限制，我们无法亲自调查这些数据；其二，统计部门的资料又不符合要求，难以应用。可是，人类活动对藏羚的分布又会产生重要影响，这部分分析不能缺少。经过再三权衡，我们认为，采用居民点和道路反映人类活动对藏羚分布的影响较为适宜，理由如下：其一，这两个指标具有客观性，有就是有，没有就是没有，不存在中间状态；其二，容易获得，通过卫星影像可以直接解译出来；其三，它们与人类活动强度具有一定的相关性。居民点通常是一些城镇、乡村基层政府所在地、商业集市、规模较大且稳定的集中居住地等，这些地方人为活动强度比广阔的草原要高得多，具有代表性。道路，特别是有车辆通过的固定道路对动物活动的影响非常明显，它们把动物的栖息地分割成小块，并且其影响力度直接与车流量相关。在分析中，我们根据实际观察结果把居民点的影响范围定为5km，道路的影响范围定为2km。应该承认，没有考虑放牧的影响是一个明显的不足。

结论

（1）尽管还存在一些不足（如时间短、投入少、资料和分析方法本身固有的缺陷），但由于调查事先准备充分（建立在野外调查经验基础上的科学设计和人员培训），组织保障有力，实际操作合理，数据处理方法先进（包括GIS的应用），从而保证了野外数据的真实、可靠和分析结果的可信。

（2）冬季调查结果能够客观、准确地反映青海藏羚的数量和分布状况，夏季调查特别是产羔地的调查有助于全面了解藏羚的生活规律，为制定合理的保护策略提供参考。

（3）青海藏羚的分布区在五六十年的时间里缩小到原来的1/3，其中不断增长的牧区人口和日益强化的人类活动（如放牧、道路建设等）起到了决定性的作用，在制定保护政策时，应充分考虑这些事实。

此外，有关藏羚与其他大型食草动物的种间关系尚在分析之中，这里暂不涉及。而且对"藏羚可能残存区"组织实地考察，对于加强藏羚的科学保护、维持其物种遗传多样性是一项有益的工作。

2017 年 7 月 7 日，在波兰克拉科夫举行的第 41 届联合国教科文组织世界遗产委员会会议上，青海可可西里被批准列入《世界遗产名录》。青海可可西里成为中国第 51 处世界遗产，世界自然保护联盟（IUCN）在评估报告中写道：

"艰难的交通与严酷的气候使可可西里得以远离现代化的干扰，传统放牧方式与自然在这里实现共存。可可西里生态系统和地理景观对气候的变化非常敏感，故而需要对外部威胁进行管理，使这一系统能够适应环境的变化。"

原青海省副省长韩建华：

"像爱护我们的眼睛、呵护我们的皮肤一样保护好可可西里的生态环境。"

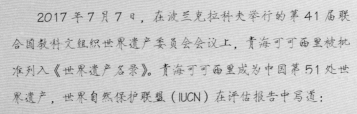

可可西里
世界遗产
下篇

第六章

6

CHAPTER

可可西里及周边地区
人类活动今昔

◎ 历史上的"无人区"

　　说可可西里历史上是"无人区",并不是说这里毫无人类活动的痕迹,实际上,以"可可西里"为代表,可可西里内的大小山川、河湖都有藏语或蒙语名称,都是颇有历史的地名。可可西里地区也曾出现于史诗《格萨尔王传》中的《羌塘狩猎宗》《勒池藏羚宗》当中。自格尔木到唐古拉山口,沿着今天青藏公路的走向,也是一条进藏通道,虽然沿途高峻、水草不美,并不是古代青藏交通的主要通道,但胜在盗匪稀少,仍被很多旅人选择。本章所说的"无人区",指的是可可西里地区没有定居人类的活动,这一点有相关文献资料为佐证:

　　(1)普热瓦尔斯基1873年考察中记录,三江源地区分布最西的藏族牧户在楚玛尔河与通天河交汇处,约有50户。这部分牧户的牧场就在交汇处附近(即今曲麻河乡乡中心附近),夏天有时组织男性打猎队向西集体狩猎,主要捕捉野牦牛和藏野驴(进入遗产地和缓冲区东部边缘),但不会长期停留和放牧。

　　(2)崔比科夫1899年从青海进西藏,路线基本沿今青藏公路走向,沿途仅在昆仑山口南侧（遗产地东北部）遇到蒙古族牧户 2 户，牧户季节性翻越昆仑山在南侧放牧和狩猎。

（3）斯文·赫定 1904 年从西向东穿越可可西里地区，路线基本沿可可西里山北麓，横穿了今遗产地中部地区，沿途未见牧户，仅在今库赛湖周围（遗产地东北部）遇到蒙古族牧民 5 户，这些牧民的牧场在今格尔木市周边，夏季翻越昆仑山进入可可西里狩猎。

（4）1954 年青藏公路筑路队在今五道梁一带遇到藏族牧户 2 户，牧户报告牧场在向东 50 多千米以外，只在夏季到这里狩猎获取肉食，他们在狩猎中偶尔遇到从昆仑山北来的蒙古族、哈萨克族牧民，同样进行狩猎活动。

（5）唐古拉山镇前身，藏北多麦部落牧民，夏季在唐古拉山北麓放牧，牧场在今雁石坪镇、唐古拉山镇一带，其北界还未到达遗产地范围。

综合以上历史文献，在 20 世纪 60 年代之前，可可西里遗产地范围内均没有长时间的放牧活动，人为干扰仅限于边缘地区的零星狩猎活动。此之前的遗产地可视为完全意义上的"荒野"地带。

◎ 人口、民族和主要活动方式

现在，可可西里遗产地及缓冲区内的牧业社区可大致分为三个部分，我们将其放牧历史及基本情况介绍如下：

（1）遗产地及缓冲区东部社区，位置上位于青藏公路以东，行政上属于青海省玉树藏族自治州治多县索加乡和曲麻莱县曲麻河乡，所涉及牧户总数约 130 户。根据历史文献记载，索加乡和曲麻河乡均在 20 世纪 60 年代起被开辟为牧场，牧民和牲畜从治多县、曲麻莱县东部地区向西迁入，并放牧至今，已有超过 50 年历史。其放牧方式依高海拔地区实际情况进行了调整，但基本沿袭了三江源东部地区的放牧知识与放牧技术，与东部地区比较，户均草场面积较大，草场常划分为三季或四季牧场，每年移动次数较多。

根据统计数据，索加乡总计有 2172 户，6656 人，其中贫困户 1089 户，贫困人口 3008 人，主要收入来源为畜牧业和国家补贴，人均纯收入 9520 元，户均有牦牛 32.2 头，羊 33.6 只。曲麻河乡总计有 1285 户，4337 人，其中贫困户 463 户，贫困人口 1147 人，主要收入来源为畜牧业和国家补贴，人均纯收入 8494 元，户均有牛羊 55.6 头（只）。

（2）遗产地及缓冲区东南部社区，在青藏公路东西均有分布，行政上属于青海省格尔木市唐古拉山镇 1、2、3、5 队，其中 2 队和 5 队较多。唐古拉山镇（原唐古拉山乡）1956 年建立，之后放牧范围逐渐从沱沱河镇向北扩展，至 20 世纪 70 年代到达现在的位置，之后放牧范围变化不大。二道沟附近有约 12 户 5 队牧民的牧场在遗产地内，另有约 30 户牧民在缓冲区范围内。

根据统计数据，唐古拉山镇社区户均有牦牛 127.2 头，绵羊 344.4 只，人均纯收入 14 483 元，主要收入来源为畜牧业和国家补贴。与三江源其他区域比较，唐古拉山镇牧民牧场面积普遍较大，牲畜，尤其是绵羊饲养量大，每年转场次数较多，相当部分的牧户一年转场 6 ~ 7 次，每处只停留 1 个月左右，可称之为经典的"逐水草而居"。

（3）遗产地及缓冲区南部社区，行政上属于西藏自治区安多县玛曲乡。这部分牧民进入青海省界内放牧有一定历史原因：1965 年西藏那曲雪灾，部分牧户进入唐古拉山镇辖区西侧无人区域（格拉丹东一带）避难，之后一直在此放牧。20 世纪 90 年代起，这部分牧民逐渐向北进入可可西里自然保护区及可可西里世界遗产地范围。1990 年调查中，仅在遗产地西南边缘西金乌兰湖附近发现西藏牧户。2005 年左右调查中，在可可西里自然保护区南部，遗产地南部缓冲区羚羊滩一带共记录 7 户西藏牧民。根据调查，现在在可可西里自然保护区范围内及遗产地范围内放牧的西藏牧民有 94 户，大部分位于西金乌兰湖周边、多尔改措周边、羚羊滩一带，遗产地缓冲区内。但已有部分牧民已翻越可可西里山，在可可西里山北麓至库赛湖周边放牧，进入了遗产地范围。总之，20世纪90年代后西藏牧民向北，深入可可西里腹地趋势较为明显，且因属地不同，管理难度较大。

根据调查，西藏牧民户均有牦牛102.6头，绵羊381.6只，主要收入来源为畜牧业和国家补贴。

另外，在青藏公路沿线的不冻泉、五道梁两处服务区有从事服务业的商业社区。不冻泉、五道梁两处服务区随着青藏公路的建设而形成，包括有餐厅、招待所、小卖部、修车铺、加油站等设施及相应的经营人员。两处服务区历史较长，但缺少统一的规划管理，整体环境不佳。

总之，可可西里遗产地在1960年前基本处于无人区状态，除季节性的零星狩猎和放牧外很少有人为活动。可可西里遗产地内社区进入遗产地并开展放牧活动的主要时段为：20世纪60~70年代，青海牧民社区进入遗产地东部、东南部及东部缓冲区进行放牧；1990年之后，西藏牧民进入遗产地南部及南部缓冲区进行放牧。值得注意的是，在划定可可西里国家级自然保护区时，保护区核心区主要是可可西里南部地区，这部分区域气候、植被条件相对较好，是重要的野生动物栖息地。而在遗产地划定中，这部分区域则主要被划为缓冲区，1990年以来牧民和家畜对这一地区的进入，以及随之带来的野生动物的变化，是划分发生变化的重要原因。

◎ 自然保护的传统及居民对申遗的态度

藏族传统生态伦理提出了崇敬自然、尊重生命和万物一体的价值观。藏族传统生态伦理认为大自然有其生命特性，既具有生物生命特征，又具有精神生命特征。大自然有其自己的生命权利和生存功能，人类应该尊重自然的生命权，顺从自然生存的规律。通过自然崇拜和自然禁忌，尊重自然界所有生物的生命价值和生存权利，建立了尊重自然内在价值和权利的价值观与行为规范。

可可西里北部昆仑山脉的玉虚峰也是中国道教的一处神圣场所，而在可可西里东部边缘的村庄中也都有祭祀、祈祷的场所。

在可可西里申遗工作中，工作组对当地社区牧户进行了调查访问。调查居民均对申遗工作表示支持，认为申遗有助于更好地保护当地环境。调查中，28户受访牧民中，25户认为保护环境属于生活中"最重要"的事，其余3户认为"很重要"。23户的未来发展计划是继续放牧，1户计划继续放牧和经商兼营，4户考虑移民到城镇。对于"如果有其他收入来源弥补放牧收入，是否愿意放弃放牧"的问题，有7户表示愿意放弃放牧，19户表示不愿意。不愿放弃放牧的理由主要是放牧是传统的生计方式，有很强的文化意义；除放牧外没有其他技能，不希望在城镇中无所事事。对于旅游开发，有20户牧民表示支持，6户表示反对，反对的理由主要是担心旅游开发会破坏环境、影响放牧。表示支持的牧民中，除1户家中没有多余劳动力外，都愿意参与到旅游开发中。有7户牧民认为游客的数量并不是越多越好，要充分考虑环境的承受力。所有28户牧民都愿意参与垃圾清理活动，25户愿意参与野生动物巡护的活动，对这类社区保护活动，牧民认为最重要的是有政府组织，其次是提供相应的技能培训和设备。

28户牧民中，有18户认为身边的野生动物在增加，10户认为变化不大，没有牧户报告盗猎及买卖野生动物制品行为，这些都反映了可可西里自然保护区保护工作的成效。人兽冲突在当地较为普遍，28户牧民中，23户的房屋曾被棕熊破坏，25户的牲畜曾被棕熊、狼捕食，20户的家牦牛群曾在繁殖季节混入野牦牛，26户的牧场上存在野生食草动物与家畜争草的情况。虽然出于传统文化和保护法规，牧民都知道不能伤害野生动物，但人兽冲突已经影响了牧民对野生动物的态度，对棕熊、狼、野牦牛等主要造成冲突的动物，牧民怀有普遍的负面态度。

28 户牧民中，有 3 户没有房屋，有 7 户因房屋被棕熊破坏严重而不再使用房屋，18 户有正在使用的房屋。牧民使用的燃料以牛粪为主，辅以少量煤。交通使用机动车和摩托车。至于用水，夏季主要来自径流、湖泊，冬季主要利用冰雪，有 4 户牧民需要到附近取水。对于最需要的生活设施，排名靠前的是供电、防熊、供水、通信和道路。

◎ 中国现代生态保护事业的里程碑

20 世纪 70 年代末 80 年代初，可可西里长期以来"无人区"的面貌被打破，大批外来人员非法进入当地，无节制地采集自然资源。80 年代末，数以万计的非法采金者进入可可西里深处的马兰山、太阳湖、可可西里湖一带淘金，给当地环境造成了巨大破坏。还出现过超过 3 万名非法采金者因暴风雪被困，数十人死亡的情况（王运才，1989）。部分非法采金者发现盗猎藏羚有利可图，转而成为盗猎者，造成可可西里藏羚种群数量的大幅度下降。另外，在可可西里湖泊非法捕捞卤虫的行为，也对可可西里环境造成了极大破坏。为了保护可可西里的生态环境和生灵，还这片净土以宁静，政府、当地社区、研究人员、媒体、公众，以及来自国内外的多方力量共同合作，付出了极大的努力。这一过程中，可可西里成为中国生态保护中具有里程碑意义的重要符号，也提供了大量可供参考的经验和案例。

20 世纪 80 年代中，时任治多县索加乡党委书记的索南达杰带着规范可可西里采矿管理的期望深入可可西里地区，其间目睹了环境遭到严重破坏，大量藏羚惨死的骇人现状。他决心打击盗猎者，保护可可西里的生态环境。

1992年，索南达杰促成治多县成立"西部工作委员会"（简称"西部工委"），即著名的"野牦牛队"，并担任西部工委书记。他亲自带领野牦牛队打击盗猎行为。1994年1月18日，在可可西里太阳湖附近，索南达杰遭到盗猎分子袭击，不幸牺牲。他的牺牲引发了全国的震动和对生态保护的关注，可可西里与藏羚为公众所知，并得到了极大的重视。索南达杰在2018年入选100名改革开放杰出贡献人员，获得改革先锋称号。

索南达杰牺牲后，1996年，青海省人民政府决定建立可可西里自然保护区。1997年，可可西里自然保护区管理处成立，同年，可可西里被批准为国家级自然保护区。可可西里自然保护区位于昆仑山以南，青藏公路以西，乌兰乌拉山以北，直至青海省界。总面积约45 000km²，其中核心区面积约25 500km²。保护区以高原野生动植物及其生存环境、自然景观、地质资源等为主要保护对象。

位于青藏公路边的索南达杰自然保护站是可可西里的第一个保护站，保护站的建立得到了民间机构的大力支持。绿色江河、自然之友等国内环保组织大力宣传可可西里的生态保护工作，为巡护员筹集了大量物资，并组织志愿者到可可西里协助保护工作。可可西里自然保护区的志愿服务传统一直持续到今天。

众多科学研究者对可可西里和藏羚的保护做出了突出贡献。世界著名动物学家乔治·夏勒于20世纪80年代末90年代初进入青藏高原开展藏羚的生态学研究，在可可西里、羌塘等地进行了艰苦的工作，以翔实而有说服力的数据证明藏羚的数量在大幅度下降，而下降的原因是大规模的盗猎活动。夏勒还揭示了使盗猎藏羚有利可图的是奢侈品——沙图什的国际贸易，并指出了其贸易链条。沙图什织物因其珍贵而在西方上流社会非常流行。商家宣传藏羚的绒毛每年会自动脱落，收集时不会伤害野生动物，但实际上藏羚绒是通过血腥的杀戮、剥皮、取绒获得。盗猎者在可可西里一带猎杀藏羚后，将皮毛走私运输到印度、巴基斯坦，由当地的工匠制成织物，运往西方销售。这些真相在国际上产生了重大影响，也促成打击藏羚制品非法贸易的国际联合行动，从而在源头上阻断了利益链条。通过保护区工作人员对盗猎的严厉打击和对非法贸易的控制，可可西里地区的藏羚盗猎活动在 2005 年之后几乎绝迹。

2000 年，在青藏公路以东地区，青海省政府批准建立了青海三江源省级自然保护区。2003 年，国务院批准三江源省级自然保护区升级为国家级自然保护区。与可可西里自然遗产地相关的主要是三江源国家级自然保护区的索加—曲麻河分区，该分区以保护野生动物为主要目的，总面积约 41 000km²，其中核心区面积约 10 100km²。保护分区设置有管理站。与公路以西的可可西里自然保护区相比，索加—曲麻河分区有更多的牧民活动，这些牧民受到传统文化影响，愿意参与生态保护工作。在政府和民间机构的共同努力下，在索加—曲麻河分区开展了多种形式的社区参与式保护实践（图 6-1）。

2006 年起，三江源自然保护区索加—曲麻河分区的藏族牧业社区与保护

图 6-1　在政府和民间机构的共同努力下，多种形式的社区参与式保护实践得以开展。图为社区开展野外巡护项目的培训

区、非政府组织（Non-governmental Organization，NGO）签订保护协议，根据协议，社区牧民获得在社区范围内开展保护行动的权力，并履行保护义务。当地社区的主要保护行动包括建立巡逻队，监控对野生动物的盗猎行为；调整部分传统的放牧活动，为野生动物提供草场；对冰川、物候、草地、野生动物等进行监测；规范生产生活活动，降低其对环境的影响。2011 年，青海省建立"三江源生态保护综合试验区"，2015 年，三江源国家公园成为全国第一个国家公园试点，综合试验区和国家公园都将社区参与式保护作为重要的工作内容，设置了生态公益岗位，使牧民能够更好地成为生态环境的保护者。

经过多年的宣传，可可西里在公众当中具有了很大的影响力。2008 年北京奥运会吉祥物福娃迎迎以藏羚为蓝本设计。以陆川导演的电影《可可西里》为代表，一大批文艺作品以可可西里为背景，讲述守护者故事，宣传生态保护观念。可可西里不仅是具有世界价值的物质遗产，"用生命守护生命"的可可西里精神也是我国生态保护事业的巨大财富。

◎ 可可西里遗产地社区重点问题

遗产地内社区、人与自然关系问题

可可西里遗产地与三江源东部地区比较，海拔较高，草地生产力较低。但因人口密度小，户均草场面积大，整体而言牧民对草场的压力不大。1985 年进行的畜牧业区划和 2005 年三江源一期工程总体规划中，均认为遗产地内牲畜数量距离草地承载力上限尚有距离。多项利用遥感工具进行的研究显示，遗产地范围内草地变化不大或在变好，这与访谈中牧民的认知一致。同时，大多数牧民也认为草场够用。因此，除部分区域存在局部退化，需要进行恢复外，在遗产地内牧民活动与草地保护的矛盾不大。

但是，野生动物是可可西里遗产地价值的核心部分，多项研究指出，遗产地内的主要野生动物受到人为活动的影响较大。在人为活动强度中等或高的地区，藏羚、藏野驴和藏原羚数量极少；在4700～5200m的高海拔地区，藏羚和藏野驴数量相对中等人类活动的地区高，藏羚、藏野驴、野牦牛、藏原羚等主要高原有蹄类的数量与人为活动强度明显呈反比（Fox et al.，2005）。放牧家畜造成大型野生动物栖息地的丧失和破碎化，家牦牛、家羊与藏羚、藏野驴和野牦牛的食物重叠程度很高。暖季竞争禾草类植物，冷季竞争豆科植物（曹伊凡 等，2008）。人类活动对藏羚分布影响大，如治多和曲麻莱东部地区人类活动多，虽然这部分区域生境条件较好，藏羚分布却较少，而生境条件相对较差的可可西里地区拥有较多的适合藏羚栖息的生境（崔庆虎 等，2006）。藏羚会主动选择远离人类活动和道路的区域活动（宋晓阳 等，2016）。20世纪90年代起，中国野牦牛种群数量逐年增长，分布区面积却逐渐缩减，目前仅分布在几个相对孤立且远离人类居住区的高寒区域。在对可可西里自然保护区工作人员的访谈中，也有资深工作人员认为，在遗产地的东部、南部区域，藏羚在20世纪90年代较为常见，在滩地就可以见到大的群体。但随着牧民放牧范围的扩大，现在在滩地上已经难以见到藏羚，很多藏羚转而到几条人为活动较少的山谷活动。

根据估计，可可西里遗产地内藏羚数量约在30 000只左右，野牦牛数量约在10 000只左右（见第五章）。而根据调查估计，遗产地内牧民数量虽然不多，但总牦牛数量约在15 000只左右，总绵羊数量在40 000只左右，均超出野生动物数量。因此，考虑到可可西里遗产地的实际情况，需要对牧民的放牧活动进行较为严格的限制。

遗产地内牧民的放牧权力问题

对遗产地内牧民的放牧问题，相关保护地及保护政策的规定总体一致，但略有不同。遗产地内牧民同时处于国家级自然保护区、国家公园和世界遗产地范围内。按照《中华人民共和国自然保护区条例》规定，"禁止在自然保护区内进行砍伐、放牧、狩猎、捕捞、采药、开垦、烧荒、开矿、采石、挖沙等活动；但是，法律、行政法规另有规定的除外。"同时"禁止任何人进入自然保护区的核心区。""自然保护区核心区内原有居民确有必要迁出的，由自然保护区所在地的地方人民政府予以妥善安置。"即对保护区内的人为活动进行了严格的限制。同时，国家公园核心保育区内，人为活动受到严格限制；在自然遗产地内，为保护自然遗产的原真性和完整性，也要求严格限制人类活动，但原住民使用自然资源的权力和维持传统生计方式的权力受到尊重和保护。

对可可西里遗产地内牧民和放牧的问题，应当依据可可西里的实际情况因地制宜进行考虑。首先，对可可西里遗产地及缓冲区的放牧应进行严格限制，其理由包括：① 可可西里遗产地内的大部分社区和居民，位于国家级自然保护区的核心区、国家公园的核心保育区和遗产地缓冲区，在以上区域应依法限制以放牧为主的人为活动，且在各类保护地建成之后，仍然存在放牧范围向保护地内扩展的情况；② 野生动物是可可西里世界遗产地的核心价值之一，而现有证据可初步证实放牧活动对野生动物具有较大影响；③ 遗产地内放牧历史较短，放牧知识与文化主要来自对三江源东部地区的继承，尚缺少人与当地环境互动而形成的社会—生态复合景观。传统宗教的影响力、约束力均相对较低，还未出现神山圣湖等重要文化符号。

其次，当地牧民的放牧权力应当受到尊重，其理由包括：① 遗产地内大多数牧户放牧时间已在50年以上，按照其他遗产地社区工作的通例，可以视为原住居民；② 在可可西里及三江源自然保护区成立前，大部分牧户就已经开展放牧活动，且在草场承包中获得了国家发放的草原证，具有合法的草场使用权；③ 受到传统文化和保护宣传影响，遗产地社区牧民普遍珍视自然和家乡，参与保护行动的积极性较高；④ 遗产地内并未出现大范围的因不合理放牧造成的草原退化现象。

综合以上，对遗产地社区放牧问题较为合理的措施为：尊重牧民的放牧权，牧民可以自主选择是否继续从事畜牧业；但对牧民的放牧范围、牲畜数量进行严格的规定和控制，要求放牧范围不再扩大，并严格按规定执行草畜平衡；铁丝网围栏对野生动物活动具有较大影响，故除牧民冬季牧场附近，封育用于冬春季节草场的小面积网围栏外，应拆除其他网围栏。

遗产地内社区的发展问题

根据调查中了解的情况，遗产地社区未来发展的问题，包括移出草原的移民社区发展问题和留在草原的牧业社区发展问题。三江源自然保护区生态保护和建设工程中的生态移民政策在操作中出现了一系列问题，故之后政策中对牧区人口和剩余劳动力的转移以鼓励和引导为主。具体到可可西里遗产地社区，有多方面的促使牧民移出草原的因素：① 遗产地社区海拔较高，气候条件相对严酷，对牧民身体健康不利，社区相对偏远，牧民居住分散，基础设施和生活条件相对较差，草原生活较为艰苦；② 随着牧民收入水平的提升，尤其是生态补偿带来的牧民收入的提升，牧民可以维持城镇内的基本生计，城镇内较好的教育、医疗条件对牧民的吸引力促使牧民选择移民；③ 草原划分依据的是 20 世纪 80 年代的人口数据，之后在国家层面上未进行再次划分。草原划分后新出生的人口中有一部分无法通过继承或租赁方式获得足够面积的草场来开展畜牧业生产活动。这些因素都造成相当数量的牧民选择离开草场，到城镇生活。根据统计，在可可西里遗产地，索加乡牧民迁移率约为 34%，曲麻河乡牧民迁移率约为 22%。根据访谈结果，唐古拉山镇牧民认为当地社区牧民迁移率也在 1/3 左右，同时，在受访的 18 户涉及 100 名当地牧民中，有 9 户中的 24 名牧民长期生活在格尔木市移民村内，主要是正在上学的孩童和年龄较大的老人。当地牧民普遍认为，在劳动力允许的情况下，最理想的模式是老人、孩子住在城里，且仍然能够在草场上保留牲畜，继续放牧。移民发生后出现了较多的草地使用权流转情况，移民户的草地通常会租借给亲戚朋友放牧使用。

在这样的背景下，仍然选择留在草地生活的牧户通常放牧技能较强，对

图 6-2　一些牧民拥有较强的放牧技能，选择在草场上保留牲畜，继续放牧

牧业认同较强，对草原感情深厚，劳动力等生产资本较为雄厚（图6-2）。同时，客观上遗产地社区进行牧业生产具有自己的优势：单户草场面积较大，草原承载牲畜数量未达上限；地势较为平缓，适合组织较大规模的放牧活动；距离青藏公路较近，便于售卖畜产品等。根据调查，可可西里遗产地社区牧民的户均、人均牲畜数量较大幅度地高于三江源东部牧业社区，居民收入普遍高于不产虫草的三江源东部牧业社区，选择留在草地的牧民整体生活情况较为良好。同时，为了取得更为便捷的生存条件，留在草地继续放牧的牧民的居住点有向乡、村中心聚拢的情况，据分析有80%的牧户都居住在距离乡村中心50km的范围之内。

自养牲畜是牧民食物的主要来源及生活必需品的重要来源，而牧民现金收入的主要来源是生态补偿、出售牲畜、出售畜产品。近年来，各类国家补贴，尤其是生态类补贴在牧民收入中的占比增加，已经成为牧民主要的现金收入来源。

在调查中，当地中老年居民对放牧和草原生活仍然具有较强的认同，相当一部分居民并不喜爱、适应或认同城镇生活，但中老年牧民普遍对下一代的教育极为重视，大多数希望子女能在城镇生活。而青少年一代因为接受教育程度较好，普遍也更习惯城镇的生活方式。因此，从长远来看，可可西里遗产地社区人口向城镇集中的趋势仍将继续。同时，考虑到现有牧民对牧业高度的文化认同，和当地开展畜牧业的优势，在草原上仍然会存在且会长期存在牧民和畜牧业社区。牧民收入当中，政策性补贴将占有重要的地位。对于迁出草地居民，需要"稳得住"，一方面是牧民本身受教育水平和职业技能水平的提升；另一方面是迁入城镇的全面发展，为迁入牧民提供充足的就业机会。对留在草地的居民，需要"过得好"，一方面要提升基础生产生活设施水平，提升牧民生活质量；另一方面也要实现自然资源的可持续利用和生态环境的有效保护。总之，无论从分布情况、生计来源还是收入情况上看，可可西里遗产地内的社区未来都不会是单纯的草原牧业社区，对这样分属草原和城镇的社区如何进行有效管理，需要提前进行规划和设计。

在基础设施建设方面，各类政策都有充足的支持，《三江源国家公园总体规划》中也有详尽的设计，对于可可西里遗产地社区而言，需要注意"聚"和"散"的关系：聚，指居民点的适当聚集，这是成本较低、效率较高的通过建设解决牧民在交通、通信、用水、用电、医疗、垃圾处理等方面的迫切需求，提高牧民生活质量的方式；而"散"，指放牧的分散，定期移动，是在当地合理利用天然草原、保证畜牧业可持续发展的需要。在集中定居和移动放牧的需求之间获得平衡，使基础设施的建设与分布更加符合牧民的需求和期待，需要在前期进行更充分的调研，了解牧民和社区的需要。

可可西里遗产地社区与三江源东部牧业社区相比，畜牧业市场化程度较高，牲畜出栏率较高，在遗产地社区内有制定生态畜牧业标准、打造遗产地畜牧业品牌，以实现提升畜产品质量、提升畜产品附加值、控制牲畜数量、提升畜牧业环境友好程度和实现畜牧业可持续发展的需求和可能性。另外，遗产地内有限规模的生态旅游活动，也有社区和牧民参与的空间。实现畜牧业可持续发展的核心是实现草畜平衡，而草畜平衡的关键是对草原承载力的科学估计。根据可可西里遗产地社区的实际情况，草原承载力应当是一个在时间和空间上均动态变化的指标，静态的载畜量指标不足以科学反映草原的实际情况。另外，目前核定的载畜量与牧民来自经验和传统知识的认知有较大差别，也在一定程度上影响了草畜平衡政策的实施。因此，有必要通过科学设计和长期监测，制订动态的、更为合理的草畜平衡管理方案。

生态保护政策的落实问题

在调查中，我们发现，相当多生态保护政策在文本中进行了详细的规定与设计，但在实际落实中则会出现一些新情况、新问题。在遗产地内，比较突出的问题包括：① 土地利用的管理问题；② 草原生态保护补助奖励（以下简称"草原补奖"）政策的落实问题；③ 生态管护公益岗位的管理问题。

土地利用的管理方面，主要是各类型自然保护地（自然保护区、国家公园、生态红线禁止开发区等）的严格的管理规定，与当地居民、传统生产生活方式的冲突。简单化的处理方式，容易影响当地社区的生计，或者影响全保护地范围内的保护目标。要解决这一问题，需要明确保护地内已有人类活动的范围、程度、对生态系统的影响，综合生态保护目标和当地社区的需要，因地制宜地制定更为灵活的保护政策，对保护地内的土地利用的划分、管理需要细化分类，并对每一类、每一个地块的属性和管理进行规定，并使规定落实。可可西里遗产地区域划分时，较为充分考虑了当地牧民活动的情况，故在之后的管理中也需要严格执行遗产地和缓冲区中对人为活动管理的相应规定。

草原补奖作为一种生态补偿政策，希望限制牧民的放牧范围、使牲畜数量降低到草原承载力之下，并为牧民的减畜行为提供补偿。要使补偿能够影响牧民的行为，达到减畜的效果，需要有效机制对牧民保有的牲畜数量进行监督，监控牲畜数量与草原承载力、政策规定的关系，并以此为基础进行相应的奖惩。根据政策规定，违反草原补奖政策的牧户、社区的补偿金可以被扣除，并用于完成减畜目标的牧户、社区的奖励。可以看出，对牲畜数量的准确统计和监督是避免减畜无法执行，避免投机、搭便车行为的基础。同时，减少牲畜对牧户的生活会产生影响，也与"多畜多福"的传统文化和长期以来鼓励增加牲畜数量的生产政策相违背，要让牧民理解减畜的必要性，理解减畜对生态保护的重要意义。

在实地调研中，我们发现，草原补奖政策中的补奖部分较为顺利地发放到了牧民手中，而与政策设计中减畜、巡护、监测等方面的生态保护措施则难以落地，使这些政策都成为牧民理解中的"扶贫"政策，尤其是"减畜难"的现象非常普遍。究其原因，是缺少有效的监督和管理机制。目前政策设计中对牧户行为的监管主要落在基层的乡、村一级，而在对乡、村一级基层组织而言，对牲畜数量进行监管难度大、阻力大，又缺少相应的资源和激励，在宣教过程中，相当多的社区会强调牧民更容易接受的"环境保护"，而弱化"减少牲畜"以避免可能的冲突。在遗产地社区调查中，当被问及对草原补奖政策的了解时，所有 28 个受访户均表示每年会收到草原补奖，而对草原补奖政策的具体内容，大多数（19 户）牧户均表示"是扶贫的政策""是国家照顾牧民的生活"，8 户表示"是国家要求我们把草原管好"，4 户表示"牲畜的数量不能太多了"，只有 2 户牧民明确知道草原补奖政策规定了明确的牲畜数量上限，以及补奖金额与完成减畜目标有关。在实际放牧中，牧民决定牲畜数量主要还是根据自身的知识经验，以及生计和市场的需求。

在已有的生态管护公益岗位实践中，管护员"由村（牧）委会结合本村实际，负责制定适宜的草原、湿地管护员推荐、聘用办法。"即给了各社区一定的自主权。在实际操作中，我们也观察到了不同的管护员选聘模式：一些社区认为，为了保障管护的效果，应当选择最有能力的牧民担任管护员，这些村庄的管护员集中于积极分子、社区精英、村社干部，这部分社区管护效果较有保障，但这样的分配容易引发社区内矛盾；一些村优先选择了贫困户、无畜户、生活困难户作为管护员，希望管护员工资能够改善这部分牧民生活，这样的分配确实极大提升了贫困户的生活水平，但相当部分贫困户因已经离开草场或劳动力不足等，难以承担管护任务；一些村则定期变更管护员名单，由所有牧民轮流担任管护员，这种分配模式在管护员管护职责的管理上同样具有较大难度。三江源国家公园建立之前，每个村的生态公益岗位数量大致在 15 ~ 30 户 / 年之间，而《三江源国家公园总体规划》中则计划做到园区内"一户一岗"，每户都有一个生态公益岗位，并获得相应的 21 600 元 / 年的收入。

生态公益岗位在可可西里遗产地保护中发挥着重要作用，是当地牧民参与

图 6-3　生态公益岗位在可可西里遗产地保护中发挥着重要作用，图为牧民参与研究草原退化

生态保护的主要方式（图 6-3）。在政策设计中，生态管护员的任务除应对外部威胁（如反盗猎、反盗采）、及时传递信息（草原防火、野生动物疫病通报）、生态监测（各类动物数量分布监测、物候监测）外，监督社区内禁牧和草畜平衡执行情况也是生态管护员的任务。从牧民成为保护者的转变不是仅通过经济鼓励就能够完成的，还需要意识上、组织方式上的转变和进步，而已有的设计中对这方面的资源和投入是不足的。

可可西里遗产地社区的治理方式问题

　　作为牧业社区和一个以保护荒野和野生动物为主要目标的遗产地社区，可可西里遗产地社区在治理方面有自身非常突出的特点。对这一类社区，国内外有一些治理经验，但这些经验都难以直接移植到可可西里遗产地社区当中。

在天然草地畜牧业的管理方面，通过生态补偿的方式控制牲畜数量是最常用的方式，也确实起到了很好的效果。西方发达国家的畜牧业生产中，通过自上而下的方式，对每一草场地块的载畜量都有严格规定，如果不符合规定，则无法得到政府的各类补贴。对牧民而言，来自政府的补贴是他们收入中关键性的组成部分，因此有很强的遵循规定以便得到补贴的动力，且发达国家的社会信用体系较为完善，在生态补贴方面失信或违约将可能给日常生产生活带来极大不便。例如，在美国西部，天然草场产权归国家所有，牧民是向国家租用草场放牧，因此如果牲畜数量超过规定，国家有权收回草场使用权并按规定进行其他处罚。在瑞士、英国、芬兰等欧洲国家，牲畜数量超出规定则无法得到政府的生态补贴和政府提供的技术支持，而没有生态补贴，放牧本身无利可图。

在第三世界国家较为成功的经验中，东非的塞伦盖蒂（Serengeti）与可可西里情况较为类似。塞伦盖蒂的突出价值同样在于它是野生动物的重要栖息地、保存了数量较大和完整的大中型兽类种群、保存了完整的兽类迁徙行为；在塞伦盖蒂腹地人类活动较少，在周边有以传统方式进行畜牧业生产的社区（马赛人）；塞伦盖蒂也同时具有世界遗产、国家公园等多重保护地属性。主要内容为野生动物观赏的生态旅游业是塞伦盖蒂的主要产业，旅游收入是社区的重要收入来源。因此，控制牲畜数量、改善放牧管理、限制传统狩猎是保护生态旅游的关键资源——野生动物种群的重要策略，与当地社区的生计直接相关，因此相对容易要求牧民限制放牧行为，以及参与到生态保护行动当中。同时，社区文化的展示也是当地旅游业中的重要组成部分，相当数量的牧民改变了身份，成为旅游业的从业人员，如野生动物观赏向导、导游、表演者、经营者等。类似的依托旅游业、社区参与及收益合理分配，组织社区改变某些对生态环境影响较大的生产生活行为，并鼓励社区参与生态保护，也是国内一些自然遗产地较为成功的经验。

对于可可西里遗产地社区，因为高海拔地区较为特殊的自然条件，到达不易、生态脆弱、普通游客高原反应强烈，可以开展自然教育工作和有限规模的高端生态体验活动，吸纳部分牧民参与到生态旅游的管理当中，使生态旅游收入成为当地社区和居民的收入来源，但难以将生态旅游发展成为主要产业和收入来源。我国各级政府对生态保护高度重视，已经提供了相当规模的、长效化的生态补偿制度，这是在当地开展保护工作的稳定保障，但与西方发达国家相比，现有补偿在金额上尚不能高于在市场上售卖牲畜的收益，在管理上监督和奖惩措施的有效性仍有不足。在意识和文化上，可可西里遗产地内生活的藏族牧民由于传统文化影响，对保护环境、尊重自然具有很强的认同，对保护野生动物具有较高的积极性，而同时对作为传统生产方式的畜牧业也具有较强的认同，对和保护相关的法律、法规、政策的理解仍然需要细化和提升。在社区调查中，所有 28 户受访户均认同保护环境的重要性，认同当地成为世界遗产，25 户认为"保护环境是生活中最重要的事情。""保护环境比发展经济更加重要。"但在保护环境的具体认识上，牧民更加重视的是"成为遗产地后可以更有效地限制开矿，开矿对环境和草地的破坏最大。""能更好地进行生活垃圾的处理。"并认为"野生动物保护宣传很多，现在不打猎，已经保护很好了。""野生动物越来越多了。"牧民对生态保护内涵的认知与遗产地的潜在威胁并不完全相同，因此，可可西里遗产地社区的工作还需要更多的创新。

可可西里遗产地内社区基本都加入过各类社区参与、民间机构参与的生态保护项目，并且总体取得了较好的效果。这类参与式保护项目有政府提供政策支持、提供部分资源、提供监督和赋权，有民间机构提供部分资源、提供技术和管理支持和指导，而核心还是依靠社区，发挥社区居民的积极性和对社区事务进行管理的能力。在实践中，可可西里遗产地社区表现出了较强的行动能力，这有赖于藏族传统文化对生态环境的珍视，以及在长期的游牧生产中形成的互助合作、参与公共事务管理的习惯和非正式制度。这些构成了当地社区丰富的社会资本，是支持社区工作的宝贵资源。目前，保护政策已经为遗产地社区的保护行动提供了常态化的资金与资源支持，但根据可可西里遗产地的实际情况，社区的保护行动仅靠自上而下的"命令—控制"式保护制度和缺少集体行动的单独牧户是难以实现的，需要在社区层面的资源技术保障、社区能力建设等方面，尤其是社区的"软实力"建设方面加强支持。

遗产地社区发展风险问题

近期而言，可可西里遗产地社区由于地处特殊的自然环境，在各类自然风险前的暴露程度较高，受自然灾害的影响较大，主要风险表现在以下几个方面：

（1）气象灾害风险。在青藏高原牧区，雪灾、旱灾、风灾等气象灾害一直是影响畜牧业发展和牧民生活最严重的灾害，一旦发生，影响范围大，且影响非常剧烈。因青藏高原特殊的自然环境，当地气象灾害发生频率较高，有"五年一小灾、十年一大灾"的说法，历史上当地牲畜数量也随着气象骤变，呈现明显的大致每十年剧烈下降的现象，这也是藏族传统放牧文化中尽量多增加牲畜数量以抵御风险的重要原因。可可西里遗产地社区因海拔高、气温低、草场生产力低，且牧民居住分散、抗灾基础设施有限、交通不便，受气象灾害的影响尤为剧烈。例如，1985 年发生的特大雪灾，使遗产地社区牲畜损失超过2/3，很多牧户甚至损失了全部牲畜。1996 年的特大雪灾对遗产地社区也造成了很大影响，牲畜损失达到 20% ~ 30%。

（2）人兽冲突风险。可可西里遗产地社区与野生动物同空间分布，社区周边野生动物数量较多，人与野生动物冲突给牧户造成的损失较大。在调查中，所有 28 户受访牧户均报告有人兽冲突情况出现，其中影响最大的是狼或棕熊捕食家畜（25 户报告），棕熊破坏牧民房屋（20 户报告），雄性野牦牛拐带家牦牛（11 户报告）。食肉动物捕食每年给牧户带来的损失达到了牧户总家畜数量的 8.3%，以市场价折算，损失在 25 000 元 / 年以上。棕熊破坏房屋给牧户造成的损失约在 5000 元 / 年。由于传统文化和法律法规的限制和影响，当地牧民对人兽冲突具有较高的容忍程度，牧民普遍认为"食草动物虽然会跟家畜争草场，但也没有太大问题，动物还是要有。""藏羚跟家畜冲突不大，冲突比较大的是野驴，但也还可以接受。""狼吃一些家畜也还可以，毕竟动物也要生活。""一年被吃掉三四头小牛虽然心里不太舒服，但也可以。"但被狼等食肉动物捕食较多家畜的牧户，对食肉动物的负面态度较为明显。比起经济损失，牧户对野生动物可能带来的人身伤害更为敏感，棕熊毁坏房屋造成的经济损失虽然相对较低，但牧民对棕熊的态度的负面程度显著高于其他野生动物。目前在遗产地社区内尚未出现对野生动物进行报复性猎杀的报告，但如果人兽冲突没有有效的缓解措施，人与野生动物在遗产地的共存将面临极大的挑战。

（3）气候变化风险。青藏高原是全球范围内气候变化最显著的地区之一，也是受气候变化影响较大、脆弱性较高的地区。在三江源不同地区，气候变化的趋势略有不同。可可西里遗产地内目前尚缺乏系统的气象监测（只有青藏公路沿线的两处气象站点），但结合已有数据及访谈中保护区工作人员及牧民的报告，可可西里遗产地内有较为明显的变暖趋势。变暖一方面有利于植物生产力提高，对野生动物和牲畜有利；而另一方面，也可能对冰川冻土、地表水等带来负面影响。在调查中，有部分牧民报告冰川消融、雪线上升的情况；部分牧民报告离牧场较近的小的地表径流消失，使牧民不得不开车去更远的地方取水；部分牧民报告冻土融化造成草地塌陷，甚至造成牲畜损失。

以工程方式"抗灾"是应对自然灾害风险的重要措施，在遗产地社区之前的各类项目中，在应对气象灾害风险方面较为重视，以"四配套工程"为代表建设的固定住房、畜棚、饲草料仓库等在牧民应对气象灾害方面起到了很大作用。在新的工程建设中，也应当充分考虑牧户应对其他自然灾害的需求，如不易被棕熊破坏的坚固房屋、防熊电围栏、储水设备等。在应对自然灾害方面，软件的建设同样重要，包括通过教育提升牧民抗风险意识和主动性，合理决策草原抗灾和避灾，加强灾害预警和反应机制建设，加强社区面对自然灾害的互助互救体系，加强放牧管理、减少人兽冲突损失，引入补偿保险等金融手段应对自然灾害等。另外，草畜矛盾仍然是遗产地社区发展的长远风险，尽快建立可持续的草畜关系是非常关键的。

◎ 塞伦盖蒂地区与可可西里遗产地社区工作比较分析

东非的塞伦盖蒂地区是世界著名的生物多样性丰富区域（图6-4），与可可西里地区有颇多类似之处：塞伦盖蒂地区也具有大面积的荒野，这些荒野地被多个世界自然遗产及其他保护地覆盖；塞伦盖蒂地区最重要的保护价值在于为多种大中型兽类提供了栖息地，为需要每年进行长距离迁移的角马提供了大面积的栖息地；塞伦盖蒂周边社区居民主要是牧民，狩猎和放牧也是社区对荒野带来干扰的主要形式，社区有与牧业相适应的传统文化、社区结构、生产生活方式和自然资源管理方式；塞伦盖蒂地区的牧民、牲畜和野生动物长期同域生存，并形成了特殊的平衡；塞伦盖蒂周边社区的人口在快速增加当中，人口给自然环境带来了更大的压力，也对荒野保护造成了威胁；塞伦盖蒂的各保护地设立较早，应对保护与发展、社区与保护地、社区与自然遗产问题时间较长，有较多值得学习和关注的经验和教训。因此，在此总结整理塞伦盖蒂地区有关社区与保护的情况，并与可可西里自然遗产地进行比较分析。

塞伦盖蒂地区概况

塞伦盖蒂地区位于东非坦桑尼亚西北部和肯尼亚西南部，总面积达到 25 000km^2。塞伦盖蒂北部地区是马拉平原，西部、南部主要为山地，有高地森林和稀树平原，西部地区相对平坦，主要是维多利亚湖周边的耕地。塞伦盖蒂地区生活着包括需要迁徙的角马在内的 30 多种有蹄类，13 种大中型食肉兽，据估计角马数量达到 130 万只，斑马 20 万只，汤氏瞪羚 5 万只，鬣 7500 只，狮子 2800 只，另有超过 500 种鸟类（Emerton et al.，1999）。塞伦盖蒂地区有多种类型的保护地，包括坦桑尼亚境内的塞伦盖蒂国家公园（Serengeti National Park，SNP）、肯尼亚境内的马赛马拉国家公园（Masaai Mara National Park，MMNP）、以及恩戈罗戈罗综合保护地（Ngrogro Conservation Area, NCA）、Grumeti、Ikorongo、Kijereshi、Maswa 等狩猎保护地（Gaming Reserve，GR）、马拉牧场（Mara Ranches，MR）等（Emerton et al.，1999；Thirgood et al.，2010）。塞伦盖蒂地区的大部分在各类保护地的覆盖之下，其中塞伦盖蒂国家公园、马赛马拉国家公园、恩戈罗戈罗保护地已被列入《世界遗产名录》。塞伦盖蒂和马赛马拉国家公园进行排除人为活动的严格保护。恩戈罗戈罗综合保护地作为世界上第一个综合性保护地，保护地核心区进行严格保护，其他区域允许包括定居、放牧、旅游、非机械化农业等在内的自然资源使用活动，但禁止狩猎（Emerton et al.，1999；Homewood，2001；Lyamuya et al.，2016），而狩猎保护地内允许管理之下的狩猎活动。马拉牧场严格禁止打猎，但对放牧活动限制较为宽松。

规模巨大的角马种群的迁移是塞伦盖蒂地区最有特色的现象，而要保护迁徙动物是非常困难的。研究发现，塞伦盖蒂的角马种群 90% 的时间都会在

图 6-4　塞伦盖蒂地区是世界著名的生物多样性丰富区域。
图为塞伦盖蒂国家公园的稀树草原

SNP、MMNP 等严格保护地内活动，只在旱季会在严格保护地外停留，这段停留的时间对动物生存非常关键（Thirgood et al.，2010）。雨季，狮子会跟随迁徙的角马群进入马赛人的牧场，从而造成严重的人兽冲突问题（Lyamuya et al.，2016）。

塞伦盖蒂地区社区概况

塞伦盖蒂国家公园周边有超过 40 个部落，人口超过 200 万。其中以 Ikoma 为代表的西部社区主要从事农业、半农半牧及狩猎，东部的马赛人社区主要从事畜牧业（Emerton et al.，1999；Kideghesho，2010）。在西部，人口和耕地的数量一直在快速增加，对保护产生了负面影响（Emerton et al.，1999）。在东部，自 20 世纪 60 年代以来，坦桑尼亚马赛人社区总牲畜数量变化不大，但人口在快速增加，人均牲畜占有数量减少。马赛人的文化中将牲畜数量多少作为衡量财富的标志，人均牲畜数量减少使当地居民对人兽冲突损失更加敏感。杀死狮子是传统上马赛人的成人礼，但在 70 年代之后被禁止（Lyamuya et al.，2016）。肯尼亚的马赛人社区，在 1960 年前一直受到采采蝇的困扰，牲畜死亡率很高。60 年代采采蝇控制技术出现后，牲畜数量快速增加。1983—1999 年，肯尼亚马赛人社区人口年增长率达到 4.4%，牲畜数量从 20 000 头（只）增加到 45 000 头（只），放牧范围也开始向马赛马拉腹地扩展（Lamprey et al.，2004）。

塞伦盖蒂国家公园从设立开始就受到当地社区的反对，其主要理由是塞伦盖蒂国家公园的设置忽视了社区的利益。囿于当时的保护观念，在国家公园设计者看来，"动植物是第一位的，人是第二位的，"而这样的态度也自然遭到了社区的反对（Kideghesho，2010）。2003 年的研究发现，塞伦盖蒂周边 75% 的居民反对自然保护（Graham et al.，2005），因为保护地禁止狩猎、限制土地利用类型转换和薪柴使用，影响了社区发展，当地居民还要承受人兽冲突造成的损失。而当地居民和社区从保护中获得的收益非常有限。

塞伦盖蒂地区社区与保护的冲突

盗猎是对塞伦盖蒂地区的主要威胁。20 世纪七八十年代是塞伦盖蒂地区盗猎的高潮，其间犀牛、大象等动物的种群数量减少了 80%（Kideghesho，2010）。20 世纪 90 年代开始的 Uhai 运动阻止了大规模的盗猎活动，但为了获得丛林肉（bushmeat）的盗猎是当地社区生计的重要来源。根据相关研究，塞伦盖蒂周边 32% 的社区居民的生计必须依赖丛林肉. 盗猎的收获中，60% 由社区居民自用，30% 用于商业目的。盗猎带来的经济收入与种植业收入相仿，且远比种植业高效，对当地居民的生活非常重要（Graham et al.，2005；Kideghesho，2010）。在肯尼亚，不迁徙野生动物的数量在 1970—1990 年间下降了 58%，迁徙的角马数量也在下降中，这与盗猎、家畜数量的增加以及农田对天然植被的替代都有关联（Homewood，2001）。

人口增加和社区的贫困造成的对土地的需求也是塞伦盖蒂荒野的重要威胁，种植业比狩猎或放牧能够供养更多的人口，故塞伦盖蒂和马赛马拉国家公园边缘相当多的土地被开垦成为农田。土地所有制的改变和市场经济的发展也鼓励农户开垦更多的农田，在传统上以畜牧业为主的马赛社区，已有 88% 的坦桑尼亚马赛人和 46% 的肯尼亚马赛人开始从事种植业，这一比例在 20 世纪 90 年代初仅为 2% 和 19%。同时，人口的增加还迫使当地居民砍伐更多天然植被作为薪柴。根据估计，1910—1990 年，塞伦盖蒂地区被原生植被覆盖的区域减少了约 30 000km^2（Kideghesho，2010）。

人兽冲突在塞伦盖蒂地区是严重的问题，根据调查，当地 70% 的农户报告有牲畜被野生动物捕食，80% 的农户报告有野生动物向家畜传播疾病，野生动物取食农作物造成的平均损失达到 155 美元 /（户·年），人兽冲突造成的损失达到了农户年收入的 15%，主要肇事物种包括非洲鬣狗、斑鬣狗、狮、豹等（Emerton et al.，1999；Kideghesho，2010；Lyamuya et al.，2016）。人兽冲突使本就贫困的当地社区雪上加霜，也进一步加剧了当地居民和社区对保护地、对野生动物的负面态度。相当一部分居民相信，管理者认为"动物比人更重要"是人兽冲突的根源（Kideghesho，2010）。缺少防护设施的农户在野生动物袭击中损失较大，无计可施的当地居民开始报复性猎杀食肉兽类，这使多个塞伦盖蒂地区非保护地的狮子数量下降（Blackburn et al.，2016）。使当地居民和社区从保护中收益能够缓解他们对野生动物的负面态度。

塞伦盖蒂地区的旅游业非常发达，旅游业是重要的收入来源。2007 年，坦桑尼亚旅游吸引超过 30 万游客，直接收入 9 亿美元，总收入达到 16 亿美元，占全国 GDP 的 11%（Homewood et al.，2009）。塞伦盖蒂国家公园的旅游收入达到 5.5 亿美元，恩戈罗戈罗保护地达到 3.6 亿美元（Homewood et al.，2009；Nelson，2012）。旅游业需要的基础设施，如道路、旅馆、餐厅、电站等的规模不断扩大，过于靠近野生动物栖息地，也对保护造成了威胁；除直接占用栖息地外，过度的旅游还可能干扰、改变动物的行为，并提升向野生动物传播疾病的风险（Kideghesho，2010）。

社区参与的保护工作

坦桑尼亚负责塞伦盖蒂地区保护的主要是野生动物管理局（WMA）和塞伦盖蒂国家公园管理局（SENAPA）。坦桑尼亚全国 7% 的国家公园管理部门收入和 15% 的旅游管理部门收入投入周边社区。塞伦盖蒂地区的不同保护地内，因管理目标的不同，允许不同类型的活动。塞伦盖蒂国家公园禁止周边社区利用国家公园内的自然资源，其主要收入来自进入公园的门票收入和野生动物观光旅游。SENAPA 还会收取旅游设施管理费。塞伦盖蒂国家公园共有 6 个旅馆，600 张床位，住宿费的 10% 会上交作为旅游设施管理费用。SENAPA 年收入的 50% 用于自身运营管理，25% 上交国库，15% 直接回馈当地社区，10% 建立了野生动物保护基金。面对盗猎压力，SENAPA 每年收入的 24% 被花费在反盗猎当中（Lamprey et al.，2004）。

而在 Lolionndo 等狩猎保护地，除野生动物观光外，还允许社区适度使用保护地内自然资源，并允许战利品狩猎活动。战利品狩猎活动可以带来高额的收益，其收益来自狩猎特许经营许可、狩猎过程中的狩猎许可证费用、战利品收费、向导费用、管理费用、动物保护附加费用。但战利品狩猎在当地社区中常引起争议，因为保护地成立后社区的传统狩猎方式被禁止，而当地居民无力承担办理狩猎许可证进行合法狩猎所需的费用，这增加了当地居民的不公平感。另外，战利品狩猎的收入归属社区和居民的比例偏低，以 Ikoma 保护地为例，战利品狩猎的收入中，25% 归入野生动物保护基金 TWPF，75% 上交国库，而上交国库的部分中，有 25% 拨给 WMA，12.5% 返还社区。社区的收益仅约占战利品狩猎收益的 10%（Emerton et al.，1999）。观光旅游和战利品狩猎中主要的雇员都不是当地居民（Lamprey et al.，2004）。

依托观光旅游和战利品狩猎的收入，WMA 和 SENAPA 都组织了一系列基于社区的生态保护项目（CBNRM），这类项目旨在鼓励当地居民和社区减少影响生态环境的生产生活方式，建立可持续的自然资源利用模式，积极参与自然保护。这些项目的投入主要在社区一级，用于社区的公共事务，改善社区生活、文教卫生设施等方面，而较少直接到达农户（Homewood et al.，2009）。无法直接从保护当中收益引起了相当多居民的不满。为此，WMA 开始直接雇佣当地居民参与工作，受雇者每天可获得 6 ~ 9 美元的收入，有 22% 的当地居民受到 WMA 的雇佣。WMA 还组织了称为"自然保护银行"（Conservation Bank）的金融机构，为农户提供低息小额贷款，帮助居民进行发展。这些额外收入被认为是减少盗猎的良好措施（Kaaya et al.，2017）。但仍有很多居民认为自己缺少承担 WMA 工作所需要的技能。为了提升当地居民从旅游中的收益，塞伦盖蒂很多保护地要求保护管理人员和旅游管理人员的食物全部由当地供应，并在尝试由当地社区向游客提供食物（Emerton et al.，1999）。

塞伦盖蒂地区保护与社区关系处理的经验与教训

塞伦盖蒂地区的实践证明了有效的自然保护地体系的重要意义，严格保护地保存了相当大面积的完整荒野，为野生生物提供了栖息地，并保留了野生动物大规模迁徙这一自然奇观。塞伦盖蒂地区的自然保护开展较早，Grzimek 等 20 世纪 50 年代提出设立塞伦盖蒂国家公园构想时，自然保护的主流观念是建立完全排除人为活动的"堡垒式保护区"，在国家公园建立初期，当时的殖民地政府并未充分考虑和尊重当地居民和社区的生存发展需求和使用自然资源的传统，较为生硬地隔离了社区与国家公园的关系。这种做法虽然保留了国家公园内的荒野面貌，但也造成了周边社区与国家公园管理部门的对立和对自然保护由来已久的负面态度。在塞伦盖蒂国家公园和马赛马拉国家公园建立后，在其他人类活动更为集中的地区建立的恩戈罗戈罗综合保护地及各类狩猎保护区，因建立的目标是自然和社区的平衡，考虑了当地社区的需求，对社区和居民使用自然资源的态度是限制而非禁止，使保护地和社区建立了相对良好的关系。

因此，在可可西里遗产地，对识别后的荒野地区（即遗产地）需要进行严格的保护，而对荒野地区周边（遗产地缓冲区），应当综合考虑社区的历史、传统与发展需要，使社区能够从自然保护中收益，并能够参与到自然保护当中。多用途、综合性保护地的设置是塞伦盖蒂地区的成功经验，除了需要严格保护的荒野地区之外，其他地区的功能有主次，但都可以且应当承担生物多样性保护的相关职能，如恩戈罗戈罗综合保护地主要功能是维持野生动物生存与社区传统生计之间的平衡状态；各狩猎保护区为狩猎的需要，主要功能是维持野生动物种群，但也考虑社区利用；马拉牧场的主要功能是牲畜放牧，但也充分考虑其野生动物栖息地属性等，而应避免土地利用中仅考虑单一目标情况的出现。

保护地周边社区和居民世代居住于此，生计通常高度依赖环境和自然资源，通常具有对土地和环境深刻的依恋和热爱，并经常具有合理使用自然资源的地方性知识和制度，愿意投入到保护家乡的自然保护工作当中。这些在藏族牧业社区中表现得尤为明显，是开展自然保护工作的良好基础。但同时，自然保护又会给当地社区和居民带来损失和成本。在塞伦盖蒂地区，打猎得到的丛林肉是居民非常重要的蛋白质来源和收入来源，但保护地内严格限制打猎；开垦农田、发展种植业有利于满足更多人口的粮食需求，但保护地严格限制土地转换；保护地内野生动物数量的增加会造成人兽冲突的加剧。多项研究已经指出，如果社区和居民的这些损失不能得到有效、公平、快速地补偿，社区和居民不能从保护中受益，那么自然保护工作将遇到来自社区的极大阻力。可可西里遗产地周边社区因藏族传统文化影响，没有狩猎传统，但有与马赛人类似的"多畜多福"，以牲畜数量多少衡量财富的传统，这与遗产地严格限制放牧范围、执行草畜平衡的需求是有冲突的，要解决这一问题需要有效的生态补偿措施和与社区的广泛协商。

为缓解社区与自然保护之间的冲突，塞伦盖蒂地区在 20 世纪 90 年代之后设计了一系列社区参与式的自然保护项目。这些保护项目的资金主要来自各类旅游活动（包括野生动物观光游和战利品狩猎）的收益，当地各类旅游活动的基础都是野生动物资源。通过这些项目的实施，一方面使当地社区和居民从野生动物保护中直接获取收入，另一方面使当地人建立保护动物行为能够直接使自然受益的意识，从而更好地限制盗猎、开垦等不利于野生动物保护的行为，并使当地人加入野生动物巡护活动当中。由于塞伦盖蒂地区的旅游业非常发达，社区保护项目有较为充足的资金支持，这类项目总体而言是有效的。但项目设计中，为了强化社区一级的能力，大部分项目的支持都是在社区层面，如用于公共事务，进行教育、卫生、文化等设施建设等，农户直接的收益较为有限。面向所有农户的人兽冲突补偿项目补偿不够合理、快捷，执行不顺，而只有少数成为巡护员的居民能够从保护中直接获得经济收入，这些使当地居民对自然保护的态度仍然倾向负面。而可可西里地区现有的生态补偿政策中，牧户层面得到了较多收益，而社区层面获得的资源和支持不足，这在一定程度上限制了社区组织各类自然保护活动。如何更加有效地在社区、农户层面上分配自然保护的收益，仍然需要更多的探索和实践，而这一过程同样需要社区和居民的充分参与。

塞伦盖蒂是世界闻名的旅游目的地，旅游业非常发达，是当地乃至国家的支柱性产业。塞伦盖蒂的旅游业收入来自多个方面，包括门票、食宿、文化展示、野生动物观光导览、狩猎许可证、狩猎向导、狩猎战利品等诸多类型，对战利品狩猎还开放了特许经营。旅游活动中对游客的行为进行了严格限制以尽量减少对环境的影响，并收取了额外的生态保护费用。每年旅游收益有相当部分进入了生态保护基金。

但塞伦盖蒂的旅游模式仍然不是完美的。首先，旅游与保护的矛盾仍然存在，游客规模的扩大意味着更多的旅游收入，但也意味着更大的环境压力。游客希望更好的生活条件、更好的基础设施，与自然和野生动物更近的接触，而餐饮、居住、交通等设施规模的扩大和向栖息地内的深入，都会对野生生物生存带来严重的不利影响。其次，当地社区从旅游活动中获得的收益非常有限，旅游收入中只有非常有限的部分（10%以下）到达社区，而因为种种原因，旅游活动的管理人员、雇员等几乎没有当地人，游客的食物也极少来自当地。旅游收益在不同利益相关方内分配的不均衡，及收益在社区内分布的不均衡，极大影响了当地居民对旅游活动的态度。另外，旅游活动使当地居民有了更多与外界接触的机会，也加剧了现代化对当地社区传统文化、传统社会形态的冲击。对可可西里遗产地而言，旅游还是新兴事物。与塞伦盖蒂相比，可可西里的高原生态环境更为脆弱，高海拔本身也是人为活动的阻碍，可可西里遗产地的生态旅游规模将是极为有限的，不太可能成为当地收入的主要来源，或自然保护资金的主要来源。塞伦盖蒂旅游中对生态环境保护的重视、多种旅游经营的方式是值得学习的，而如何在这样的小规模高原特色旅游中与社区合理分配旅游收益，增加当地居民的参与，是旅游发展中的核心问题。

第七章

CHAPTER 7

可可西里突出普遍价值解析

在全球，可可西里具有对全人类而言不可替代的价值（图7-1）。《保护世界文化和自然遗产公约》规定，属于下列各类内容之一者，可列为自然遗产：

① 从审美或科学角度看具有突出的普遍价值的由物质和生物结构或这类结构群组成的自然面貌；

② 从科学或保护角度看具有突出的普遍价值的地质和自然地理结构以及明确划为受威胁的动物和植物生境区；

③ 从科学、保存或自然美角度看具有突出的普遍价值的天然名胜或明确划分的自然区域。

列入《世界遗产名录》的自然遗产项目必须符合下列一项或几项标准并获得批准：

（vii）独特、稀有或绝妙的自然现象、地貌或具有罕见自然美的地带；

（viii）构成代表地球演化史中重要阶段的突出例证；

图 7-1　可可西里具有稀有、罕见的地貌和自然美景。图为夏季的太阳湖

（ix）构成代表进行中的重要地质过程、生物演化过程以及生态
过程的突出例证；

（x）尚存的珍稀或濒危动植物种的栖息地。

经过国内外专家的长期考察评估，可可西里一方面具有稀有、罕见
的地貌和自然美景（图7-1），一方面也是青藏高原代表性草原大型有蹄
类及大型食肉动物的庇护所，具有符合自然遗产标准（vii）（x）的突出
普遍价值（详见附录）。

◎ 自然景观与自然美

可可西里位于青藏高原，后者是世界上最大、最高，也是最年轻的高原。
遗产地拥有非凡的自然美景，其美丽超出人类想象，在所有方面都叹为观止。
可可西里充满着极具冲击力的各种对比，得天独厚的高原生态系统宏伟壮观，
无遮无挡的草原背景下是活跃的野生动植物，微小的垫状植物与高耸的皑皑雪
山形成鲜明对比。在夏天，这些微小的垫状植物形成了植被的海洋，花朵盛放
时滚动着五颜六色的波浪。在高耸的皑皑雪山脚下的热泉旁，尘土和硫黄的气
味与来自冰川的刺骨寒风相互交汇。冰川融水创造出数不清的网状河，又交织
进庞大的湿地系统中，形成成千上万各色各样的湖泊。这些湖泊盆地构成平坦
开阔的地形，形成了青藏高原上保存最好的夷平面和最密集的湖泊集群。这些
湖泊全面展现了各个阶段的演化进程，也构成了长江源头重要的蓄水源和壮丽
的自然景观。湖泊盆地也为藏羚提供了主要的产羔地。在每一年的初夏，成千
上万的雌藏羚从位于西面的羌塘、北面的阿尔金山和东面的三江源的越冬地迁
徙几百千米来到可可西里的湖泊盆地产羔。遗产地保存着完整的藏羚在三江源

和可可西里间的迁徙路线，支撑着藏羚不受干扰的迁徙，而藏羚是青藏高原特有的濒危大型哺乳动物之一。

高原温带草原综合景观美的典型代表，独特的高原湖泊群与冰川景观

可可西里地区是中国乃至全世界唯一一处完整记录青藏高原隆升过程并完好保存遗迹证据的高原盆地内保护区。区内逐层发育的多级高原夷平面受控于高原的发育并且被冻融作用强烈改造（邵兆刚 等，2009），是保存最为完整的高原夷平面（图 7-2）。同时，可可西里盆地是青藏高原腹地最大的第三纪陆相沉积盆地（刘志飞，2001；李廷栋，2002），其沉积地层完整地记录了青藏高原隆升过程及环境气候效应过程（苟金，1991；伊海生 等，2008）。由于区内人迹罕至，至今保存有最为完整的地震、火山活动遗迹。

高原温带草原综合景观美的典型代表从中亚东部到印度北部，在阿尔

图 7-2 高原夷平面和山脉

泰山、帕米尔高原、昆仑山、喜马拉雅这片广袤的土地上，从北到南绵延3000km，覆盖了巨大的领土，是地球演化最为剧烈的地区，集中了世界上最高的高峰、高原，具有丰富及多样化的动植物，绝美的风景，极高的科研价值。在可可西里申遗之前，在197个世界自然遗产中只有包括新疆天山（中国）、塔吉克斯坦国家公园（帕米尔）（塔吉克斯坦）、楠达戴维山国家公园和花谷国家公园（印度）、云南三江并流保护区（中国）、金山—阿尔泰山（俄罗斯）、萨加玛塔国家公园（尼泊尔）、大喜马拉雅山脉国家公园（印度）在内的七处世界自然遗产。可可西里不同于这七处自然遗产以高山深谷为特征，当地最重要的特征是经过抬升后未受到河流的溯源侵蚀而保留下的高原夷平面，这是该地区高原系统的重要补充。

极具科研价值的地质地貌景观

可可西里地区作为青藏高原腹地现代构造运动最活跃的地带之一，发育多个仍在活跃的断裂带，地表保留了因断裂活动引发地震形成的地震破裂形变带；在唐古拉山北麓和昆仑山南麓较集中分布海拔5000m左右的低、中、高温泉群，为世界上海拔最高的温泉群（图7-3）；可可西里分布了以中新世为主的火山岩，保留了丰富的火山熔岩地貌；可可西里地区存在两条蛇绿混杂岩带，它们清楚地记录了可可西里地区的裂谷或洋盆—浅海—高原的古地理变迁史。而这些原始的地貌景观及演变痕迹正因为该地区未受到后期河流的侵蚀以及人类活动等原因而得以完好地保存，具有很高的科研价值。

全球罕见的高原湖泊群湿地演替系统

可可西里拥有高海拔的湖泊，构成壮观的高原湖泊群，其海拔、数量、

图 7-3　世界上海拔最高的温泉

a. 布喀达坂冰川下的温泉陈迹；b. 布喀达坂峰下的温泉蒸汽；c. 布喀达坂冰川下的温泉

面积都是世界上独一无二的，同时湖泊类型从淡水湖、咸水湖到盐湖，涵盖了湖泊的不同演化阶段。并且由于其深处无人区，其湖泊的发展演化完全在自然环境下进行，不受人类生产活动的影响，因此对它们的变化规律研究对全球的气候变化等重要科学问题具有重要意义。

可可西里平均海拔高达 4600m，均温为 −10.0 ~ 4.1℃，最低气温 −46.2℃，这里的生态系统是完全在高寒缺氧的环境下演化而来，并且是藏羚等特有、濒危物种的重要栖息地，具有全球意义，自然具有极高的保护意义及科研价值。

可可西里是全球高寒荒漠生态系统与高寒湿地生态系统的完美结合。与整个青藏高原自东南向西北逐渐变干的总体趋势相适应，可可西里地区水平植被带自东南向西北表现为高寒草甸—高寒草原—高寒荒漠草原的过渡，突出代表了由高寒草甸向高寒荒漠的演变过程。此外，可可西里拥有典型的高山植被垂直自然带谱，高寒草原带—高寒草甸带—亚冰雪带—冰雪带，是研究全球气候变暖背景下植物响应机制的"天然实验室"。

◎ 特有、濒危物种的栖息地

可可西里植物区系的高度的特有性，与高海拔和寒冷气候的特点结合，共同催生了同样高度特有的动物区系。高山草地占遗产地内所有植被的 45%，优势种为紫花针茅。其他植被类型包括高山草甸和高山岩堆。遗产地内发现的 1/3 以上的高级植物是青藏高原特有，靠这些植物生存的所有的食草哺乳动物也是青藏高原特有。可可西里有 80 种脊椎动物，包括 25 种哺乳动物，48 种鸟类，6 种鱼类和 1 种爬行类动物（*Phrynocephalus vliangalii*）。遗产地是藏羚、藏野牦牛、藏野驴、藏原羚、狼和棕熊的故乡，而这些动物在遗产地时常可以观察到。大量的野生有蹄类依赖遗产地生存，包括全球范围内大约全部藏羚数量的 40%，以及全部野牦牛的 32%～50%。可可西里保存了藏羚完整生命周期的栖息地和各个自然过程，包括雌藏羚长途迁徙后聚集产羔的景象。可可西里的产羔地每年支撑着多达 30 000 只动物的繁殖，占据了已确认的各种藏羚的产羔聚集区的几乎 80% 的面积。在冬天，约有 40 000 只藏羚留在遗产地，占全球种群数量的 20%～40%。

具有独特的高原生物多样性与栖息地，是青藏高原众多珍稀濒危物种、特有种的重要栖息地

青藏高原平均海拔超过 4000m，总面积约 2 500 000km^2，是世界上最大、最高、最年轻的高原，被称为"世界屋脊"、地球的"第三极"和人类活动的"生命禁区"。可可西里位于青藏高原腹地，具有独特地质地貌特征和生物演化过程。

该区域内的高等植物有超过 1/3 为青藏高原特有物种；以此为食的食草哺乳动物全部是青藏高原特有物种，而青藏高原特有哺乳动物占该区域内所有哺乳动物种数的比例高达 60%。在该区域内生存的藏羚和野牦牛占其全球种群的相当比例。

藏羚等大型濒危哺乳动物大规模迁徙地和产羔地

藏羚是伴随青藏高原隆起演化而成的特有单型属哺乳动物，也是迄今仍能保持长距离迁徙习性并保有大规模种群的少数野生有蹄类之一。一年一度超过 43 000 只雌藏羚穿越高原腹地数百千米的迁徙，无疑是青藏高原乃至地球陆地生态系统中最吸引人的一项生物景观。每年 5 月底至 6 月中下旬，生

活在羌塘、阿尔金山和三江源的雌藏羚数百成群向可可西里腹地的湖盆区汇集成数个成千上万的大群；7 月集中产羔，之后又如得到号令般在同一天撤出产羔地沿来路向四面八方散去，节律仿佛脉动般整齐（图 7-4）。来自三江源的近万只雌藏羚每年要两次迁徙跨过青藏公路，为人类欣赏这一自然界的生命奇观提供了最近距离的机会。而多年来，当地管理机构和社会组织紧密合作，为守护这一生命奇观付出了巨大的努力，保障藏羚可以安全完成迁徙。

野牦牛等大型珍稀动物重要栖息地

藏羚、野牦牛赖以生存的高原草甸是未经人类干扰或者干扰甚少的荒野，至今仅存在于可可西里北部腹地，成为各种高原野生动物的乐土。尤其在布喀达坂峰南麓冰川、温泉集中的地区，野牦牛、盘羊、藏野驴等数量极大，形成了活跃的野生动物和地质活动遗迹同在，仿佛天地初开之际的洪荒景象。

图 7-4　雌藏羚带羔羊返回三江源

◎ 突出普遍价值的全球对比分析

与国内外世界自然遗产景观地质要素的对比

在国内，将可可西里与新疆天山、云南三江并流、四川黄龙风景名胜区和四川大熊猫栖息地世界自然遗产进行景观地质要素的对比。可可西里以高原夷平面和湖盆为突出特征，兼有极高山和冰川地貌，而另外几处均以高山为主（表 7-1）。

在国外，将可可西里与塔吉克斯坦国家公园、金山—阿尔泰山、楠达戴维山国家公园和花谷国家公园、大喜马拉雅山脉国家公园、萨加玛塔国家公园、少女峰－阿雷奇冰河－毕奇霍恩峰世界自然遗产进行景观地质要素对比（表 7-2），依然可以显示，可可西里以极高的平均海拔，以及完整的高原夷平面和湖盆为突出特征而异于其他遗产地。

表 7-1　可可西里与国内遗产地景观的地质要素对比

遗产地名称	青海可可西里	新疆天山
省份	青海	新疆
符合标准	（ⅶ）（ⅹ）	（ⅶ）（ⅸ）
入选时间	2017	2013
海拔	4200 ~ 6860m，平均海拔 4600m	博格达地区：1380 ~ 5445m 托木尔地区：1450 ~ 7435.3m
湖泊	总面积：382km²，其中大于 200km² 的湖泊有 6 个，前三分别为：西金乌兰湖（面积为 383.6km²）、可可西里湖（319.5km²）、卓乃湖（264.98km²），湖泊海拔均在 4400m 以上	新疆天山的湖泊面积为 1370km²，湖泊主要分布在海拔 1000 ~ 2000m 之间的区域，其中最重要的湖泊为天山天池，海拔为 1910m，面积为 4.9km²
冰川	发育有 429 条冰川。冰川面积为 852.65km²，冰川储量为 71.33km³。并有冰川遗迹分布。同时具有冰川侵蚀地貌和冰缘地貌	现代冰川以托木尔峰为中心呈放射状随斜坡向下流动，西南有托木尔冰川，东南有东、西琼台兰冰川，北面有汗腾格里冰川和南伊内里切克冰川

云南三江并流保护区	黄龙风景名胜区	四川大熊猫栖息地
云南	四川	四川
（vii）（viii）（ix）（x）	（vii）	（x）
2003	1992	2006
760 ～ 6740m	1700 ～ 5588m	1200 ～ 6250m
数百个冰蚀湖泊	比较有名的为珍珠湖，湖水温度较高，即便是严冬季节，水温也在 25℃	
区域中随处可见高山，其中梅里雪山、白马雪山和哈巴雪山构成了壮观的空中风景轮廓。闽咏卡冰川海拔高度从卡瓦吉布山（6740m）下降到2700m，号称是北半球中在这种低纬度（28°N）下海拔下降最低的冰川	此区山高范围广，峰丛林立，其中发育着雪宝鼎（5588m）、雪栏山（5440m）和门洞峰（5058m）三条现代冰川，使此区域成为中国最东部的现代冰川保存区	

表7-2　可可西里与世界自然遗产地景观的地质要素对比

遗产地名称	青海可可西里	塔吉克国家公园	金山—阿尔泰山
国家	中国	塔吉克斯坦	俄罗斯
符合标准	（ⅶ）（ⅹ）	（ⅶ）（ⅷ）	（ⅹ）
入选时间	2017	2013	1998
海拔	4200～6860m，平均海拔4600m	3500～5000m，最高7495m	109～4506m
山峰	超过6000m的山峰有两座：布喀达坂峰6450m，岗扎日6305m	索莫尼峰海拔7495m，是帕米尔高原最高山峰；东北部卡季尼夫斯基峰海拔7105m；南部独立峰海拔6974m	阿尔泰山最高山峰为别鲁哈峰4506m
湖泊	总面积：382km²，其中大于200km²的湖泊有6个，前三分别为：西金乌兰湖（面积为383.6km²）、可可西里湖（319.5km²）、卓乃湖（264.98km²），湖泊海拔均在4400m以上	400多个湖泊，最大的三个高山湖泊分别是卡拉库尔湖（海拔：3914m，面积：364km²）和萨雷兹湖（海拔：3239m，面积：88km²），叶什勒克湖（海拔：3734m，面积：36.1km²）	阿尔泰山区主要发育一条阿卡通河，其海拔超过2500m，常年温度不超过10℃。另外发育一些湖泊和瀑布
冰川	发育429条冰川。冰川面积为852.65km²，冰川储量为71.33km³。并有冰川遗迹分布。同时具有冰川侵蚀地貌和冰缘地貌	冰川多达1085条，费琴科冰川源自独立峰冰原，向北流纳127条冰川，绵延77km，面积900km²，是中低纬山谷冰川中最长的一条	现代冰川有1000多条，冰冻总面积达800km²，最长的冰川长20km，另有很多冰川遗迹分布

楠达戴维山国家公园和花谷国家公园	大喜马拉雅山脉国家公园	萨加玛塔国家公园	少女峰 – 阿雷奇冰河 – 毕奇霍恩峰
印度	印度	尼泊尔	瑞士
（ⅶ）（ⅹ）	（ⅹ）	（ⅶ）	（ⅶ）（ⅷ）（ⅸ）
1988	2014	1979	2001
3500 ～ 7817m	1500 ～ 6000m	2805 ～ 8844.43m	? ～ 4274m
大约有 12 座山峰海拔超过 6400m；东楠达戴维山高达 7434m；西楠达戴维山 7816m	具体山脉不详，平均高于海平面 1500 ～ 6000m	共有 7 座山峰，包括珠穆朗玛峰，其余 6 座山峰海拔高度也都在 7000m 以上	九个山峰超过 4000m，其中最高峰为 4274m
北坡发育流向印度洋的大河，切穿大喜马拉雅山脉，形成 3000 ～ 4000m 深的大峡谷		主要为末夏冰雪消融形成的冰川河流	
			欧亚大陆山脉最大的冰川，并且发育冰川侵蚀地貌，包括角峰、刃脊、冰斗、"U" 形谷等

与国内外世界自然遗产生物多样性的对比

在国内，与可可西里地理上较为接近的已有世界自然遗产地包括新疆天山、云南三江并流保护区和四川大熊猫栖息地（邛崃山、夹金山）。从生物多样性方面看，可可西里与新疆天山、云南三江并流保护区和四川大熊猫栖息地分属不同生物地理区划单元，物种虽然较少但绝大部分为特有种（表 7-3）。从生境方面看，可可西里体现了植被带自东南向西北表现为高寒草甸—高寒草原—高寒荒漠草原的过渡，突出代表了由高寒草甸向高寒荒漠的演变过程；而新疆天山体现了温带干旱区山地典型的垂直自然带谱，突出代表了这一区域由暖湿植物区系逐步被现代旱生的地中海植物区系所取代的生物进化过程；云南三江并流保护区和四川大熊猫栖息地则表现为高山植被垂直自然谱带显著，从低海拔的常绿阔叶林到高海拔的高山流石滩稀疏植被带等多种植被类型。

在中国青藏高原毗邻的高海拔地区，印度在喜马拉雅山脉西端拥有楠达戴维国家公园和花谷国家公园、大喜马拉雅山脉国家公园保护地区两处世界自然遗产地。两处世界自然遗产分别位于赞斯卡勒山地和大喜马拉雅山脉之间独特的过渡区及喜马拉雅山脉西段。由于分处不同生物地理区，其山地垂直植被带与可可西里的水平过渡植被带迥异，极高海拔处物种虽有相似，但缺失青藏高原高寒草地的代表性有蹄类。在中亚北部，哈萨克斯坦拥有世界自然遗产——萨利亚喀 – 哈萨克斯坦北部的草原和湖群。该区域主要保护中亚无树草原和其中的湖泊。这一带是世界上最后的高鼻羚羊 Saiga tatarica 栖息地之一，也是重要的候鸟迁徙中途停歇地。其生境缺乏海拔极高的冰川山地，物种群落也迥异于可可西里。世界自然遗产地塔吉克斯坦的塔吉克国家公园——帕米尔山地保护中亚的帕米尔高山纽结地带（Pamir Knot）的地质景观与生物多样性。其植物多样性远高于可可西里，但代表性动物尤其是食草动物与可可西里相差甚远。位于俄罗斯与蒙古交界处的乌布苏盆地（The Uvs Nuur Basin）是中亚最北部的封闭性盆地，拥有欧亚大陆东部草原的代表性生物群系。同是草原，其物种群落与可可西里也迥异，而在山地部分有部分重叠（如雪豹等）（表7-4）。

在世界范围内，突出普遍价值中包括大型陆生哺乳动物迁徙的世界遗产地包括美国阿拉斯加和加拿大交界处的克卢恩/兰格尔—圣伊莱亚斯/冰川湾/塔琴希尼—阿尔塞克国家公园群，俄罗斯普托拉纳高原，以及坦桑尼亚的塞伦盖蒂国家公园。前二者均位于亚北极或北极地区，拥有类似的生物群系，主要迁徙动物为驯鹿。塞伦盖蒂国家公园的动物迁徙最为著名，参与迁徙的物种多样，但这些物种均为在撒哈拉以南非洲稀树草原地带广布的物种，该区域也没有包括迁徙群体的完整迁徙路线。可可西里中存在藏羚的完整迁徙路线，而藏羚及藏野驴、野牦牛等都是青藏高原的特有物种（表7-5）。

另外，新疆天山遗产地与可可西里地理位置相近，且处于同一个生物地理省区划，故将可可西里与新疆天山遗产地的各要素进行进一步详细对比，详见表7-6。

可可西里与国内外地理位置接近，或者提名标准相似的遗产地相比，具有如下突出特征：

具有海拔最高、面积最大的高原夷平面景观；

具有最大规模的高原湖泊群，并与极高山和冰川组成完整、富有层次的风景；

具有独特的栖息地和大型哺乳动物群落，且存在广袤的无人区，以及其中大型动物大规模迁徙的现象，这构成地球上罕有的荒野生灵之美。

表 7-3　可可西里与国内遗产地景观的生物多样性对比

遗产地名称	青海可可西里	云南三江并流保护区
省份	青海	云南
面积	37 205km²	17 000km²
平均海拔	4600m	3000m
主要保护物种	藏羚等高原兽类	滇西山地特有物种
符合标准	（ⅶ）（ⅹ）	（ⅶ）（ⅷ）（ⅸ）（ⅹ）
通过年份	2017	2003
生物地理省区划	西藏地区	中国南方热带雨林
Global 200 生态区划	青藏高原草甸	中国南方—越南亚热带常绿林
动物地理区划	古北界青藏区	东洋界西南区
植被类型	高寒草甸、荒漠	亚热带常绿阔叶林
兽类种数	25	173
鸟类种数	48	417
植物种数	214	>6000
生物多样性特点	高寒草甸—高寒草原—高寒荒漠草原；体现了亚欧大陆中部高海拔高原的特有耐寒、耐旱生态系统；区域内存在2.5万只藏羚迁徙的大规模生态景观，同时保留了大量特有动物和植被	高山植被垂直自然谱带自然景观；动物群落区系的2/3属于地方特有区系或是喜马拉雅山脉—横断山脉型的动物群。区域被认为拥有中国25%以上的动物物种，有80种动物列在《中国濒危动物红皮书》之中；有79种动物被列在《濒危野生动植物种国际贸易公约》（CITES）的附录中；有57种动物被列在世界自然保护联盟的《世界濒危动物红皮书》中

新疆天山	四川大熊猫栖息地
新疆	四川
5759km^2	9245km^2
3500m	—
雪豹等物种	大熊猫羚牛等特有兽类
（vii）（ix）	（x）
2013	2006
天山—帕米尔高原	中国南方热带雨林
中亚山地温带疏林及草原	四川盆地常绿阔叶林
古北界蒙新区	东洋界西南区
温带落叶林	亚热带常绿阔叶林
102	83
370	291
2622	>10 000
温带干旱区山地典型垂直自然带景观；反映了温带干旱区山地生物多样性和生物生态过程受海拔、坡向与坡度的水热空间变化影响的分布特征和变化规律	高山植被垂直自然谱带自然景观；是保护国际（CI）选定的全球 25 个生物多样性热点地区之一。高等植物 1 万多种，有大熊猫、金丝猴、羚牛等独有的珍稀物种；地区保存了世界 30% 以上的野生大熊猫，是全球最大、最完整的大熊猫栖息地，是全世界温带区域中植物最丰富的区域

表7-4　可可西里与国外遗产地生物多样性对比

遗产地名称	青海可可西里	楠达戴维山国家公园和花谷国家公园	大喜马拉雅山脉国家公园
国家	中国	印度	印度
面积	37 205km^2	799km^2	905.4km^2
海拔	4600m	3500～7817m	1500～6000m
主要保护物种	藏羚、野牦牛等高原兽类	雪豹、麝、黑熊、棕熊	雪豹、棕熊、塔尔羊
符合标准	（ⅶ）（ⅹ）	（ⅷ）（ⅹ）	（ⅹ）
通过年份	2017	1988	2014
生物地理省区划	西藏地区	印支热带雨林	印支热带雨林
Global 200生态区划	青藏高原草甸	北印支亚热带湿润森林	北印支亚热带湿润森林
植被类型	高寒草甸、荒漠	亚热带常绿阔叶林、针叶林、高山草甸	热带季雨林、常绿阔叶林、针叶林、高山草甸
兽类种数	25	14	31
鸟类种数	48	43	181
植物种数	214	312	375
生物多样性特点	高寒草甸—高寒草原—高寒荒漠草原；体现了亚欧大陆中部高海拔高原的特有耐寒、耐旱生态系统；区域内存在2.5万头藏羚迁徙的大规模生态景观，同时保留了大量特有动物和植被	该地喜马拉雅山脉作为一个影响空气和水的大循环系统的气候大分界线，对于南面的印度次大陆和北面的中亚高地的气象和生物分布状况具有决定性的影响	是喜马拉雅生物多样性热点地区的一部分，包括25种森林类型和丰富的动物组合。这一点使得此遗产在生物多样性保护方面具有非比寻常的重要性

萨利亚喀—哈萨克斯坦北部的草原与湖群	塔吉克国家公园	乌布苏盆地
哈萨克斯坦	塔吉克斯坦	蒙古，俄罗斯
4503.44km^2	25 000km^2	10 688.53km^2
300 ~ 500m	3 500 ~ 5 000m	750m
高鼻羚羊、迁徙候鸟	盘羊、雪豹、西伯利亚野山羊	雪豹野山羊、阿尔泰雪鸡
（ⅸ）（ⅹ）	（ⅶ）（ⅷ）	（ⅸ）（ⅹ）
2008	2013	2003
东欧大草原	欧亚大草原	欧亚大草原
萨彦岭山地针叶林	阿尔泰山地森林及森林草原	阿尔泰山地森林及森林草原
温带草原	温带草原、高寒草甸、荒漠	温带草原
>40	>40	41
>300	177	>220
—	—	—
湿地被视作来自非洲、欧洲和南美洲的候鸟向它们的繁殖地西伯利亚迁徙过程中的重要的中转地。萨利亚喀是地球上地理位置最靠北的火烈鸟栖息地	公园内拥有丰富的西南亚与中亚植物区系物种，为受到威胁的鸟类和哺乳动物（包括马可波罗盘羊、雪豹、西伯利亚野山羊等）提供庇护之地。国家公园内人烟稀少，几乎不受农业和永久性人类聚落的影响	乌布苏是大陆气候的唯一集合，所以它被选为了解地球的大气、生物、地质和水文系统的变化，以及人类对它们的影响的国际地圈生物圈计划研究地区之一

表 7-5　可可西里与具有大型动物迁徙现象的遗产地对比

遗产地名称	青海可可西里	美加国家公园群
国家	中国	美国，加拿大
面积	37 205km²	129 499km²
海拔	4600m	0～5800m
符合标准	（vii）（x）	（vii）（viii）（ix）（x）
通过年份	2017	1995
生物地理省区划	西藏地区	阿拉斯加苔原
Global 200 生态区划	青藏高原草甸	北极山麓苔原
植被类型	高寒草甸、荒漠	冰原、苔原、高寒草原
主要迁徙物种	藏羚	北美驯鹿
迁徙种群大小/只	25 000	74 000
迁徙景观特点	世界上海拔最高，植被覆盖最低的区域中的迁徙现象，其中包括完整的藏羚越冬—繁殖路线	有世界上最大的迁徙驯鹿种群，且迁徙距离为世界哺乳动物之最（5000km）

普托拉纳高原	塞伦盖蒂国家公园	达乌尔景观
俄罗斯	坦桑尼亚	蒙古
18 872.51km²	14 750km²	8591km²
0～1700m	920～1850m	599～1045m
（vii）（ix）	（vii）（x）	（ix）（x）
2010	1981	2013
东西伯利亚泰加林	东非热带疏林及稀树草原	蒙古草原
东西伯利亚泰加林	东苏丹热带稀树草原	达乌里森林草原
苔原、亚寒带针叶林	热带稀树草原	温带草原，荒漠
欧亚驯鹿	白尾角马	黄羊
—	1 500 000	<10 000
欧亚大陆唯一的迁徙驯鹿种群，迁徙路线最靠近极地	世界上最大的哺乳动物迁徙景观，也是南半球为数不多的哺乳动物迁徙景观	黄羊是亚欧大陆两种迁徙的牛科哺乳动物之一，黄羊迁徙是亚洲东部重要的跨国界迁徙现象之一

表 7-6　可可西里与新疆天山对比

名称	可可西里	新疆天山
省份	青海	新疆
符合标准	（vii）（x）	（x）
入选时间	2017	2013
面积	37 205km^2	5759km^2
平均海拔	4600m	3500m
气候类型	高原高山气候	温带大陆性气候，高原高山气候
温度	−4 ~ 9℃	2.5 ~ 10℃
降水量	150 ~ 450mm（全境平均），<200mm（西北地区）	1500 ~ 1800mm（伊犁河谷），<100mm（托木尔峰），16.4mm（吐鲁番盆地）
山峰	超过6000m的山峰有两座：布喀达坂峰6450m，岗扎日峰6305m	托木尔峰7435.3m，博格达峰5448m
湖泊	总面积：3820km^2，其中大于200km^{2}的湖泊有6个，前三分别为：西金乌兰湖（面积为383.6km^2）、可可西里湖（319.5km^2）、卓乃湖（264.98km^2），湖泊海拔均在4400m以上	新疆天山的湖泊面积为1370km^2，湖泊主要分布在海拔1000 ~ 2000m之间的区域，其中最重要的湖泊为天山天池，海拔为1910m，面积为4.9km^2
冰川	发育429条冰川。冰川面积为852.65km^2，冰川储量为71.33km^3。并有冰川遗迹分布。同时具有冰川侵蚀地貌和冰缘地貌	现代冰川以托木尔峰为中心呈放射状随斜坡向下流动，西南有托木尔冰川，东南有东、西琼台兰冰川，北面有汗腾格里冰川和南伊内里切克冰川
主要保护物种	藏羚等高原兽类	雪豹等兽类

名称	可可西里	新疆天山
主要保护物种种群数量	藏羚：43 000 只（冬季）	雪豹：1280 ~ 1700 只
主要保护物种种群占总种群比例	43.0% ~ 57.3%	17.4% ~ 23.1%
生物地理省区划	西藏地区	天山—帕米尔高原
Global 200 生态区划	青藏高原草甸	中亚山地温带疏林及草原
动物地理区划	古北界青藏区	古北界蒙新区
植被类型	高寒草甸、荒漠	温带落叶林
植物种数	214	2622
植物特有种数	10	188
保护/濒危植物种数	5	110
兽类种数	25	102
兽类特有种数	13	—
保护/濒危兽类种数	9	36
鸟类种数	48	370
鸟类特有种数	4	—
保护/濒危鸟类种数	10	21
生物多样性特点	高寒草甸—高寒草原—高寒荒漠草原；体现了亚欧大陆中部高海拔高原的特有耐寒、耐旱生态系统；区域内存在2.5万只藏羚迁徙的大规模生态景观（并有大量居留群体），同时保留了大量特有动物和植被	温带干旱区山地典型垂直自然带景观；反映了温带干旱区山地生物多样性和生物生态过程受海拔、坡向与坡度的水热空间变化影响的分布特征和变化规律。保存了大量冰川期的孑遗物种和生态系统

第八章

CHAPTER 8

可可西里普遍
价值的完整性

　　2014 年，青海省政府启动可可西里申报世界遗产工作。2016 年，中国正式向联合国教科文组织世界遗产中心提交了申报文本材料，并通过了国际专家的检查。2017 年 5 月，青海可可西里申遗项目技术评估通过，得到世界自然保护联盟推荐，2017 年 7 月在波兰克拉科夫举行的第 41 届世界遗产大会上被列入《世界遗产名录》。

◎ 世界遗产区域和国家公园边界

　　2016 年 4 月 9 日，青海省召开省委常委会议部署三江源国家公园体制试点工作，提出将力争于 5 年内建成三江源国家公园。根据部署，青海将以"一年夯实基础工作，两年完成试点任务"为目标推进工作，最终于 5 年内将园区打造成经济社会持续发展、人与自然和谐相处的生态文明先行区，为全国同类地区提供示范。

　　可可西里申报世界遗产地的范围包括了青藏公路以西的可可西里自然保护区和青藏公路以东的三江源自然保护区索加—曲麻河分区的北部地区。主要原则是保证跨越青藏公路的藏羚迁徙路线的完整性。事实上也保证了来往于公路两侧的各种大型动物栖息地的完整性。三江源国家公园的长江源园区包括可可西里自然保护区（图8-1）和三江源自然保护区索加—曲麻河分区，世界遗产地范围完全落在三江源国家公园长江源园区内。

　　无论是遗产地还是国家公园的边界划定（图8-2），都以保证可可西里生物多样性、栖息地保护价值和生物生态价值的完整性为原则。遗产地面积超过37 000km^2，并有面积与之相当的缓冲区，从东、南两个方向包围遗产地。这一广大范围覆盖了可可西里—三江源地区所有的藏羚重要产羔地和主要栖息地；也包括了面积充分的各类草地、湖泊等栖息地类型，为遗产地内的其他大

图8-1　位于昆仑山口的可可西里国家级自然保护区纪念碑

图 8-2　昆仑山——遗产地的北部边界

型动物提供了足够的生存空间。具体而言，遗产地包括了可可西里地区主要的三大山系和其间的宽谷、高原面，以及冰川、水系和湖泊。遗产地与缓冲区也包括了三江源—可可西里藏羚种群迁徙的完整路径和其间的重要栖息地，使得大规模藏羚迁徙这一壮阔景象可以延续；也包括了断裂带、最强烈度地震遗迹和火山遗迹等元素。

北以可可西里国家级自然保护区北界及青海三江源国家级自然保护区曲麻河保护分区北界直至玉珠峰（昆仑山山脊线）为界（图 8-2）；南以可可西里山山脊线以南山麓坡度 25° 处，楚玛尔河上游集水区南界山麓坡度 25° 处—风火山（冬布里山山脊线）为界；西以青海、西藏两省（自治区）边界为界；东界北段至青海三江源国家级自然保护区索加—曲麻河保护分区核心区内楚玛尔河流域两侧集水区山麓坡度 25° 处及省道 308 线北侧；东界南段至青海三江源国家级自然保护区索加—曲麻河保护分区核心区内秀水河流域两侧集水区山麓坡度 25° 处。

G109 国道楚玛尔河河谷南岸（可可西里自然保护区五道梁站南 10km）北至昆仑山口段，因两侧冬季野生动物集中，迁徙季节有大量藏羚穿越，故将沿线分别以不冻泉保护站、索南达杰保护站和五道梁保护站为中心，G109 国道沿线南、北各 10km 长，总计 60km 的路段划入遗产地范围，作为野生动物走廊。G109 国道除上述三段外，两侧 2km 范围内为缓冲区。

缓冲区从东、南两面包围遗产地，为遗产地提供缓冲和额外的保护地。缓冲区边界的确定同样考虑自然成分的连续性、地形地势和人类活动影响等因素。缓冲区南界西段与可可西里自然保护区南界重合；南界东段为通天河河谷右岸山脊线；东界与三江源索加—曲麻河分区核心区东界局部重合。可可西里自然保护区西界紧邻西藏羌塘自然保护区核心区，西北界紧邻新疆阿尔金山自然保护区核心区，北界紧邻昆仑山世界地质公园，均为国家级保护地，为遗产地提供了充分的保护，故在遗产地西界和北界未设置缓冲区。

◎ 可可西里及邻近地区大型哺乳动物分布及迁徙规律初探

作为可可西里生态系统和景观中最重要、鲜活的组成部分——大型哺乳动物，其分布和变化规律直接影响着保护管理政策的实施，也反映着保护管理政策实施的效果。

可可西里区域内大型哺乳动物分布格局的季节性变化

基于历史数据和现场调查数据，我们尝试对 11 种主要大中型哺乳动物（藏羚、藏原羚、盘羊、岩羊、野牦牛、藏野驴、雪豹、猞猁、狼、棕熊、旱獭）在可可西里及周边地区的春夏繁殖季、冬季分布进行了预测、建模。

随着季节的变化，大型哺乳动物，尤其是有蹄类在可可西里一带的分布有明显的变化。在春、夏繁殖季节，大型哺乳动物主要分布在可可西里西部的两条带状区域：一条为可可西里山南麓、西金乌兰湖北岸的山脚地区；另一条为勒斜武担湖—太阳湖、可可西里湖的湖岸区域。另外，昆仑山以南、库赛湖以北地区也是春、夏季的分布热点地区。

在可可西里，大型哺乳动物的越冬地较为集中，与春、夏季比较明显东移，主要分布在跨越青藏公路及青藏铁路的卓乃湖—错仁德加以东、昆仑山以南、日阿尺东布里山以北、玛曲河以西大片区域。可可西里遗产地和缓冲区覆盖了当地大型哺乳动物在冬季和夏季最主要的栖息地（闻丞 等，2017）。

藏羚迁徙

藏羚曾经遍布整个青藏高原，向东分布远及甘肃。在最近几个世纪，藏羚的分布一直在向西、向北退缩。目前，藏羚大致有四个较大的迁徙种群：青海群体、阿尔金山群体、羌塘东部/中部群体和羌塘西部群体。此外，还有若干不迁徙的群体分布在这些大群分布区的边缘。总体而言，所有群体的雄藏羚均不迁徙，而怀孕的藏羚在春季会向高海拔地带迁徙上百甚至近千千米回到产羔地。短暂的产羔季节结束后，再携初生的羚羔返回越冬地。

羌塘东部、阿尔金山和青海藏羚群体的主要产羔地均位于可可西里境内。青海藏羚分布范围目前已经局限在青海西南部的治多、曲麻莱两县西部。迁徙经过青藏公路的雌藏羚群在产羔季节以外主要在曲麻莱县曲麻河乡和治多县索加乡的西部，昆仑山以南，乌兰乌拉山余脉以北的平坦高原面上活动，大多在青藏公路以西。每年五月中下旬，公路以东的怀孕雌藏羚集结成数十到数百不等的群体，向西迁徙。近年来，通常从索南达杰保护站以北和五道梁以北楚玛尔河河谷附近穿越公路，进入可可西里自然保护区。大部分雌藏羚将跋涉100多千米，走到卓乃湖一带产羔。而少数也将在库赛湖附近产羔。另外，在青藏公路以西，楚玛尔河以南还有少量藏羚群体。它们将向北迁徙跨过楚玛尔河，翻越可可西里山，到达卓乃湖产羔。

在夏季，卓乃湖常聚集超过两万只雌藏羚。除了来自青海境内的个体，更多来自西藏羌塘。卓乃湖以西的科考湖、可可西里湖周边也有雌藏羚产羔，这些雌藏羚多来自羌塘。而太阳湖周边的雌藏羚则可能来自阿尔金山。每年雌藏羚的产羔迁徙构成了青藏高原上最大规模的动物移动。有证据显示，藏羚的迁徙也影响着其他动物的移动，虽然这方面的研究还很不充分。棕熊就是一个案例。在藏羚产羔季节，卓乃湖一带会吸引超过10头带崽的棕熊聚集。在每个藏羚集中产羔地是否都有棕熊聚集现象尚不清楚，但这种现象可能具有一定的普遍性。

藏野驴可能存在与藏羚类似的移动方式，即夏季向高海拔迁移，冬季向低海拔移动。在冬、春季节，的确在青藏公路附近及其以东地区，较易发现成群的藏野驴。

野牦牛的季节性移动

与藏羚不同，野牦牛不做长距离的迁徙。且雄牛与雌牛、小牛的移动方式也不尽相同。成年雄牛通常在较大的范围内游荡，有时会离开其他牛群数十甚至上百千米。这些雄牛单独或者结成不超过 10 只的小群活动，游荡在包括高寒草甸、高寒草原乃至高寒荒漠在内的各种生境中。

雌牛和它们未成年的子女经常结成数十乃至数百的大群活动。它们通常在冰川或者其他水源附近的嵩草草甸上活动。夏季往高海拔移动，秋冬季节下至较为开阔平坦的区域。但遇到雪很大的时候，又返回较高的迎风山坡，避免在雪厚的地方活动。

在可可西里地区，青藏公路以西的昆仑山南麓、五雪峰周围、可可西里山两翼是野牦牛群最为集中的区域。尤其是可可西里山南麓，楚玛尔河集水区北岸，可以发现超过 400 只的野牦牛群。这也可能是青藏高原野牦牛数量和密度最为集中的区域。而在青藏公路以东，仅在昆仑山南麓的玉珠峰附近，有一两群野牦牛。但游荡型的成年雄牛，在整个遗产地范围内都有广泛分布，主要集中在楚玛尔河以北的区域。

◎ 地貌、水系近期的快速演化过程和气候变化影响初探

自 1961 年以来，可可西里地区平均气温升温率为 0.34℃ /10 年（图 8-3），平均降水量增加速率为 4.97mm/10 年。区域内的冰川、河流、湖泊、湿地、温泉等地表景观，对气候变化产生快速响应和变化，是陆地上自然景观变化的最佳例证和地貌过程的珍贵记录。遗产地内冰川前缘逐年退缩，河流溯源侵蚀加剧，长江北源向原先的内流区扩展，发源于布喀达坂地区的柴达木盆地第一大河——那陵格勒河水量也在增大；区域内湖泊、湿地面积普遍增加，盐湖向淡水湖转化；出现新的泉眼。这一切生动地展现了地球物理正在进行的演变过程，并对动物栖息地产生着深远影响。

2011 年，可可西里夏季普降暴雪（雨），当年降雨量近 800mm，导致卓乃湖水位暴涨，将湖东端的沙土质堤岸冲塌。湖水沿一条古河道注入库赛湖，导致库赛湖水暴涨溢出，最终注入青藏公路以西的一片被称作海丁诺尔的干涸盐湖中，形成大片新的水面。

一方面，快速出现的河流、湖泊形成了快速、大范围变化的地貌景观（图 8-4）。另一方面，无论是新出现的河流还是湖泊，都是在原有的古老河道和古湖盆的基础上形成的，某种程度上也是在恢复历史某一阶段的景观。目前，来自新生湖的水流在夏季从索南达杰保护站附近向东沿古河道注入楚玛尔河，这意味着可可西里腹地远及卓乃湖集水区的广大范围已经由内流区转为属于长江北源的外流区。

目前，由于发源于卓乃湖的河流冲刷出宽而深的河谷，部分藏羚群体的迁徙受到影响。这也可能是近年部分雌藏羚在库赛湖北岸产羔的原因。新生湖正迅速成为大量水鸟聚集繁殖的栖息地。水系和地貌变化对其他物种的影响尚不十分明确。

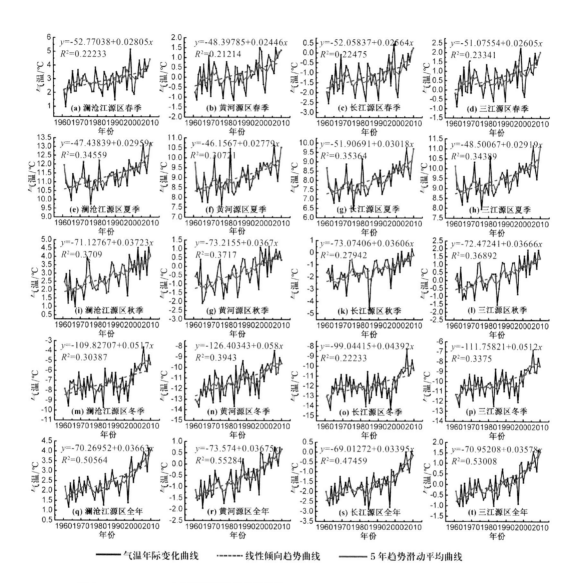

图 8-3 1960—2010 年三江源地区的升温趋势

图 8-4 可可西里东部近年迅速形成的大片湖泊，被称为"新生湖"

与全球其他受到气候变暖影响的地区一样，可可西里的冰川也普遍存在退缩消融现象。在布喀达坂冰川冰舌附近，由于冰川消融出现了大量冰碛和湖泊（图 8-5）。这些新出露的土地上生长着茂盛的嵩草，成为野牦牛、盘羊等喜爱的觅食地。

◎ 突出普遍价值面临的威胁和针对性减缓措施

突出普遍价值面临的威胁中最值得注意的是，跨越遗产地的交通运输通道，就在两个自然保护区之间的边界上。青藏公路在此地的存在由来已久，且运务繁忙，严重影响了藏羚从三江源自然保护区到产羔地再返回的迁徙路线、野生动物的总体活动和高原的生态运转，因此会影响与标准（ⅶ）和（ⅹ）相

图 8-5 在布喀达坂冰川冰舌附近，由于冰川消融出现了大量冰碛和湖泊。图为布喀达坂冰川及前缘的湖泊

关的价值。目前施行已久的应对管理措施是，由可可西里自然保护区的保护者在藏羚迁徙期内，在动物跨越位置每天将公路断行两个小时，以保证其能跨越公路（图 8-6）。这种干预措施收效很好，藏羚的种群数量也在不断增长。公路同样影响到其他动物种群，例如野牦牛和其他有蹄类的活动。目前还没有关于公路致动物死亡的监测数据可以用来评估其影响，因此尚没有针对其他种群

图 8-6　可可西里自然保护区的保护者在藏羚迁徙期内，每天断路两小时，以保证其能顺利跨越公路

采取的应对措施。

　　由于西藏自治区的发展，公路承载的交通日益繁忙，如果相应管理措施没有施行到位，在未来公路则会构成对动物的长久威胁。当前对青藏公路没有确切的道路升级计划。若今后有计划升级该道路（包括做出减少公路对迁徙影响的行动，例如修建地下通道），应该彻底仔细地评估升级工程，包括引入权威专家的意见。同时，还有两点必须要明确：一是维持现行的效果显著的管理措施；二是持续监测措施的有效性。还要注重提升监测水平，更好地监测公路对野生动物的影响，包括调查路毙动物的死因细节，以期查清该道路对除了藏羚之外的其他物种的影响，明确是否需要加强保护措施。

与公路相比，青藏铁路是一个相对较新的建成工程，其通过挖掘十分宽阔有效的下穿通道来解决迁徙路线的问题（图 8-7）。与公路一样，需要对野生动物通道的有效性进行持续的监测，以确保当前的措施继续发挥效力。

供电线路也处于该交通运输通道内，对鸟类构成了潜在的威胁。负责国家电网的机构已经采取措施，评估供电线路造成的威胁，提供了阻止鸟类撞击的措施，但仍需要同时监测和报告这些措施的有效性，并考虑随着环境的变化，当新的鸟类种群在遗产地定居时，应制定的相应的措施。

为根除小型哺乳动物鼠兔采用的毒杀行动，对当地的生物多样性构成了中度的现实威胁。越来越多的证据表明，鼠兔是维持高寒草甸生态系统运转的关键物种。因此，毒杀会潜在地影响生态系统的运转，影响遗产地的生物多样性。治理鼠兔尚无有组织的应对管理措施。为回应 IUCN 提出的该问题，相关机构已表明不会再在遗产地及缓冲区内安排任何毒杀行动。

政府出于畜牧、抗击荒漠化和保护湿地的需要发起的土地分块和围栏行动

图 8-7　青藏铁路通过挖掘十分宽阔有效的下穿通道来解决藏羚迁徙路线的问题

也是值得注意的现实威胁，因为围栏会破坏藏羚的迁徙路线，破坏遗产地及缓冲区内的野生动物迁移。各保护区和 NGO 组织已经采取行动去除围栏，但仍有很多围栏存在。有报告称遗产地南部的非法开拓也导致了围栏的出现。为保证可可西里野生动物迁徙的安全和生态系统的完整，政府应确保不在任何时候许可或提倡遗产地内会威胁到动物迁徙路线的围栏活动，并应采取行动管理正在发生的围栏活动。

过度放牧和人与野生动物的冲突同样构成对一部分遗产地和三江源自然保护区的威胁。羊、牛和野生动物争食，以及过度放牧会引起草原生态系统的退化。政府已采取了有效减少动物畜养量的政策，提供激励措施减少放牧量，并对相关牧户家庭提供补偿。在过去几年放牧强度显著下降，因此建议继续执行当前的政策。然而，需要重视的是，要对自然生态系统能够支撑的由来已久的传统放牧行为加以区分并予以支持，以尊重和保护合法的草原利用的传统行为以及相关的权利。

遗产地正受到气候变化的影响。在过去的几十年内，可可西里自然保护区内有记录的平均气温和平均降水量显著升高。伴随着这样快速的变化，冰川、永久冻土、河流、湖泊、湿地和泉水都相应地发生了变迁，堪称陆地景观急剧变化的典型例子和罕见的地貌演进过程。遗产地的初级生产力似有增长，新的河流、湖泊和沼泽相继涌现，为有蹄类和水鸟提供了新的栖息地。地形的改变同样导致了有蹄类和候鸟的活动规律改变。实际施行的应对管理措施很难跟上变化趋势，因为这些变化情况首先需要被理解，但是作为理解基础的科学观念和知识也在飞速发展变化。当前阶段内，首要的是建立、加强和协调对气候变化作用的监测方案，考虑可行的应对措施。遗产地面积很大，能够提供充足的关于这些变化的信息，提取应对措施的经验教训，这些都是具有全球意义的。

由于这里海拔高，气候恶劣，目前少有游客到访遗产地。管理机构正投资建设新的基础设施，例如建设位于公路上的观景点和位于索南达杰保护站的新游客中心。在遗产地的管理方案中确定了一个简单的旅游业发展策略，提议限制游客的数量，但尚未拟定任何具体的举措以实现该目的。鉴于遗产地范围之广和目前有限的人类活动，旅游业在当前不太会构成特别显著的威胁，但是，在管理方案接受审核时，仍需要制定一个更加详尽的旅游业发展规划。应重视将旅游业的发展同遗产地缓冲区内居住的当地社区的活动更广泛地联系在一起，同青海和邻省更广泛的旅游规划联系起来。与世界遗产相关的发展策略应以最密切的方式同当地的经济发展联系起来。

◎ 可可西里作为荒野类型遗产地的重要意义

荒野（wilderness）覆盖了世界上 22.7% 的面积。荒野的重要性不断被强调，其原因一方面在于，荒野作为未受到人类活动造成的扰动和退化、保存了自然完整性（intact）的区域，支持了大尺度上的、没有受到人为影响的生态过程和进化过程，提供了大尺度的生态系统服务功能，支持了大尺度的水循环、碳循环，是需要大面积栖息地的野生动物，尤其是大型兽类和迁徙动物的最后栖息地，也是对人为活动敏感生物的最后栖息地。荒野提供了未受人为活动改变的自然本底，提供了自然状态下完整的生物—土壤组合，是恢复生态学的重要参考和野生种质资源的重要来源（Allen et al.，2017）。荒野是目前地球上唯一物种丰富接近自然水平的地区，其保护的完整生态系统也对缓解气候变化影响非常关键（Watson et al.，2018）。另一方面在于，荒野受到了极大的威胁。20 世纪以前，地球表面仅有 15% 被用于农田或牧场，而现在，地球上 77% 的土地（不包括南极洲）已经在人为活动的直接影响之下（Watson et al.，2016；Watson et al.，2018）。尤其是 20 世纪 90 年代以来，在全球范围内，荒野受到的威胁增加，面积缩小，破碎化程度提高，荒野内的生物多样性受到极大威胁。1993—2009 年，人类新开发的荒野面积达到了 3 300 000km² (Watson et al.，2016)。

很多学者认为应当提升对荒野保护的关注程度，提升荒野保护的优先级别，而目前大多数国家的荒野并没有得到正式定义、识别和保护 (Watson et al.，2018)。世界自然遗产作为保护程度最高的保护地之一，需要在荒野保护中发挥更大的作用。截至 2017 年，208 处世界自然遗产中，52 处 (25%) 覆盖了荒野，其中 12 处 (6%) 遗产地 90% 以上面积是荒野，25 处 (12%) 遗产地 50% 以上的面积是荒野。世界自然遗产共覆盖了全世界 1.8% 的荒野地，故有研究认为世界遗产应当增加对荒野的重视程度，应当优先考虑荒野的提名，甚至可以考虑将荒野作为单独的突出普遍价值 (Allen et al.，2017)。部分保护了荒野的遗产地应当考虑扩展。

虽然是几乎没有人为活动的区域，但荒野的保护仍然与社区有关。荒野内人为干扰压力的增加是随着荒野周围区域人为干扰的增加、生物多样性及文化多样性的丧失而增加的，荒野周边社区居民常被贫困、歧视、社会的边缘化等问题困扰，历史上长期有效的、基于社区的自然资源管理方式经常不被认可，管理需要的传统的社区结构经常在现代化的冲击下解体，人口增长带来的压力也会改变社区传统的土地利用和自然资源利用方式 (Oviedo et al.，2012)。

可可西里自然遗产地都是严格意义上的荒野，保留了未受人为干扰的生态、地质、水文过程，为需要长距离迁徙的藏羚及对人为干扰敏感的野牦牛、藏野驴等物种提供了重要的栖息地。中国作为世界上人口最多的国家，像可可西里这样剩余的荒野地区更加可贵、更具有不可替代的重要价值。可可西里自然遗产地是国内以申报世界遗产方式进行遗产保护的有益尝试，顺应了世界上重视荒野保护的潮流。

与世界范围内的情况类似，可可西里荒野也存在受到的人为干扰不断增加、荒野范围缩小的情况，尤其是在 20 世纪 90 年代，可可西里荒野一方面受到了极大的盗猎压力，一方面周边牧民进入荒野地区放牧，尤其是 90 年代后在西南部和南部超过 10 000km² 的区域新增放牧活动，这些都对当地原始自然环境和面貌，尤其是野生动物产生了较大干扰。

荒野类自然遗产更加重视保护的严格性，相关的社区工作需要包括两个方面：在遗产地内，要保留其荒野的原真性和完整性，要严格禁止新增的人为活动和人为压力；对于遗产地周边社区，尤其是缓冲区内的居民和社区，要兼顾生态保护目标和社区发展目标，使人为活动对生态的压力不增加、不向荒野内传导。

综合可可西里遗产地社区的基本情况，总体而言，社区规模较小，人地矛盾不甚剧烈，社区发展水平尚可，与地区性中心城市交通较为便捷，社区参与保护基础良好，具有社区参与生态保护工作的良好基础，故应当依托世界自然遗产地的政策优势、资源优势，将可可西里遗产地建设成为青藏高原地区乃至全国范围内社区参与生态保护的优先区、示范区。

在可可西里遗产地内，应严格控制和限制包括放牧在内的一切人为活动，鼓励遗产地内居民迁出，对自主选择留在原地的居民应保证其生产生活范围不扩大，对生态环境的影响不增加；在遗产地缓冲区内，由居民自主选择生计方式，引导居民及社区的生产生活活动向生态友好的方向发展，弘扬传统生态文化，组织社区参与遗产地保护工作，将遗产地社区建设成为践行生态文明、具有民族特色的高原美丽乡村。

第九章

可可西里的保护管理

作为国家公园和世界遗产，可可西里的保护管理显得尤其重要。其根本原则是在科学的指导下进行规范的管理。首先，要加强对自然遗产价值元素——包括景观和生物元素的监测和科学研究，实施适应性管理；其次，对威胁因素进行监测和针对性科学研究，并开展针对性的防控或者整治措施，将在可可西里和缓冲区内生活的藏族牧民纳入保护、管理、监测和公众教育的行动中；最后，继续推进社会参与，促进社会和公众对保护工作的关注与参与，加强展示体系建设，控制游客规模，对公路、铁路沿线进行长期的整治与管理，保证旅游、交通等对自然遗产价值的影响始终处于最小的程度。

在将可可西里申报世界遗产之时，青海省人民政府成立了青海省世界遗产管理办公室，对遗产提名地和缓冲区的保护管理工作进行统一领导。对可可西里和三江源国家级自然保护区管理机构进行了整合，建立了统一的管理机构，加强对遗产提名地和缓冲区的管理工作。可可西里申报世界遗产专家组、地方职能部门、监测机构及科研院所和高等院校作为技术支撑，负责可可西里的监测，科学保护和管理。

◎ 法制框架

与保护相关的法律法规

青藏公路西、东两侧的广袤区域分别在 1997 年和 2003 年被列为可可西里国家级自然保护区和三江源国家级自然保护区，受到国内系列法律的保护（表 9-1）。

表 9-1　规划依据的中国法律法规

名称	发布时间（年）	发布机关
《中华人民共和国宪法》（2018 年修正）	2018	全国人民代表大会
《中华人民共和国森林法》（2009 年修正）	2009	全国人大常委会
《中华人民共和国水土保持法》（2010 年修订）	2010	全国人大常委会
《中华人民共和国草原法》（2013 年修正）	2013	全国人大常委会
《中华人民共和国水法》（2016 年修正）	2016	全国人大常委会
《中华人民共和国公路法》（2017 年修正）	2017	全国人大常委会
《中华人民共和国野生动物保护法》（2018 年修正）	2018	全国人大常委会
《中华人民共和国环境保护法》（2014 年修订）	2014	全国人大常委会
《国家重点保护野生动物名录》	1989	林业部，农业部
《中华人民共和国自然保护区条例》（2017 年修正）	2017	国务院
《中华人民共和国野生植物保护条例》（2017 年修正）	2017	国务院
《中华人民共和国陆生野生动物保护实施条例》（2016 年修订）	2016	国务院
《青海省湿地保护条例》（2018 年修正）	2018	青海省人大常委会
《青海省可可西里自然遗产地保护条例》	2016	青海省人大常委会
《三江源国家公园条例（试行）》	2017	青海省人大常委会

主要相关法律法规提要

《中华人民共和国宪法》

第九条　矿藏、水流、森林、山岭、草原、荒地、滩涂等自然资源，都属于国家所有，即全民所有；由法律规定属于集体所有的森林和山岭、草原、荒地、滩涂除外。

国家保障自然资源的合理利用，保护珍贵的动物和植物。禁止任何组织或者个人用任何手段侵占或者破坏自然资源。

第二十二条　国家发展为人民服务、为社会主义服务的文学艺术事业、新闻广播电视事业、出版发行事业、图书馆博物馆文化馆和其他文化事业，开展群众性的文化活动。

国家保护名胜古迹、珍贵文物和其他重要历史文化遗产。

第二十六条　国家保护和改善生活环境和生态环境，防治污染和其他公害。

国家组织和鼓励植树造林，保护林木。

《中华人民共和国森林法》

第十九条　地方各级人民政府应当组织有关部门建立护林组织，负责护林工作；根据实际需要在大面积林区增加护林设施，加强森林保护；督促有林的和林区的基层单位，订立护林公约，组织群众护林，划定护林责任区，配备专职和兼职护林员。

第二十一条　地方各级人民政府应当切实做好森林火灾的预防和扑救工作。

第二十四条　国务院林业主管部门和省、自治区、直辖市人民政府，应当在不同自然地带的典型森林生态地区、珍贵动物和植物生长繁殖的林区、天然热带雨林区和具有特殊保护价值的其他天然林区，划定自然保护区，加强保护管理。

自然保护区的管理办法，由国务院林业主管部门制定，报国务院批准施行。

对自然保护区以外的珍贵树木和林区内具有特殊价值的植物资源，应当认真保护；未经省、自治区、直辖市林业主管部门批准，不得采伐和采集。

《中华人民共和国水法》

第九条　国家保护水资源，采取有效措施，保护植被，植树种草，涵养水源，防治水土流失和水体污染，改善生态环境。

《中华人民共和国野生动物保护法》

第十条　国家对野生动物实行分类分级保护。

国家对珍贵、濒危的野生动物实行重点保护。国家重点保护的野生动物分为一级保护野生动物和二级保护野生动物。国家重点保护野生动物名录，由国务院野生动物保护主管部门组织科学评估后制定，并每五年根据评估情况确定对名录进行调整。国家重点保护野生动物名录报国务院批准公布。

《中华人民共和国环境保护法》

第二十九条　国家在重点生态功能区、生态环境敏感区和脆弱区等区域划定生态保护红线，实行严格保护。

各级人民政府对具有代表性的各种类型的自然生态系统区域，珍稀、濒危的野生动植物自然分布区域，重要的水源涵养区域，具有重大科学文化价值的地质构造、著名溶洞和化石分布区、冰川、火山、温泉等自然遗迹，以及人文遗迹、古树名木，应当采取措施予以保护，严禁破坏。

第三十条　开发利用自然资源，应当合理开发，保护生物多样性，保障生态安全，依法制定有关生态保护和恢复治理方案并予以实施。

第三十五条　城乡建设应当结合当地自然环境的特点，保护植被、水域和自然景观，加强城市园林、绿地和风景名胜区的建设与管理。

《中华人民共和国自然保护区条例》

第四条　国家采取有利于发展自然保护区的经济、技术政策和措施，将自然保护区的发展规划纳入国民经济和社会发展计划。

第十八条　自然保护区可以分为核心区、缓冲区和实验区。

自然保护区内保存完好的天然状态的生态系统以及珍稀、濒危动植物的集中分布地，应当划为核心区，禁止任何单位和个人进入；除依照本条例第二十七条的规定经批准外，也不允许进入从事科学研究活动。

核心区外围可以划定一定面积的缓冲区，只准进入从事科学研究观测活动。

缓冲区外围划为实验区，可以进入从事科学试验、教学实习、参观考察、旅游以及驯化、繁殖珍稀、濒危野生动植物等活动。

原批准建立自然保护区的人民政府认为必要时，可以在自然保护区的外围划定一定面积的外围保护地带。

《中华人民共和国野生植物保护条例》

第九条　国家保护野生植物及其生长环境。禁止任何单位和个人非法采集野生植物或者破坏其生长环境。

第十一条　在国家重点保护野生植物物种和地方重点保护野生植物物种的天然集中分布区域，应当依照有关法律、行政法规的规定，建立自然保护区；在其他区域，县级以上地方人民政府野生植物行政主管部门和其他有关部门可以根据实际情况建立国家重点保护野生植物和地方重点保护野生植物的保护点或者设立保护标志。

禁止破坏国家重点保护野生植物和地方重点保护野生植物的保护点的保护设施和保护标志。

第十四条　野生植物行政主管部门和有关单位对生长受到威胁的国家重点保护野生植物和地方重点保护野生植物应当采取拯救措施，保护或者恢复其生长环境，必要时应当建立繁育基地、种质资源库或者采取迁地保护措施。

《中华人民共和国陆生野生动物保护实施条例》

第八条　县级以上各级人民政府野生动物行政主管部门，应当组织社会各方面力量，采取生物技术措施和工程技术措施，维护和改善野生动物生存环境，保护和发展野生动物资源。

禁止任何单位和个人破坏国家和地方重点保护野生动物的生息繁衍场所和生存条件。

《青海省可可西里自然遗产地保护条例》
第一章　总　则

第一条　为了加强可可西里自然遗产地保护，根据有关法律、行政法规，结合本省实际，制定本条例。

第二条　本条例适用于可可西里自然遗产地及其缓冲区规划、保护、管理和利用活动。

可可西里自然遗产地是指按照国家规定的自然遗产地划定标准和程序，在玉树藏族自治州治多县可可西里地区及索加乡、曲麻莱县曲麻河乡行政区划内划定并公布的区域。

缓冲区是指按照法定程序划定并公布，在功能上对可可西里自然遗产地保护有重要影响的外围相邻区域。

第三条　可可西里自然遗产地的保护应当遵循科学规划、严格保护、统一管理、合理利用的原则。

第四条　省人民政府对可可西里自然遗产地规划、保护、管理和利用工作实行统一领导，具体工作由省人民政府住房和城乡建设行政主管部门组织实施。

可可西里自然遗产地管理机构具体负责可可西里自然遗产地的保护和管理工作，并接受省人民政府住房和城乡建设行政主管部门在业务上的监督指导。

可可西里自然遗产地的州、县人民政府应当加强可可西里自然遗产地保护工作的领导。可可西里自然遗产地的州、县人民政府住房和城乡建设、环保、林业、农牧、国土资源、交通运输、水利、旅游、气象等部门，应当依法履行相关职责。

第五条　省人民政府和可可西里自然遗产地的州、县人民政府应当将可可西里自然遗产地保护和管理经费纳入本级财政预算。

可可西里自然遗产地管理机构可以依法筹集资金，用于可可西里自然遗产地保护。资金使用情况应当向社会公布，接受公众监督。

第六条　任何单位和个人都有保护可可西里自然遗产地资源的义务，有权制止、举报破坏可可西里自然遗产地的行为。

第二章　规　划

第七条　编制可可西里自然遗产地规划应当突出生态文明理念和普遍价值，保护地质遗迹、生态演变过程、自然风景美学价值、生物多样性，充分发挥科研、教育、展示功能，合理开展生态科普旅游，构建自然遗产地科学保护和合理利用机制。

第八条　可可西里自然遗产地规划分为总体规划和详细规划。

可可西里自然遗产地总体规划由省人民政府住房和城乡建设行政主管部门会同有关部门组织编制，报省人民政府审批。

可可西里自然遗产地详细规划由可可西里自然遗产地管理机构组织编制，

经州人民政府审查同意后，报省人民政府住房和城乡建设行政主管部门审批。

可可西里自然遗产地规划经批准后，应当向社会公布，接受公众监督。

第九条　可可西里自然遗产地规划应当与土地利用总体规划、城乡规划及国家级自然保护区规划、国家公园规划相衔接。

可可西里自然遗产地的旅游等专项规划，应当与可可西里自然遗产地规划相衔接。

第十条　编制可可西里自然遗产地规划，应当公开征求有关部门、专家学者和公众的意见。

第十一条　经批准的可可西里自然遗产地规划不得擅自变更或者调整，确需变更或者调整的，应当报经原审批机关批准。

第十二条　可可西里自然遗产地规划应当严格控制各类工程建设、旅游开发及生产经营等活动。

依照可可西里自然遗产地规划实施工程建设、旅游开发及生产经营等活动的单位和个人应当制定生态保护方案，依照有关法律、法规办理审批手续，并采取有效防控措施，保护好自然景观、水体、林草植被、野生动物资源和地形地貌。

第三章　保护、管理和利用

第十三条　可可西里自然遗产地管理机构应当按照规划要求，制定相关制度，加强可可西里自然遗产地保护、管理和利用。

第十四条　可可西里自然遗产地管理机构应当开展自然遗产地保护状况的监测、调查、登记、评估、评价等相关工作，建立自然遗产资源保护管理档案，引导开展与自然遗产保护有关的科研、科普、教育活动。

第十五条　可可西里自然遗产地管理机构应当设立自然遗产地界桩、界碑和安全警示等标识标牌。

第十六条　可可西里自然遗产地管理机构应当每年向省人民政府住房和城乡建设行政主管部门报告可可西里自然遗产地规划执行、资源保护、自然环境变化、监测数据等情况，并根据自然环境变化、监测数据等确定下一年度的保护管理措施。

第十七条　在可可西里自然遗产地开展生态科普旅游、科学研究等活动，应当遵守保护和管理的各项制度，制定方案和计划，依照法定程序审批。

在可可西里自然遗产地的缓冲区从事科学研究、游览观光等活动，应当遵守有关法律、法规的规定。

第十八条　可可西里自然遗产地内的原生生态系统、濒危特有物种栖息地、自然遗迹受到威胁，需要采取人为干预措施的，可可西里自然遗产地管理机构应当报告省人民政府住房和城乡建设行政主管部门，经专家论证后方可实施。

第十九条　在可可西里自然遗产地内，禁止下列行为：

（一）开山、采石、取土、采矿等破坏自然景观、植被和地形地貌的活动；

（二）擅自引进外来物种；

（三）非法捕杀国家重点保护野生动物；

（四）擅自移动或者破坏界桩、界碑和安全警示等标识标牌；

（五）法律、法规禁止的其他行为。

第二十条　可可西里自然遗产地管理机构应当保护野生动物栖息地和自然迁徙路线，确保野生动物生存环境、生活习性不受人为破坏和干扰。

经依法批准的建设项目选址应当避让野生动物栖息地和自然迁徙路线，无法避让确需跨越野生动物栖息地和自然迁徙路线的建设项目应当充分论证、科学设计和合理施工。

第二十一条　铁路管理部门应当在可可西里自然遗产地及其缓冲区采取保护措施，防止野生动物进入机车行驶区域。

交通运输部门应当在可可西里自然遗产地及其缓冲区公路沿线科学设置动物穿越通道，并设立警示标牌。

途经可可西里自然遗产地及其缓冲区公路的车辆驾驶人员和其他人员应当

自觉避让野生动物，禁止惊扰野生动物。

第二十二条　可可西里自然遗产地管理机构应当组织当地居民参与自然遗产地的保护和管理工作，引导、培养当地居民采用有益于自然遗产地保护的生产生活方式。

第二十三条　鼓励可可西里自然遗产地的州、县人民政府和自然遗产地管理机构依法采用特许经营的方式实施基础设施建设。

可可西里自然遗产地及其缓冲区的餐饮、住宿、纪念品销售、民俗展示、文体娱乐等项目，由自然遗产地管理机构按照规划，通过公平竞争的方式，依法选择经营者。

第二十四条　可可西里自然遗产地的州、县人民政府和自然遗产地管理机构，应当加强可可西里自然遗产地科学知识普及和宣传教育，提高公众对自然遗产价值的认识，增强自觉保护意识。

第四章　法律责任

第二十五条　违反本条例规定的行为，法律、行政法规已有处罚规定的，从其规定。

第二十六条　违反本条例规定，有下列情形之一的，由可可西里自然遗产地管理机构责令停止违法行为、限期整改、没收违法所得，并按照下列规定予以处罚：

（一）开山、采石、取土、采矿等破坏自然景观、植被和地形地貌的，责令恢复原状，并处以十万元以上三十万元以下罚款；情节严重的，处以三十万元以上六十万元以下罚款；

（二）擅自引进外来物种的，处以三万元以上五万元以下罚款；

（三）擅自移动或者破坏自然遗产地界桩、界碑和安全警示等标识标牌的，处以三千元以上五千元以下罚款。

第二十七条　违反本条例规定，未经批准擅自变更或者调整可可西里自然遗产地规划的，予以通报批评、责令改正；情节严重的，对直接负责的主管人员和其他直接责任人员依法给予处分。

第二十八条　国家机关工作人员违反本条例规定，玩忽职守、滥用职权、徇私舞弊的，依法给予行政处分；构成犯罪的，依法追究刑事责任。

第五章　附　则

第二十九条　本条例自 2016 年 10 月 1 日起施行。

《三江源国家公园条例（试行）》说明

《条例》分总则、管理体制、规划建设、资源保护、利用管理、社会参与、法律责任、附则等八章内容。

《条例》指出，为了规范三江源国家公园保护、建设和管理活动，实现自然资源的持久保育和永续利用，保护国家重要生态安全屏障，促进生态文明建设，根据有关法律、行政法规，结合三江源国家公园实际，制定本条例。

《条例》确定，三江源国家公园主要保护对象包括草地、林地、湿地、荒漠；冰川、雪山、冻土、湖泊、河流；国家和省保护的野生动植物及其栖息地；矿产资源；地质遗迹；文物古迹、特色民居；传统文化；其他需要保护的资源。

禁止在三江源国家公园内进行采矿、砍伐、狩猎、捕捞、开垦、采集泥炭、揭取草皮；擅自采石、挖沙、取土、取水；擅自采集国家和省级重点保护野生植物；捡拾野生动物尸骨、鸟卵；擅自引进和投放外来物种；改变自然水系状态等。

《条例》明确，三江源国家公园按照生态系统功能、保护目标和利用价值划分为核心保育区、生态保育修复区、传统利用区等不同功能区，实行差别化保护。

《条例》规定，国家公园管理机构应当坚持以自然恢复为主，生物措施和工程措施相结合，采用先进适用的恢复和治理技术，保持生物多样性，有效提升水源涵养等生态功能。除生态保护修复工程和不损害生态系统的居民生活生产设施改造，以及自然观光、科研教育、生态体验外，禁止其他开发建设，保护自然生态和自然文化遗产的原真性、完整性。

◎ 可可西里遗产地治理框架——兼论与国家公园的协调配合

青海可可西里被列入《世界遗产名录》之前，遗产提名地及缓冲区，包括可可西里国家级自然保护区和三江源国家级自然保护区的索加—曲麻河分区，就已经在保护地体系的覆盖之下，自然保护区对可可西里地区进行保护和管理。同时，可可西里遗产地及缓冲区在三江源范围之内，整个三江源地区的生态保护政策也对遗产地具有保护作用。同时，可可西里遗产地周边社区受到藏族传统文化和现代生态保护宣传教育的影响，参与生态保护的积极性较高，开展社区参与式保护的历史也较长。三江源国家公园建设的开展和可可西里申遗的成功是可可西里地区生态保护历史中新的里程碑。本部分我们回顾可可西里地区生态保护的既有措施和治理框架，并探讨遗产地管理和国家公园管理如何协调配合，使可可西里地区生态保护的有效性得到进一步提升。

自然保护区

可可西里遗产地在空间上属于可可西里国家级自然保护区和三江源国家级自然保护区，申遗之前主要的保护和管理也是由自然保护区管理部门完成的。

可可西里国家级自然保护区

可可西里自然保护区总面积约 45 000km^2，其中核心区面积约 25 500km^2。

保护区以高原野生动植物及其生存环境、自然资源、自然景观、地质资源等为主要保护对象。可可西里自然保护区设有管理局，属正处级事业单位建制，属于独立法人单位，为全额拨款事业单位。全局目前有编制 35 人，其中公安编制 15 人，实有工作人员 50 人。管理局下设森林公安分局，并下设清水河保护站（索南达杰保护站、野生动物救助中心），不冻泉保护站（高原医学研究基地），五道梁保护站（野生动物监测站），沱沱河保护站，卓乃湖保护站（野生动物疫病疫源和生态监测站）。

1996 年，青海省人民政府决定建立可可西里自然保护区；

1997 年，玉树藏族自治州人民政府成立了可可西里自然保护区管理处，国务院公布可可西里为国家级自然保护区；

1999 年，保护机构更名为青海可可西里国家级自然保护区管理局；

2001 年，组建森林公安分局，负责保护保护区内高原野生动植物及其生存环境、自然景观、地质资源等。

可可西里自然保护区内的所有巡护由森林公安分局干警和协警执行，无人区内每月至少有一次长距离巡护。在藏羚产羔季节，卓乃湖有全天候守护。公路沿线有全年巡护。

三江源国家级自然保护区索加—曲麻河分区

索加—曲麻河分区属于三江源国家级自然保护区，以保护野生动物为主要目的，总面积约 41 000km^2，其中核心区面积约 10 100km^2。保护分区设置有管理站。三江源自然保护区管理局为副厅级机构，为全额拨款事业单位，由青海省林业局管理。

2000 年，青海省政府批准建立了青海三江源省级自然保护区；

2001 年，青海省机构编制委员会批准成立"青海省三江源自然保护区管理局"；

2003 年，国务院批准三江源省级自然保护区升级为国家级自然保护区；

2009 年，《中共青海省委、青海省人民政府关于省政府机构设置的通知》，确定三江源国家级自然保护区管理局为林业厅派出机构；

2014 年，青海省机构编制委员会批复设立三江源国家级自然保护区森林公安局，为正县级机构，由青海省三江源国家级自然保护区管理局管理，业务上接受青海省森林公安局指导。

三江源生态保护工程

2000 年以来，三江源生态保护得到了国家层面的高度重视，并在面积广大的三江源地区综合实施了三江源生态保护工程。三江源自然保护区生态保护和建设工程的范围为三江源国家级自然保护区，二期工程范围扩大到整个三江源区域。三江源保护工程在很大程度上整合了已有的生态保护政策，对可可西里遗产地的保护，尤其是协调生态保护与社区方面，产生了重要影响。以下简要介绍三江源地区的主要生态保护政策。

三江源自然保护区生态保护和建设工程（2005—2011）

三江源自然保护区生态保护和建设工程（2005—2011）一般称为三江源一期工程，2005 年开始实施。覆盖范围为三江源国家级自然保护区，遗产地东部地区级社区在工程范围内。一期工程认为，三江源地区藏族牧民以畜牧业为主，放牧活动给草场保护带来困难。当地产业结构单一，替代产业和产品发展缓慢，牧民群众的收入增长缓慢。牧民传统落后的生产生活方式、陈旧的思想观念与生态保护的措施发生冲突。

三江源一期工程整合了 2003 年开始的退牧还草工程内容。退牧还草工程的设立是基于人口增长、牲畜超载过牧、人为乱采滥挖、害鼠破坏等是三江源地区草地退化的主要原因的认识。三江源保护区索加—曲麻河分区共有草地 5243.46 万亩，其中退牧还草工程实施面积为 2941.71 万亩。退牧还草工程要求对中度及以上退化草场实施禁牧及围栏封育，禁牧补助为每亩草场补助饲料粮 2.75kg/ 年，饲料粮价格为 0.9 元 /kg，另有围栏建设补贴为 20 元 / 亩。索加—曲麻河保护分区涉及围栏补贴 58 834.26 万元，饲料粮补助 36 403.70 万元。

为降低草场压力、保护草场并提升牧民生活水平，其间政府还组织了生态移民。索加—曲麻河分区当时共有牧民 2521 户，13 867 人，其中要求生态移民 630 户，3467 人；唐古拉山镇共有 503 户，2113 人，要求生态移民 126 户，528 人。生态移民户少量安置于乡中心，大部分安置于格尔木市、曲麻莱县、治多县城区的移民村内，生态移民补助为 6000 元 /(户·年)，后提升为 8000 元 /(户·年)，并提供 45m² 住房一套。

为保护草原，还进行了黑土滩治理、草原灭鼠。对仍留在草场放牧的牧民，帮助他们建设了暖棚、贮草棚、饲草料基地，并建设了太阳能设施和人畜饮水设施。

三江源生态保护综合试验区（2011—　）

《青海三江源国家生态保护综合试验区总体方案》中提出，在三江源地区应当统筹生态保护与民生改善，尊重文化，保护生态，保障民生。转变农牧业发展方式，推动非牧产业发展，促进生态保护和建设。加强基础设施建设。应当尽快建立生态补偿机制，建立生态管护公益岗位，鼓励社区和居民参与生态保护工作，并从保护中受益。

在此方案指导下，《青海省人民政府关于探索建立三江源生态补偿机制的若干意见》中提出，需要破解"稳人难"和"减畜难"两大难题，将生态补偿与激励约束结合，形成有效的奖惩机制。《青海省草原生态管护员管理暂行办法》中提出，在三江源草原地区每 5 万亩草原设置一个生态管护员岗位，生态管护员职责包括：协助对载畜量和减畜数量进行核定，监督计划落实；对不按计划核减的，及时上报；对禁牧区和草畜平衡区放牧情况进行巡查，发现违反禁牧或未按计划核减的及时上报；对草原基础设施、鼠虫害、草原火情及采挖草原野生植物情况进行监管，积极开展草原保护法规和政策宣传；及时举报草原违法行为。草原管护员从居留在草原的牧户中选择，优先选择已实现禁牧、实现草畜平衡并加入生态畜牧业经济合作组织的牧民或特困户、家庭无就业人员牧户的青壮年劳动力。

三江源生态保护和建设二期工程（2012—2020）

三江源生态保护和建设二期工程（2012—2020）一般称为三江源二期工程。三江源二期工程的范围从三江源自然保护区扩展到了整个三江源地区，其中重点保护区为三江源及可可西里自然保护区范围，一般保护区为保护区外非城镇区域，城镇区域为承接发展区。可可西里自然遗产地基本属于重点保护区，少部分（主要为青藏公路沿线）属于一般保护区。

二期工程规划中认为，三江源地区贫困人口占比大，对自然资源的依赖程度高，以传统农牧业为主的生产生活方式对区域生态环境破坏严重。为兼顾生态保护目标和社区发展目标，需要建设生态畜牧业，建立并完善生态补偿机制，尽快设立生态管护公益岗位。必须加快建立与试验区建设相适应、与生态保护和建设工程相配套、规范长效的生态补偿机制，在先期试点的基础上推行生态管护公益岗位制度，使三江源部分农村富余劳动力转为生态管护人员，增加农牧民收入，进一步巩固和提升生态保护和建设成效。

三江源二期工程整合了草原补奖政策。草原补奖政策自2011年开始实施，包括禁牧草地补助和草畜平衡奖励。具体到三江源地区，在重度以上退化天然草场实施禁牧，向牧民发放禁牧补助，标准为5元/亩；对禁牧区以外的可利用草场发放草畜平衡奖励，标准为1.5元/亩。其中，治多县禁牧草场2035万亩，草畜平衡草场826万亩；曲麻莱县禁牧草场2347万亩，草畜平衡草场961万亩。2016年后，禁牧补助标准提升为6元/亩，草畜平衡草场奖励标准提升为2.5元/亩。

草原补奖政策科学核定辖区内各类草地的合理载畜量，确定超载牲畜数量、制定减畜计划和出栏任务，并将草畜平衡的各项指标逐级分解落实到乡、村及牧户。强调将补奖资金与牧民草原生态保护责任、效果挂钩，对履行禁牧和草畜平衡义务的牧户，经考核合格后采取"一卡通"方式全额兑现补奖资金。对条件成熟的地区，在充分尊重牧民意愿、做好风险评估的前提下，引导将补奖资金折股量化给牧户，集中用于生态畜牧业合作社发展生产。对不履行或未全面履行禁牧和草畜平衡义务的牧户，停发或相应扣减绩效奖励资金，待限期整改并考核合格后予以兑现；对整改不合格或拒不整改的，停发或相应扣减绩效奖励资金。扣减的绩效奖励资金由村委会研究，报乡（镇）人民政府同意后，奖励给工作突出的牧户。

其他草原保护及畜牧业发展相关政策还包括：建设季节性休牧和划区轮牧围栏；草地补播改良；人工饲草料基地建设；畜棚建设；黑土滩治理等。

三江源地区生态保护工程对可可西里遗产地的影响，体现在三江源工程的内容对遗产地及缓冲区内社区及牧民的生产生活方式已经产生影响，故需要统筹三江源工程及可可西里遗产地管理的目标及内容，充分协调使其能够不冲突并能有效执行。为了严格保护自然保护区核心区，减轻草地压力，恢复已退化草场，不同时期的三江源生态保护政策提供了鼓励牧民迁出草地的生态移民、严格控制牲畜数量的草原补奖等限制资源利用的政策。同时，为了满足牧民的生计需求，也提供了多种形式的生态补贴，并提供了生态公益岗位，鼓励牧民转变为自然环境的守护者。这些政策，为协调可可西里遗产地及缓冲区的保护与社区关系提供了支持和有效空间。

社区参与遗产地生态保护

可可西里遗产地涉及社区与牧民的基本情况见第六章。这部分社区与牧民主要分布在可可西里遗产地缓冲区内，与青藏高原其他地区的牧民相比，这部分牧民具有一定的特殊性，主要表现在：

（1）在当地生产生活，与自然环境互动的时间相对较短。可可西里遗产地内索加乡、曲麻河乡、唐古拉山镇等牧业社区主要形成于20世纪60年代，是在大力发展天然草场畜牧业的政策引导、在"人定胜天"的思维指引和在三江源东部传统放牧地区牲畜数量增加、草场资源紧张的客观事实下完成的，这些牧业社区占据的是三江源西部地区因海拔高、气候条件相对恶劣、草地生产力不高而在历史上"未被利用"的地区。三江源生态保护政策开始实施前，当地政策的主要目标是增加牲畜数量，多生产畜产品。为了实现这一目标，社区在上级政府和农牧部门配合下开展了修建畜棚、修建水利设施、改良畜种等一系列措施。因海拔高、温度相对较低、野生动物较多、交通通信不便、基础设施落后等因素，自然灾害发生频率较高、影响较大，社区抵抗自然灾害风险能力有限。例如，1985年三江源区发生的特大雪灾对遗产地内社区造成了极大的影响，牲畜损失达到2/3，有部分社区牲畜全部死亡。与放牧历史较长的其他牧业社区比较，可可西里遗产地社区在利用自然资源方面相对粗放，总结的地方性生态知识相对较少；社区牧民同样信仰藏传佛教，但寺庙、僧侣及宗教组织规模较小。

（2）遗产地内社区活动范围与野生动物栖息地高度重合，牧民与野生动物接触密切、频繁。在公社时期，打猎是可可西里遗产地社区的重要生计方式和生产任务，组织打猎的主要原因是：① 消灭袭击家畜、影响牲畜数量增加的"害兽"，主要打猎对象是狼和棕熊。② 为牧民提供肉食，尤其在社区刚刚进入当地之时，为了尽快提升牲畜数量，对宰杀家畜进行了严格限制，一段时间内野生动物成为牧民主要的食物来源。这部分主要打猎对象是野牦牛、藏野驴、藏原羚、岩羊等。③ 完成国家对皮毛等的收购任务，这部分主要打猎对象是旱獭、野牦牛、藏野驴、盘羊等。当时，打猎任务完成较好的社区会得到表彰和奖励。至 20 世纪 80 年代，随着《中华人民共和国野生动物保护法》的颁布和藏传佛教信仰的恢复，当地社区和牧民的打猎活动才逐渐停止。与野生动物接触时，当地牧民对这些生灵怀有特殊的感情。出于传统文化中爱护自然和野生动物的思想和索南达杰精神的感召，自 20 世纪 90 年代末开始，很多可可西里地区的牧民开始自发组织保护自然和野生动物，例如 2002 年，在曲麻河乡措池村成立了"野牦牛守望者"组织。

（3）接触现代自然保护理念与知识较早。因对可可西里保护的迫切性和当地牧民本身对参与生态保护工作的积极性，在政府成立自然保护区的同时，科研机构和 NGO 也尝试建立社区参与的保护模式。其中较有代表性的是自 2006 年以来，在遗产地涉及居民人口较多的三江源保护区索加—曲麻河保护分区开展的社区协议保护工作。协议保护最早在曲麻河乡措池村和索加乡君曲村开展，由三江源国家级自然保护区管理局、NGO 和社区三方参与。例如在措池村的协议保护项目中，三江源自然保护区管理局作为甲方，措池村作为乙方，签订了保护协议。保护区管理局需要提供必要的技术支持，组织第三方对保护行动进行培训、评估。如果乙方通过评估，则甲方每年向乙方发放奖励金 3 万元，用于乙方社区改善卫生医疗条件和人兽冲突补偿。措池村需要约束自身资源利用行为、基础设施建设行为，调整传统放牧活动；对保护地进行巡护，阻止采矿、挖沙、盗猎、非法放牧；组织定期监测，监测包括藏羚监测、物候监测、雪线监测、野牦牛监测。没有按时提交监测数据、没有及时组织巡护、没能及时上报违法行为视为乙方违约；违约一次扣除奖励金的 30%，两次扣除 60%，三次则全部扣除。民间机构在当中协助组织和培训牧民监测员，同时以第三方身份对整个过程进行监督和评估。

执行结果证明，通过实施协议保护项目，社区生物多样性保护和社区建设、社区公共事务管理等方面都取得了明显的成效。一是资源保护管理成效显著。通过开展巡护监测，有效地制止了外来的破坏活动；制定了保护计划和资源管理制度；调整了传统的放牧方式，为野生动物让出了栖息地，建立了迁徙通道。二是提高了社区群众的资源管理和保护意识。三是通过开展培训和配备巡护设备，使村民的保护能力得到了很大的提高。同时，通过开展协议保护项目，使当地生态环境保护的管理水平得到进一步提高，生物多样性保护和社区发展更好地协调共进，有效促进了公众参与、社区共管，充分发挥当地社区及牧民在生物多样性保护中的积极作用，进一步提高了当地牧民保护自然环境的意识。针对存在的人与野生动物冲突严重的问题，还开展了人与野生动物冲突问题的试点研究，特别是做防止熊害的试点研究。

通过协议保护的实施，可可西里遗产地已具有较多的保护管理行动和较强的保护管理能力。遗产地保护管理中应当充分发挥、整合已有的资源和成果。

国家公园与自然遗产

三江源国家公园是我国的第一个国家公园，国家公园试点是我国生态保护中的一件大事。我国保护地体系较为复杂，包括自然保护区、自然遗产、风景名胜区、地质公园、水源地保护区等多种类型，并由林业部门、环保部门、建设部门、农业部门等分别管理，在具体区域内常常出现交叉重叠、管理目标不明确、保护效率不高等问题（欧阳志云 等，2014；曹新，2017）。国家公园建设，旨在破解保护地管理中长期面临的这些问题，提升保护质量、优化保护模式。2015 年发布的《建立国家公园体制试点方案》中指出，在试点阶段，要"高度重视、试点先行、动态调整"。因此，三江源国家公园试点的成果和经验将具有重要的示范意义。

三江源国家公园长江源园区包括可可西里国家级自然保护区和索加—曲麻河保护分区，总面积 90 300km²，涉及治多县索加乡、扎河乡，曲麻莱县曲麻河乡、叶格乡，共 15 个行政村。其中核心保育区 75 500 km²。传统利用区

13 300 km²。可可西里遗产地全部位于三江源国家公园长江源区内。

三江源国家公园的理念进步与创新

在保护目标上，国家公园的目标与世界自然遗产的目标高度一致，即保证生态系统的原真性和完整性（王毅 等，2019）。因此，在三江源国家公园的核心保育区采用严格保护模式，以限制人类活动，保护大面积原始生态系统的原真性和完整性。在其他区域内严格落实草畜平衡政策，适度发展生态有机畜牧业，进一步减轻草原载畜压力，加快牧民转产转业，逐步减少人类活动。

同时，国家公园在理念上充分考虑了当地社区的重要性。参与国家公园研究的学者指出，我国与欧美国家的国情不同，即使在西部自然条件恶劣地区，也有为数不少的居民长期居住，在国家公园建设中必须保障原住民利益、开发替代生计、促进社区发展，以实现人与自然的和谐（吕植，2014；王毅 等，2019）。2018 年发布的《三江源国家公园总体规划》（以下简称《总体规划》）中指出，"国家公园内原住民世世代代生活在青藏高原，对脆弱高原生态环境与珍贵自然资源的深切体验，形成了关于自然、人生的基本观念和生活方式，创造了与自然环境相适应的生态文化。"《总体规划》提出，到 2020 年园区内牧民纯收入达到 10 500 元 / 人，2035 年达到 25 000 元 / 人；2020 年，牧民培训比例达到 80%；公益岗位培训比例达到 100%。

在国家公园范围内，在草原承包权长期不变的前提下，通过提供非牧就业岗位等措施，探索核心保育区内草原经营权向特许经营权的平移。设置生态公益管护岗位，推进牧民转产，促进牧民增收；通过城镇社区发展，完善园区基础设施，提升公共服务能力，吸引群众自愿向城镇集中定居；转变畜牧业发展方式，基于合作社发展生态畜牧业；参与公园共建，通过社会服务公益岗和参与特许经营，实现转产转业；对于自愿继续留在草原从事草地畜牧业的牧民，引导其保护生态、传承传统文化。

在园区内按照"户均一岗"标准，设置生态管护公益岗位，对湿地、河源水源地、林地、草地、野生动物进行日常巡护，开展法律法规和政策宣传，发现报告并制止破坏生态行为，监督执行禁牧和草畜平衡情况。建立牧民群众生态保护业绩与收入挂钩机制。加强政府信息公开、重大事项公示和社会信用体系建设。重大方案需要征询社区意见和建议，建立采纳、反馈、监督机制。增强牧民的主人翁意识。可以看到，《总体规划》充分考虑了保护与社区发展的协调，这与世界遗产管理中不断加强对原住民的尊重和关注，在"5C"战略中列入社区（Community）等是完全一致的，并且《总体规划》给出了更为具体的政策支持和实施方案。

可可西里遗产地和国家公园在制度上的协调

《总体规划》专门阐述了三江源国家公园与可可西里自然遗产地的关系。可可西里自然遗产地完整划入三江源国家公园长江源园区之内，其中，可可西里遗产地绝大部分划入国家公园核心保育区，实施严格保护；少部分（主要是青藏公路沿线区域、展示区和部分缓冲区）划入传统利用区。

国家公园的保护要求与自然遗产地规划一致，其中，核心保育区管理目标为：加强野生动物及其栖息地监测，开展定期评价，探索有效的野生动物保护补偿制度；按照世界自然遗产的管控标准，严控人类活动，禁止新建与生态保护无关的所有人工设施；除必要巡护道路，不规划新建道路。传统利用区管理目标为：执行严格的草畜平衡，实行季节性休牧和轮牧；严控访客规模和建设用地；严禁人类活动对野生动物造成影响，加强生态监测和定期评估。

三江源国家公园长江源园区管理委员会加挂可可西里世界自然遗产地管理局牌子，在治多县、曲麻莱县和可可西里分别设置国家公园管理处、遗产管理分局。可以看到，在国家公园框架内，对国家公园和自然遗产地在目标、空间、规划和管理上的关系都进行了明晰有效的划分和说明。未来，可可西里自然遗产地的保护工作，将与整个三江源地区的保护工作共同推进。

参考文献及附录

◎ 参考文献

ABRAMS P, 1980.Some comments on measuring niche overlap[J]. Ecology, 61（1）：44-49.

ALLAN J R, KORMOS C, JAEGER T, et al, 2017. Gaps and opportunities for the World Heritage Convention to contribute to global wilderness conservation[J]. Conservation Biology, 32（1）：116-126.

BEAUCHAMP G, RUXTON G D, 2003. Changes in vigilance with group size under scramble competition[J]. The American naturalist, 161（4）：672-675.

BLACKBURN S, HOPCRAFT J G C, OGUTU J O, et al, 2016. Human-wildlife conflict, benefit sharing and the survival of lions in pastoralist community-based conservancies[J]. Journal of applied ecology, 53（4）：1195-1205.

BONDIOLI K, 1992. Embryo sexing：a review of current techniques and their potential for commercial application in livestock production[J]. Journal of animal science, 70（Suppl.2）：19-29.

CONEY N S, MACKEY W, 1998. The woman as final arbiter：a case for the facultative character of the human sex ratio[J]. Journal of sex research, 35（2）：169-175.

DU M, KAWASHIMA, YONEMURA S, et al, 2004. Mutual influence between human activities and climate change in the Tibetan Plateau during recent years[J].Global and planetary change, 41（3/4）: 241-249.

EMERTON L, MFUNDA I, 1999. Making wildlife economically viable for communities living around the Western Serengeti, Tanzania[M]. London : International Institute for Environment and Development, Biodiversity and Livelihoods Group.

ENNIS S, GALLAGHER T, 1994. A PCR - based sex - determination assay in cattle based on the bovine amelogenin locus[J]. Animal genetics, 25（6）: 425-427.

FOX J L, BARDSEN B J, 2005. Density of Tibetan antelope, Tibetan wild ass And Tibetan gazelle in relation to human presence across the Chang Tang Nature Reserve of Tibet[J]. 动物学报, 51（4）: 586-597.

GOODFELLOW P N, LOVELL-BADGE R, 1993. SRY and sex determination in mammals[J]. Annual review of genetics, 27 : 71-92.

GRAHAM K, BECKERMAN A P, THIRGOOD S, 2005. Human–predator–prey conflicts : ecological correlates, prey losses and patterns of management[J]. Biological conservation, 122（2）: 159-171.

GRZIMEK M, GRZIMEK B, 1960. Census of plains animals in the Serengeti National Park, Tanganyika[J]. The Journal of Wildlife Management, 24（1）: 27-37.

HARRIS N B W, RONGHUA X, LEWIS C L, et al, 1988. Isotope geochemistry of the 1985 Tibet geotraverse, Lhasa to Golmud[J]. Philosophical Transactions of the Royal Society of London : Series A Mathematical and Physical Sciences, 327（1594）: 263-285.

HOMEWOOD K, 2001. Long-term changes in Mara-Serengeti wildlife and land cover: pastoralists, population or policies?[J] Proceedings of the national academy of sciences of the United States of America, 98（22）: 12544-12549.

HOMEWOOD K, TRENCH P C, KRISTJANSON P, 2009. Pastoral livelihoods, diversification and the role of wildlife in development[M]. New York : Springer, 369-408.

HOPEWELL L, ROSSITER R, BLOWER E, et al, 2005. Grazing and vigilance by Soay sheep on Lundy island : influence of group size, terrain and the distribution of vegetation[J]. Behavioural processes, 70 : 186-193.

KAAYA E, CHAPMAN M, 2017. Micro-Credit and community wildlife management : complementary strategies to improve conservation outcomes in Serengeti National Park,

Tanzania[J]. Environmental management, 60（3）：464.

KAMINSKI M, FORD S, YOUNGS C, et al, 1996. Lack of effect of sex on pig embryonic development in vivo[J]. Journal of reproduction and fertility, 106：107-110.

KIDEGHESHO J R, 2010. 'Serengeti Shall Not Die'：transforming an ambition into a reality[J]. Tropical conservation science, 3（3）：228-247.

KIDEGHESHO J R, MSUYA T S, 2010. Gender and socio-economic factors influencing domestication of indigenous medicinal plants in the West Usambara Mountains, northern Tanzania[J]. International Journal of Biodiversity Science, Ecosystem Services & Management, 6(1-2): 3-12.

LAMPREY R H, REID R S, 2004. Expansion of human settlement in Kenya's Maasai Mara：what future for pastoralism and wildlife?[J]. Journal of biogeography, 31（6）：997-1032.

LEUTHOLD W, 1977. African ungulates：a comparative review of their ethology and behavioral ecology[M]. New York：Springer-Verlag.

LYAMUYA R D, MASENGA E H, FYUMAGWA R D, et al, 2016. Pastoralist herding efficiency in dealing with carnivore-livestock conflicts in the eastern Serengeti, Tanzania[J]. International journal of biodiversity science, ecosystem services & management, 12（3）：1-10.

MAKONDO K, AMIRIDIS G, JEFFCOATE I, et al, 1997. Use of the polymerase chain reaction to sex the bovine fetus using cells recovered by ultrasound-guided fetal fluid aspiration[J]. Animal reproduction science, 49（2/3）：125-133.

MFUNDA I, EMERTON L, 1999. Making wildlife economically viable for communities living around the western Serengeti, Tanzania[J/OL]. [2019-09-10]. https：//pubs.iied.org/pdfs/7794IIED.pdf.

MURPHY M A, WAITS L P, KENDALL K C, et al, 2002. An evaluation of long-term preservation methods for brown bear（Ursus arctos）faecal DNA samples[J]. Conservation Genetics, 3（4）：435-440.

MYSTERUD A, 2000. Diet overlap among ruminants in Fennoscandia[J]. Oecologia, 124：130-137.

NELSON F, 2012. Blessing or curse? The political economy of tourism development in Tanzania[J]. Journal of Sustainable Tourism, 20（3）：359-375.

OVIEDO G, PUSCHKARSKY T, 2012. World heritage and rights-based approaches to nature conservation[J]. International Journal of Heritage Studies, 18（3）: 285-296.

OWEN L A, DORTCH J M, 2014. Nature and timing of Quaternary glaciation in the Himalayan–Tibetan orogen[J]. Quaternary Science Reviews, 88 : 14-54.

OWEN-SMITH N, 1998. How high ambient temperature affects the daily activity and foraging time of a subtropical ungulate, the greater kudu（*Tragelaphus strepsiceros*）[J]. Journal of Zoology, 246 : 183-192.

POMP D, GOOD B, GEISERT R, et al, 1995. Sex identification in mammals with polymerase chain reaction and its use to examine sex effects on diameter of day-10 or-11 pig embryos[J]. Journal of animal science, 73 : 1408-1415.

PRICE P W, 1980. Evolutionary biology of parasites[M]. Princeton, New Jersey : Princeton University Press.

RENTSCH D, DAMON A, 2013. Prices, poaching, and protein alternatives : an analysis of bushmeat consumption around Serengeti National Park, Tanzania[J]. Ecological economics, 91（2）: 1-9.

SAMSON C, RAYMOND M, 1995. Daily activity pattern and time budget of stoats （*Mustela eminea*）during summer in southern Québec[J]. Mammalia, 59 : 501-510.

SCHALLER G B, 1990. Saving China's wildlife[J]. International Wildlife, 20(1): 30-41.

SCHALLER G B, 1998. Wild life of the Tibetan steppe[M]. Chicago : University Chicago Press.

SCHALLER G B, HONG L, JUNRANG R, et al, 1988. The snow leopard in Xinjiang, China[J]. Oryx, 22(4): 197-204.

SCHALLER B G, KANG A, CAI X, et al, 2006. Migratory and calving behavior of Tibetan antelope population[J]. Acta Theriologica Sinica, 26(2): 105-113.

SCHOENER T W, 1974. Resource partitioning in ecological communities[J]. Science, 185（4145）: 27-39.

SCHOENER T W, 1983. Field experiments on interspecific competition[J]. American naturalist, 122（2）: 240-285.

SONG Y, YANG T, ZHANG H, et al, 2015. The Chaqupacha Mississippi Valley-type Pb–Zn deposit, central Tibet : Ore formation in a fold and thrust belt of the India–Asia continental collision zone. Ore geology reviews, 70 : 533-545.

THIRGOOD S, MOSSER A, THAM S, et al, 2010. Can parks protect migratory ungulates? The case of the Serengeti wildebeest[J]. Animal conservation, 7（2）：113-120.

UDVARDY M D F, 1975. A classification of the biogeographical provinces of the World[M/OL]. International Union for Conservation of Nature and Natural Resources. [2019-09-10]. http://cmsdata.iucn.org/downloads/udvardy.pdf.

WANG C, DAI J, ZHAO X, et al, 2014. Outward-growth of the Tibetan Plateau during the Cenozoic：a review[J]. Tectonophysics, 621：1-43.

WATSON J E, SHANAHAN D F, MARCO M D, et al, 2016. Catastrophic declines in wilderness areas undermine global environment targets[J]. Current biology, 26（21）：2929-2934.

WATSON J E, VENTER O, LEE J R, et al, 2018. Protect the last of the wild[J]. Nature, 563（7729）：27-30.

WILSON K, HARDY I C, 2002. Statistical analysis of sex ratios：an introduction[M].//HARDY I C M. Sex ratios：concepts and research methods. Cambridge：Cambridge University Press.

YAN L，ZHENG M, 2015. The response of lake variations to climate change in the past forty years：a case study of the northeastern Tibetan Plateau and adjacent areas，China[J]. Quaternary international, 371：31-48.

边疆晖，樊乃昌，1997. 捕食风险与动物行为及其决策的关系 [J]. 生态学杂志，16（1）：34-39.

边千韬，常承法，1997. 青海可可西里大地构造基本特征 [J]. 地质科学，32（1）：37-46.

边千韬，罗小全，李红生，等，1999. 阿尼玛卿山早古生代和早石炭 - 早二叠世蛇绿岩的发现 [J]. 地质科学（04）：523-524.

蔡桂全，冯祚建，1982. 高原兔（*Lepus oiostolus*）亚种补充研究—包括两个新亚种 [J]. 兽类学报，2（2）：167-182.

曹新，2017. 遗产地与保护地综论 [J]. 城市规划（6）：92-98，115.

曹伊凡，苏建平，连新明，等，2008. 可可西里自然保护区藏羚的食性分析 [J]. 兽类学报，28（1）：14-19.

陈立伟，冯祚建，蔡平，等，1997. 普氏原羚昼间行为时间分配的研究 [J]. 兽类学报，17（3）：172-183.

崔庆虎，2006. 基于 GIS 探讨人类活动和坡度对藏羚生境的影响 [D]. 西宁：中国科学院西北高原生物研究所.

　　崔之久，高全洲，刘耕年，等，1996. 青藏高原夷平面与岩溶时代及其起始高度 [J]. 科学通报，41（15）: 1402-1406.

　　邓起东，程绍平，马冀，等，2014. 青藏高原地震活动特征及当前地震活动形势 [J]. 地球物理学报，57（07）: 2025-2042.

　　邓万明，郑锡澜，松本征夫，1996. 青海可可西里地区新生代火山岩的岩石特征与时代 [J]. 岩石矿物学杂志，15（4）: 289-298.

　　樊乃昌，景增春，张道川，1995. 高原鼠兔与达乌尔鼠兔食物资源维生态位的研究 [J]. 兽类学报，15（1）: 36-40.

　　冯祚建，何玉邦，叶晓堤，等，1996. 青海可可西里地区的哺乳类 [M]. // 武素功，冯祚建. 青海可可西里地区生物与人体高山生理. 北京: 科学出版社.

　　苟金，1991. 可可西里地区中新统五道梁群的建立及找矿意义 [J]. 西北地质（03）: 1-6.

　　郭柯，1993. 青海可可西里地区的植被 [J]. 植物生态学与地植物学学报，17（2）: 120-132.

　　崔庆虎，蒋志刚，苏建平，2006. 基于 GIS 探讨人类活动对藏羚生境的影响 [C]// 中国动物学会. 野生动物生态与资源保护第三届全国学术研讨会论文摘要集. 北京: 中国动物学会.

　　胡东生，1989. 青海湖的地质演变 [J]. 干旱区地理，12(2): 29-36.

　　胡东生，1994. 可可西里地区湖泊概况 [J]. 盐湖研究，2（3）: 17-21.

　　胡东生，1995a. 可可西里地区湖泊演化 [J]. 干旱区地理，18（1）: 60-67.

　　胡东生，1995b. 青藏高原第四纪湖泊地质环境演变——以其神秘无人区腹地可可西里地区为例 [J]. 自然杂志（5）: 257-261.

　　黄薇，夏霖，杨奇森，等，2008. 青藏高原兽类分布格局及动物地理区划 [J]. 兽类学报（04）: 375-394.

　　贾荻帆，2012. 青藏高原珍稀濒危特有鸟类优先保护地区研究 [D]. 北京: 北京林业大学.

　　姜琳，朱利东，王成善，等，2009. 可可西里卓乃湖地区五道梁群油页岩石油地质意义 [J]. 沉积与特提斯地质，29（1）: 13-20.

　　蒋志刚，马克平，韩兴国. 1997. 保护生物学 [M]. 杭州: 浙江科学技术出版社.

　　蒋志刚，2004. 中国普氏原羚 [M]. 北京: 中国林业出版社.

李炳元，1990. 青海可可西里地区综合科学考察初报 [J]. 山地研究（03）：161-166.

李炳元，顾国安，李树德，1996. 青海可可西里地区自然环境 [J]. 北京：科学出版社 .

李炳元，潘保田，高红山，2002. 可可西里东部地区的夷平面与火山年代 [J]. 第四纪研究，22（5）：397-405.

李炳元，潘保田，高红山，2002a. 可可西里东部地区的夷平面与火山年代 [J]. 第四纪研究，22（5）：397-405.

李炳元，潘保田，2002b. 青藏高原古地理环境研究 [J]. 地理研究（01）：61-70.

李世杰，1996. 青藏高原可可西里地区现代冰川发育特征 [J]. 地理科学，16（1）：10-17.

李树德，李世杰，1993. 青海可可西里地区多年冻土与冰缘地貌 [J]. 冰川冻土，15（1）：77-82.

李廷栋，2002. 青藏高原地质科学研究的新进展 [J]. 地质通报（07）：370-376.

李永春，陈大涌，2005. 高海拔地形区冰缘环境土壤特征的研究——以青藏高原可可西里自然保护区为例 [J]. 泉州师范学院学报（02）：47-50，57.

连新明，苏建平，张同作，等，2005. 可可西里地区藏羚的社群特征 [J]. 生态学报，25（6）：1341-1346.

刘海军，刘登忠，吴波，2009. 可可西里盆地构造特征遥感研究 [J]. 新疆地质，27（3）：283-286.

刘海军，刘登忠，何武，等，2009a. 可可西里盆地构造信息的遥感提取 [J]. 安徽农业科学（19）：9243-9246.

刘海军，刘登忠，吴波，2009b. 可可西里盆地构造特征遥感研究 [J]. 新疆地质（3）：283-286.

刘昊，石红艳，胡锦矗，2004. 四川梅花鹿春季昼夜活动节律与时间分配 [J]. 兽类学报，24：282-285.

刘务林，2005. 西藏藏羚 [J]. 西藏科技，11：26-30.

刘振生，王小明，曹丽荣，2005a. 圈养条件下岩羊冬季昼间的行为及活动节律 [J]. 东北林业大学学报，33（1）：41 - 43，51.

刘振生，王小明，李志刚，等，2005b. 贺兰山岩羊不同年龄和性别昼间时间分配的季节差异 [J]. 动物学研究，26：350-357.

刘志飞，王成善，2001. 可可西里盆地新生代沉积演化历史重建 [J]. 地质学报，75

（2）：250-258.

罗建宁，陈成生，郑来林，等，1991."三江"地区主要沉积地质事件及其与邻区的对比 [M].青藏高原地质文集（00）：195-202.

罗重光，韩凤清，庞小朋，等，2010.青海可可西里主要湖泊湖底地貌研究 [J].盐湖研究，18（1）：1-8.

吕植，2014.中国国家公园：挑战还是契机？ [J].生物多样性，22（4）：421-422.

马文峰，王国芝，2013.青海可可西里新生代火山岩特征 [J].云南地质（4）：476-479.

苗国文，2013.青海可可西里地区地球化学特征及成矿作用浅析 [D].北京：中国地质大学（北京）.

欧阳志云，徐卫华，2014.整合我国自然保护区体系，依法建设国家公园 [J].生物多样性，22（4）：425-426.

蒲健辰，姚檀栋，王宁练，等，2001.可可西里马兰山冰川的近期变化 [J].冰川冻土（02）：189-192.

恰加，1996.青海可可西里地区的草地资源 [M].// 武素功，冯祚建.青海可可西里地区生物与人体高山生理.北京：科学出版社.

沙金庚，张遴信，罗辉，等，1992.论可可西里晚古生代裂谷的消亡时代 [J].微体古生物学报，9（2）：177-182.

沙金庚，1998.青海可可西里地区的古生物地层特征及其古地理学意义 [J].古生物学报，37（1）：85-96.

邵兆刚，孟宪刚，朱大岗，等，2009.青藏高原层状地貌特征及其成因初探 [J].地学前缘，16（06）：186-194.

沈孝宙，1963.西藏哺乳动物区系特征及其形成历史 [J].动物学报（01）：139-150.

宋晓阳，申文明，万华伟，等，2016.基于高分遥感的可可西里自然保护区藏羚生境适宜性动态监测 [J].资源科学，38（08）：1434-1442.

孙儒泳，2001.动物生态学原理 [M].3 版.北京：北京师范大学出版社.

孙延贵，1992.可可西里北缘中新世火山活动带的基本特征 [J].青海地质，1（2）：40-47.

王成善，戴紧根，刘志飞，等，2009.西藏高原与喜马拉雅的隆升历史和研究方法：回顾与进展 [J].地学前缘，16（03）：1-30.

王毅，黄宝荣，2019.中国国家公园体制改革：回顾与前瞻 [J].生物多样性，27

（2）：117-122.

王运才，1989. 青海，死亡线上三万淘金者 [J]. 南风窗（12）：12-15.

闻丞，胡若成，顾燚芸，等，2017. 青海可可西里世界遗产地生物多样性价值的空间界定 [J]. 遗产与保护研究，2(07)：1-6.

吴驰华，2014. 青藏高原北部可可西里地区新生代构造隆升的沉积记录 [D]. 成都：成都理工大学 .

武云飞，谭齐佳，1991. 青藏高原鱼类区系特征及其形成的地史原因分析 [J]. 动物学报，37（2）：135-152.

冼耀华，关贯勋，郑作新，1964. 青海省的鸟类区系 [J]. 动物学报，16（4）：690-709.

谢建湘，1992. 青海可可西里地区水环境背景考察报告 [J]. 青海环境（03）：111-115.

叶建青，1994. 青海可可西里地区的活动构造与地震 [J]. 高原地震（2）：11-23.

叶润蓉，蔡平，彭敏，等，2006. 普氏原羚的分布和种群数量调查 [J]. 兽类学报，26（4）：373-379.

易湘生，尹衍雨，李国胜，等，2011. 青海三江源地区近 50 年来的气温变化 [J]. 地理学报，66（11）：1451-1465.

伊海生，林金辉，周恳恳，等，2008. 可可西里地区中新世湖相叠层石成因及其古气候意义 [J]. 矿物岩石，28（1）：106-113.

余玉群，刘楚光，郭松涛，等，2000. 天山盘羊集群行为的研究 [J]. 兽类学报，20（2）：101-107.

张洁，王宗伟，1963. 青海的兽类区系 [J]. 动物学报，15（1）：125-138.

张琳，1996. 气候 [M].// 李炳元，青海可可西里地区自然环境 . 北京：科学出版社 .

张荣祖，1978. 试论中国陆栖脊椎动物地理特征——以哺乳动物为主 [J]. 地理学报，45（2）：85-101.

张荣祖，1997. 中国哺乳动物分布 [M]. 北京：中国林业出版社 .

张雪亭，王秉璋，俞建，等，2005. 巴颜喀拉残留洋盆的沉积特征 [J]. 地质通报，24(7):613-620.

张震，白秀娟，2007. 应用分子粪便学方法调查太阳岛地区灰松鼠性别比例 [J]. 经济动物学报，11（1）：49-50.

郑生武，1994. 中国西北地区珍稀濒危动物志 [M]. 北京：中国林业出版社 .

郑祥身，郑健康，1996. 青海可可西里地区新生代火山岩研究 [J]. 岩石学报，12（4）：530-545.

郑祥身，边千韬，郑健康，1997. 青海可可西里地区侵入岩的岩石化学特征及其成因意义研究 [J]. 岩石学报，13（1）：44-58.

郑作新，1959. 我对调查工作的看法 [J]. 动物学杂志（06）：281-282.

治多县第二次全国地名普查领导小组办公室，2017. 可可西里地名文化 [M]. 兰州：甘肃民族出版社.

中国科学院西北高原生物研究所，1989. 青海经济动物志 [M]. 西宁：青海人民出版社.

周嘉镝，李思华，谷景和，1985. 昆仑—阿尔金山盆地兽类初步考察 [J]. 兽类学报，5（2）：160.

周兴民，王启基，张堰青，等，1995. 青藏高原退化草地的现状、调控策略和持续发展 [M].// 中国科学院海北高寒草甸生态系统定位研究站 . 高寒草甸生态系统：第四集 . 北京：科学出版社 .

周用武，郭海涛，方彦，2005. 藏羚的分布与迁徙 [J]. 四川动物，24（1）：75-77.

朱迎堂，郭通珍，张雪亭，等，2003. 青海西部可可西里湖地区晚三叠世诺利期地层的厘定及其意义 [J]. 地质通报，22（7）：474-479.

◎ 附录一　可可西里物种记录

可可西里特有珍稀植物名录

附表 1　可可西里植物种属组成

科名	属数	种数
麻黄科 Ephedraceae	1	2
荨麻科 Urticaceae	1	1
蓼科 Polygonaceae	2	3 种 1 变种
藜科 Chenopodiaceae	2	3
石竹科 Caryophyllaceae	4	11 种 2 变种
毛茛科 Ranunculaceae	9	15 种 3 变种
十字花科 Brassicaceae	13	21
景天科 Crassulaceae	1	2
虎耳草科 Saxifragaceae	1	5
罂粟科 Papaveraceae	3	7

科名	属数	种数
蔷薇科 Asteraceae	1	3 种 4 变种
豆科 Fabaceae	4	15
大戟科 Euphorbiaceae	1	1
柽柳科 Tamaricaeae	1	1
胡颓子科 Elaeagnaceae	1	1
伞形科 Umbelliferae	3	3
报春花科 Primulaceae	2	8 种 1 变种
龙胆科 Gentianaceae	3	5 种 1 变种
紫草科 Boraginaceae	3	3 种 1 变种
唇形科 Labiatae	1	1
茄科 Solanaceae	1	1
玄参科 Scrophulariaceae	4	4 种 1 变种
菊科 Compositae	10	28 种 2 变种
眼子菜科 Potamogetonaceae	1	1
水麦冬科 Juncaginaceae	1	1
石蒜科 Amaryllidaceae	2	2
鸢尾科 Iridaceae	1	1 种 1 变种
禾本科 Poaceae	9	18 种 6 变种
莎草科 Cyperaceae	2	12

附表 2　可可西里的特有高等植物

序号	中文名	学名	类型	IUCN 级别	CITES 级别
1	短梗藓状雪灵芝	*Arenaria bryophylla* var. *brevipedicella*	特有变种		—
2	宽萼雪灵芝	*Arenaria latisepala*	特有种		—
3	各拉丹东雪灵芝	*Arenaria geladaindongensis*	特有种		—
4	青海翠雀花	*Delphinium qinghaiense*	特有种		—
5	短果念珠芥	*Neotorularia brachycarpa*	特有种		—

序号	中文名	学名	类型	IUCN级别	CITES级别
6	四裂红景天	*Rhodiola quadrifida*	国家Ⅱ级保护	LC	—
7	唐古红景天	*Rhodiola tangutica*	国家Ⅱ级保护	VU	—
8	可可西里点地梅	*Androsace hohxilensis*	特有种		—
9	三苞点地梅	*Androsace tribracteata*	特有种		—
10	可可西里龙胆	*Gentiana hohoxiliensis*	特有种		—
11	青海固沙草	*Orinus kokonorica*	国家Ⅱ级保护	LC	
12	青海鹅观草	*Roegneria kokonorica*	国家Ⅱ级保护	LC	
13	可可西里蒿草	*Kobresia hohxilensis*	特有种		
14	青海以礼草	*Kengyilia kokonorica*	国家Ⅱ级保护	LC	
15	宽叶栓果芹	*Cortiella caespitosa*	特有种		
16	颈果草	*Metaeritrichium microuloides*	特有种		

可可西里特有珍稀动物名录

附表3　可可西里哺乳动物组成

序号	中文名	学名	类别	国家保护级别	IUCN级别	CITES级别
1	藏狐	*Vulpes ferrilata*	青藏高原特有种		LC	
2	藏野驴	*Equus kiang*	青藏高原特有种	Ⅰ	LC	Ⅱ
3	野牦牛	*Bos mutus*	青藏高原特有种	Ⅰ	VU	Ⅰ
4	藏原羚	*Procapra picticaudata*	青藏高原特有种	Ⅱ	NT	
5	藏羚	*Pantholops hodgsonii*	青藏高原特有种	Ⅰ	EN	Ⅰ
6	白唇鹿	*Cervus albirostris*	青藏高原特有种	Ⅰ	VU	
7	高原鼠兔	*Ochotona curzoniae*	青藏高原特有种		LC	
8	拉达克鼠兔	*Ochotona ladacensis*	青藏高原特有种		LC	
9	高原兔	*Lepus oiostolus*	青藏高原特有种		LC	
10	喜马拉雅旱獭	*Marmota himalayana*	青藏高原特有种		LC	
11	斯氏高山䶄	*Alticola stoliczkanus*	青藏高原特有种		LC	
12	松田鼠	*Pitymys leucurus*	青藏高原特有种		LC	
13	岩羊	*Pseudois nayaur*	青藏高原特有种	Ⅱ	LC	
14	棕熊	*Ursus arctos*	古北界种	Ⅱ	LC	Ⅰ
15	猞猁	*Lynx lynx*	古北界种	Ⅱ	LC	Ⅱ
16	香鼬	*Mustela altaica*	古北界种		NT	

序号	中文名	学名	类别	国家保护级别	IUCN级别	CITES级别
17	雪豹	*Panthera uncia*	古北界种	I	EN	I
18	盘羊	*Ovis ammon*	古北界种	II	NT	I
19	长尾仓鼠	*Cricetulus longicaudatus*	古北界种		LC	
20	小毛足鼠	*Phodopus roborovskii*	古北界种		LC	
21	兔狲	*Felis manul*	古北界种	II	NT	II
22	狗獾	*Meles leucurus*	东洋界种		NT	
23	狼	*Canis lupus*	广布种		LC	
24	豺	*Cuon alpinus*	广布种	II	EN	

附表4 可可西里特有及保护鸟类

序号	中文名	学名	类别	IUCN级别	CITES级别
1	大天鹅	*Cygnus cygnus*	国家II级	LC	
2	大鵟	*Buteo hemilasius*	国家II级	LC	II
3	金雕	*Aquila chrysaetos*	国家I级	LC	II
4	草原雕	*Aquila nipalensis*	国家II级	EN	II
5	秃鹫	*Aegypius monachus*	国家II级	LC	II
6	猎隼	*Falco cherrug*	国家II级	EN	II
7	红隼	*Falco tinnunculus*	国家II级	LC	II
8	藏雪鸡	*Tetraogallus tibetanus*	国家II级，青藏高原特有	LC	I
9	黑颈鹤	*Grus nigricollis*	国家I级，青藏高原特有	VU	I
10	地山雀	*Pseudopodoces humilis*	中国特有种	LC	
11	藏雪雀	*Montifringilla henrici*	中国特有种	LC	
12	胡兀鹫	*Gypaetus barbatus*	国家I级	LC	II
13	游隼	*Falco peregrinus*	国家II级	LC	II
14	燕隼	*Falco subbuteo*	国家II级	LC	II
15	斑头雁	*Anser indicus*	省级	LC	
16	赤麻鸭	*Tadorna ferruginea*	省级	LC	
17	棕头鸥	*Larus brunnicephalus*	省级	LC	
18	西藏毛腿沙鸡	*Syrrhaptes tibetanus*	省级	LC	

序号	中文名	学名	类别	IUCN级别	CITES级别
19	戴胜	*Upupa epops*	省级	LC	
20	长嘴百灵	*Melanocorypha maxima*	省级	LC	
21	角百灵	*Eremophila alpestris*	省级	LC	
22	小云雀	*Alauda gulgula*	省级	LC	

附表 5　可可西里新发现及特有昆虫

序号	中文名	学名	类型
1	乌兰乌拉爪龙虱	*Potamonectes ulanulana*	新种
2	可可西里淋龙虱	*Rhantus hohxilanus*	新种
3	曲胫叶足象	*Dactylotus curvativus*	新种
4	宽背叶足象	*D. dorsalis*	新种
5	皱纹叶足象	*D. rugolosus*	新种
6	宽沟叶足象	*D. latiusculus*	新种
7	褐纹短喜象	*Hyperomias bruneolineatus*	新种
8	弯叶短喜象	*H. curvatus*	新种
9	凸额短喜象	*H. convexus*	新种
10	可可西里西藏象	*Xizanomias hohxiliensis*	新种
11	可可西里毛斑螟	*Hyporatasa hohxililla*	新种
12	简烈夜蛾	*Lycophotia simplicia*	新种
13	张氏夜蛾	*Oxytripia zhangi*	新种
14	晦绿夜蛾	*Isochlora obscura*	新种
15	丽绒夜蛾	*Lasiestra fumosa*	新种
16	环绒夜蛾	*L. orbiculosa*	新种
17	灰绒夜蛾	*L. grisea*	新种
18	长铗刀突摇蚊	*Psectrocladius longipennis*	新种
19	寡毛小突摇蚊	*Micropsectra paucisetosa*	新种
20	角侧叶植种蝇	*Botanophila angulisurstyla*	新种
21	双色植种蝇	*B. bicoloripennis*	新种
22	可可西里植种蝇	*B. hohxiliensis*	新种
23	毛冕植种蝇	*B. pilicoronata*	新种
24	隐斑植种蝇	*B. unimacula*	新种
25	短须地种蝇	*Delia brevipalpis*	新种

序号	中文名	学名	类型
26	拟狭跗地种蝇	*D. conversatoides*	新种
27	可可西里地种蝇	*D. hohxiliensis*	新种
28	长鞭地种蝇	*D. longimastica*	新种
29	短鞭地种蝇	*D. mastigella*	新种
30	小灰地种蝇	*D. minutigrisea*	新种
31	豚颜地种蝇	*D. scrofifacialis*	新种
32	宽腕叉泉蝇	*Eutrichota latimana*	新种
33	黑头叉泉蝇	*E. nigriceps*	新种
34	红头叉泉蝇	*E. ruficeps*	新种
35	可可西里泉蝇	*Pegomya hohxiliensis*	新种
36	单枝伪额花蝇	*Pseudomyopina unicrucianella*	新种
37	赵氏棘蝇	*Phaonia chaoi*	新种
38	可可西里棘蝇	*P. hohxilia*	新种
39	小角棘蝇	*P. minuticornis*	新种
40	黑裸鬃棘蝇	*P. nigrinudiseta*	新种
41	二刺齿股蝇	*Hydrotaea bispinosa*	新种
42	可可西里胡蝇	*Drymeia hohxiliensis*	新种
43	高跷胡蝇	*D. tanopodagra*	新种
44	宽额华圆蝇	*Sinopelta latifrons*	新属；新种
45	斑腹华圆蝇	*S. maculiventra*	新种
46	可可西里丽蝇	*Calliphora hohxiliensis*	新种
47	短角污麻蝇	*Wohlfahrtia brevicornis*	新种
48	毛颜污麻蝇	*W. hirtiparafacialis*	新种
49	西北高原寄蝇	*Montuosa caura*	新属；新种
50	可可西里柔寄蝇	*Thelairia hohxilica*	新种
51	黑胫法寄蝇	*Fausta nigritibia*	新种
52	宽额攸迷寄蝇	*Eumeella latifrons*	新种
53	三叶丽金小蜂	*Lamprotatus trilobus*	新种
54	宽腿尖腹金小蜂	*Thektogaster latifemur*	新种
55	华丽熊蜂	*Bombus superbus*	新种
56	淡痣剪唇叶蜂	*Sciapteryx laeta*	中国新纪录
57	熙丽金小蜂	*Lamprotatus similimus*	中国新纪录
58	宽额厕蝇	*Fannia latifrontalis*	中国新纪录
59	灿黑棘蝇	*Phaonia splendida*	中国新纪录
60	波希曼阳蝇	*Helina bohemani*	中国新纪录
61	突厥地种蝇	*Delia turcmenica*	中国新纪录
62	红膝植种蝇	*Botanophila rubrigena*	中国新纪录
63	帕蜉金龟	*Aphodius pamirensis*	中国新纪录

可可西里最新记录

可可西里野生脊椎动物名录

哺乳纲 MAMMALIA

一、食肉目 CARNIVORA

1. 犬科 Canidae

（1）狼 *Canis lupus*

（2）藏狐 *Vulpes ferrilata*

（3）豺 *Cuon alpinus*

2. 熊科 Ursidae

（4）棕熊 *Ursus arctos*

3. 鼬科 Mustelidae

（5）香鼬 *Mustela altaica*

（6）狗獾 *Meles leucurus*

4. 猫科 Felidae

（7）猞猁 *Lynx lynx*

（8）兔狲 *Felis manul*

（9）雪豹 *Panthera uncia*

二、奇蹄目 PERISSODACTYLA

5. 马科 Equidae

（10）藏野驴 *Equus kiang*

三、偶蹄目 ARTIODACTYLA

6. 牛科 Bovidae

（11）野牦牛 *Bos mutus*

（12）藏原羚 *Procapra picticaudata*

（13）藏羚 *Pantholops hodgsonii*

（14）盘羊 *Ovis ammon*

（15）岩羊 *Pseudois nayaur*

7. 鹿科 Cervidae

（16）白唇鹿 *Cervus albirostris*

四、兔形目 LAGOMORPHA

8. 鼠兔科 Ochotonidae

（17）高原鼠兔 *Ochotona curzoniae*

（18）拉达克鼠兔 *Ochotona ladacensis*

9. 兔科 Leporidae

（19）高原兔 *Lepus oiostolus*

五、啮齿目 RODENTIA

10. 松鼠科 Sciuridae

（20）喜马拉雅旱獭 *Marmota himalayana*

11. 仓鼠科 Cricetidae

（21）长尾仓鼠 *Cricetulus longicaudatus*

（22）小毛足鼠 *Phodopus roborovskii*

（23）斯氏高山䶄 *Alticola stoliczkanus*

（24）松田鼠 *Pitymys leucurus*

12. 跳鼠科 Dipodidae

（25）长耳跳鼠 *Euchoreutes naso*

鸟纲 AVES

六、鹳形目 CICONIIFORMES

13. 鹭科 Ardeidae

（26）池鹭 *Ardeola bacchus*

七、雁形目 ANSERIFORMES

14. 鸭科 Anatidae

（27）斑头雁 *Anser indicus*

（28）赤麻鸭 *Tadorna ferruginea*

（29）凤头潜鸭 *Aythya fuligula*

（30）普通秋沙鸭 *Mergus merganser*

八、隼形目 FALCONIFORMES

15. 鹰科 Accipitridae

（31）黑耳鸢 *Milvus korschun*

（32）大鵟 *Buteo hemilasius*

（33）金雕 *Aquila chrysaetus*

（34）草原雕 *Aquila nipalensis*

（35）秃鹫 *Aegypius monachus*

（36）胡兀鹫 *Gypaetus barbatus*

16. 隼科 Falconidae

（37）猎隼 *Falco cherrug*

（38）游隼 *Falco peregrinus*

（39）红隼 *Falco tinnunculus*

（40）燕隼 *Falco subbuteo*

九、鸡形目 GALLIFORMES

17. 雉科 Phasianidae

（41）藏雪鸡 *Tetraogallus tibetanus*

十、鹤形目 GRUIFORMES

18. 鹤科 Gruidae

（42）黑颈鹤 *Grus nigricollis*

十一、秧鸡目 RALLIFORMES

19. 秧鸡科 Rallidae

（43）骨顶鸡 *Fulica atra*

十二、鸻形目 CHARADRIIFORMES

20. 鸻科 Charadriidae

（44）环颈鸻 *Charadrius alexandrinus*

（45）蒙古沙鸻 *Charadrius mongolus*

21. 鹬科 Scolopacidae

（46）红脚鹬 *Tringa totanus*

十三、鸥形目 LARIFORMES

22. 鸥科 Laridae

（47）棕头鸥 *Larus brunnicephalus*

（48）渔鸥 *Larus ichthyaetus*

（49）普通燕鸥 *Sterna hirundo*

十四、鸽形目 COLUMBIFORMES

23. 沙鸡科 Pteroclididae

（50）西藏毛腿沙鸡 *Syrrhaptes tibetanus*

24. 鸠鸽科 Columbidae

（51）岩鸽 *Columba rupestris*

（52）灰斑鸠 *Streptopelia decaocto*

十五、佛法僧目 CORACIIFORMES

25. 戴胜科 Upupidae

（53）戴胜 *Upupa epops*

十六、雀形目 PASSERIFORMES

26. 百灵科 Alaudidae

（54）长嘴百灵 *Melanocorypha maxima*

（55）角百灵 *Eremophila alpestris*

（56）小云雀 *Alauda gulgula*

27. 燕科 Hirundinidae

（57）家燕 *Hirundo rustica*

（58）崖沙燕 *Riparia riparia*

28. 鸦科 Corvidae

（59）黑尾地鸦 *Podoces hendersoni*

（60）地山雀 *Pseudopodoces humilis*

（61）大嘴乌鸦 *Corvus macrorhynchus*

（62）渡鸦 *Corvus corax*

29. 鹡鸰科 Motacillidae

（63）白鹡鸰 *Motacilla alba*

（64）水鹨 *Anthus spinoletta*

30. 鹟科 Muscicapidae

鸫亚科 Turdinae

（65）赭红尾鸲 *Phoenicurus ochruros*

（66）红腹红尾鸲 *Phoenicurus erythro-gaster*

（67）漠䳭 *Oenanthe deserti*

31. 文鸟科 Ploceidae

（68）麻雀 *Passer montanus*

（69）白腰雪雀 *Montifringilla taczanow-skii*

（70）棕颈雪雀 *Montifringilla ruficollis*

（71）棕背雪雀 *Montifringilla blanfordi*

（72）藏雪雀 *Montifringilla henrici*

32. 雀科 Fringillidae

（73）高山岭雀 *Leucosticte brandti*

（74）黄嘴朱顶雀 *Carduelis flavirostris*

爬行纲 REPTILIA

十七、蜥蜴目 LACERTIFORMES

33. 鬣蜥科 Agamidae

（75）青海沙蜥 *Phrynocephalus vlangalii*

硬骨鱼纲 OSTEICHTHYES

十八、鲤形目 CYPRINFORMES

34. 鲤科 Cyprinidae

（76）裸腹叶须鱼 *Ptychobarbus kazna-kovi*

（77）小头高原鱼 *Herzensteinia micro-cephalus*

35. 鳅科 Cobitidae

（78）刺突高原鳅 *Triplophysa stewarti*

（79）细尾高原鳅 *Triplophysa stenura*

（80）斯氏高原鳅 *Triplophysa stoliczkae*

（81）小眼高原鳅 *Triplophysa microps*

可可西里野生节肢动物名录

昆虫纲 INSECTA

一、半翅目 HEMIPTERA

1. 跳蝽科 Saldidae

（1）毛边跳蝽属未定种 *Chilaxanthus* sp.

（2）宽角跳蝽 *Calacanthia angulosa*（Kiritschenko，1912）

（3）泛跳蝽 *Saldula palustris*（Douglas，1874）

二、食毛目 MALLOPHAGA

2. 短角鸟虱科 Menoponidae

（4）欧澳禽鸟虱 *Austromenopon transversum*（Denny，1842）

（5）渡鸦雀鸟虱 *Myrsidea anaspila*（Nitzsch，1866）

3. 长角鸟虱科 Philopteridae

（6）欧塞鸟虱 *Saemundssonia lari*（Fabricius，1780）

三、鞘翅目 COLEOPTERA

4. 步甲科 Carabidae

（7）暗步甲属未定种 1 *Amara* sp. 1

（8）暗步甲属未定种 2 *Amara* sp. 2

（9）暗步甲属未定种 3 *Amara* sp. 3

（10）暗步甲属未定种 4 *Amara* sp. 4

（11）暗步甲属未定种 5 *Amara* sp. 5

（12）锥须步甲属未定种 *Bembidion* sp.

（13）双斑猛步甲 *Cymindis binotata*（Fischer-Waldheim，1820）

（14）猛步甲属未定种 *Cymindis* sp.

（15）心步甲属未定种 *Nebria* sp.

（16）距步甲属未定种 *Zabrus* sp.

5. 龙虱科 Dytiscidae

（17）乌兰乌拉爪龙虱 *Potamonectes ulanulana*（Yang，1996）

（18）可可西里淋龙虱 *Rhantus hohxilanus*（Yang，1996）

6. 拟步甲科 Tenebrionidae

（19）黑褐宽刺甲 *Platynoscelis rubripes*（Reitter，1889）

（20）亚黑褐宽刺甲 *Platynoscelis integra*（Reitter，1887）

7. 蜉金龟科 Aphodiidae

（21）陌蜉金龟 *Aphodius ignobilis*（Reitter，1887）

（22）帕蜉金龟 *Aphodius pamirensis*（Medvedev，1928）

（23）泼儿蜉金龟 *Aphodius przewalskyi*（Reitter，1887）

8. 象虫科 Curculionidae

（24）曲胫叶足象 *Dactylotus curvativus*（Zhang，1996）

（25）宽背叶足象 *Dactylotus dorsalis*（Zhang，1996）

（26）皱纹叶足象 *Dactylotus rugolosus*（Zhang，1996）

（27）宽沟叶足象 *Dactylotus latiusculus*（Zhang，1996）

（28）褐纹短喜象 *Hyperomias bruneolineatus*（Zhang，1996）

（29）弯叶短喜象 *Hyperomias curvatus*（Zhang，1996）

（30）凸额短喜象 *Hyperomias convexus*（Zhang，1996）

（31）可可西里西藏象 *Xizanomias hohxiliensis*（Zhang，1996）

四、鳞翅目 LEPIDOPTERA

9. 螟蛾科 Pyralidae

（32）可可西里毛斑螟 *Hyporatasa hohxiliella*（Song，1996）

10. 透翅蛾科 Sesiidae

（33）枝黄透翅蛾 *Dipsosphecia scopigera*（Scopoli，1763）

11. 夜蛾科 Noctuidae

（34）简烈夜蛾 *Lycophotia simplicia*（Chen，1996）

（35）张氏夜蛾 *Oxytripia zhangi*（Chen，1996）

（36）晦绿夜蛾 *Isochlora obscura*（Chen，1996）

（37）白脉绿夜蛾 *Isochlora leuconeura*（Chen，1996）

（38）绿夜蛾白纹亚种 *Isochlora viridis longivitta*（Pungeler，1902）

（39）丽戎夜蛾 *Lasiestra fumosa*（Chen，1996）

（40）环戎夜蛾 *Lasiestra orbiculosa*（Chen，1996）

（41）灰戎夜蛾 *Lasiestra grisea*（Chen，1996）

（42）洁异纹夜蛾 *Euchalcia gerda*（Pungeler，1907）

12. 绢蝶科 Parnassiidae

（43）雅克绢蝶 *Parnassius jacquemonti*（Boisduval，1936）

13. 粉蝶科 Peridae

（44）布巴粉蝶 *Baltia butleri butleri*（Moore，1882）

14. 蛱蝶科 Nymphaiidea

（45）小红蛱蝶 *Vanessa cardui*（Linnaeus，

1758）

（46）拉达克荨麻蛱蝶 *Algais ladakensis*（Moore，1878）

五、双翅目 DIPTERA

15. 摇蚊科 Chironomidae

（47）长铗刀突摇蚊 *Psectrocladius longipennis*（Wang，Zheng，1996）

（48）寡毛小突摇蚊 *Micropsectra paucisetosa*（Wang，Zheng，1996）

16. 食蚜蝇科 Syrphidae

（49）月斑后食蚜蝇 *Metasyrphus latimacula*（Peck，1969）

17. 粪蝇科 Scatophagidae

（50）长翅粪蝇 *Scathophaga amplipennis*（Portschinsky，1887）

（51）小黄粪蝇 *Scathophaga stercoraria*（Linnaeus，1758）

18. 花蝇科 Anthomuiidae

（52）天山植种蝇 *Botanophila alatavensis*（Hennig，1970）

（52）宽颊植种蝇 *Botanophila latigena*（Stein，1907）

（53）红膝植种蝇 *Botanophila rubrigena*（Schnabl，1915）

（54）角侧叶植种蝇 *Botanophila anguli-*

surstyla（Xue，Zhang，1996）

（55）双色植种蝇 *Botanophila bicoloripennis*（Xue，Zhang，1996）

（56）可可西里植种蝇 *Botanophila hohxiliensis*（Xue，Zhang，1996）

（57）毛冕植种蝇 *Botanophila pilicoronata*（Xue，Zhang，1996）

（58）隐斑植种蝇 *Botanophila unimacula*（Xue，Zhang，1996）

（59）瘦腹地种蝇 *Delia angustissima*（Stein，1907）

（60）双毛地种蝇 *Delia bisetosa*（Stein，1907）

（61）拟甘蓝地种蝇 *Delia brassicaeformis*（Ringdahl，1926）

（62）毛跗地种蝇 *Delia florilega*（Zetterstedt，1845）

（63）瘦喙地种蝇 *Delia gracilis*（Stein，1907）

（64）灰地种蝇 *Delia platura*（Meigen，1826）

（65）针叶地种蝇 *Delia spicularis*（Fan，1984）

（66）突厥地种蝇 *Delia turcmenica*（Hennig，1974）

（67）短须地种蝇 *Delia brevipalpis*（Xue，Zhang，1996）

（68）拟狭跗地种蝇 *Delia conversatoides*（Xue，Zhang，1996）

（69）可可西里地种蝇 *Delia hohxiliensis*（Xue，Zhang，1996）

（70）长鞭地种蝇 *Delia longimastica*（Xue，Zhang，1996）

（71）短鞭地种蝇 *Delia mastigella*（Xue，Zhang，1996）

（72）小灰地种蝇 *Delia minutigrisea*（Xue，Zhang，1996）

（73）豚颜地种蝇 *Delia scrofifacialis*（Xue，Zhang，1996）

（74）瘦喙近脉花蝇 *Engyneura gracilior*（Fan，Zhong，1980）

（75）瘦叶近脉花蝇 *Engyneura leptinostylata*（Fan，Fan & Ma，1980）

（76）宽腕叉泉蝇 *Eutrichota latimana*（Xue，Zhang，1996）

（77）黑头叉泉蝇 *Eutrichota nigriceps*（Xue，Zhang，1996）

（78）红头叉泉蝇 *Eutrichota ruficeps*（Xue，Zhang，1996）

（79）长喙隰蝇 *Hydrophoria longissima*（Fan，Zhong，1984）

（80）肥叶隰蝇 *Hydrophoria crassiforceps*（Qian，Fan，1981）

（81）亚黑邻种蝇 *Paregle aterrima*（Hennig，1967）

（82）可可西里泉蝇 *Pegomya hohxiliensis*（Xue，Zhang，1996）

（83）突叶伪额花蝇 *Pseudomyopina problola*（Fan，1982）

（84）单枝伪额花蝇 *Pseudomyopina unicrucianella*（Xue，Zhang，1996）

19. 蝇科 Muscidae

（85）波希曼阳蝇 *Helina bohemani*（Ringdahl，1916）

（86）金跗棘蝇 *Phaonia aureolitarsis*（Xue，Xiang，1994）

（87）赵氏棘蝇 *Phaonia chaoi*（Xue，Zhang，1996）

（88）可可西里棘蝇 *Phaonia hohxilia*（Xue，Zhang，1996）

（89）拟细鬃棘蝇 *Phaonia mimotenuiseta*（Ma，Wu，1989）

（90）球鼻棘蝇 *Phaonia nasiglobata*（Xue，Xiang，1994）

（91）小角棘蝇 *Phaonia minuticornis*（Xue，

Zhang，1996）

（92）黑裸鬃棘蝇 *Phaonia nigrinudiseta*（Xue，Zhang，1996）

（93）绯趾棘蝇 *Phaonia rufitarsis*（Stein，1907）

（94）华叉纹棘蝇 *Phaonia sinidecussata*（Xue，Xiang，1994）

（95）细喙棘蝇 *Phaonia tenuistris*（Stein，1907）

（96）灿黑棘蝇 *Phaonia splendida*（Hennig，1963）

（97）二刺齿股蝇 *Hydrotaea bispinosa*（Xue，Zhang，1996）

（98）毛基蝇 *Thricops* sp.

（99）可可西里胡蝇 *Drymeia hohxiliensis*（Xue，Zhang，1996）

（100）高跷胡蝇 *Drymeia tanopodagra*（Xue，Zhang，1996）

（101）宽额华圆蝇 *Sinopelta latifrons*（Xue，Zhang，1996）

（102）斑腹华圆蝇 *Sinopelta maculiventra*（Xue，Zhang，1996）

20. 厕蝇科 Fanniidae

（103）宽额厕蝇 *Fannia latifrontalis*（Hennig，1955）

21. 丽蝇科 Calliphoridae

（104）乌拉尔丽蝇 *Calliphora uralensis*（Villeneuve，1922）

（105）红头丽蝇 *Calliphora vicina*（Robineau-Desvoidy，1830）

（106）可可西里丽蝇 *Calliphora hohxiliensis*（Xue，Zhang，1996）

（107）丝光绿蝇 *Lucilia sericata*（Meigen，1826）

（108）蒙古拟兰蝇 *Cynomyiomima stackelbergi*（Rohdendorf，1924）

（109）帕米尔拟蚓蝇 *Onesiomima pamirica*（Rohdendorf，1962）

22. 皮蝇科 Hypodermatidae

（110）柯氏葫颜皮蝇 *Oestromyia koslovi*（Portschinsky，1902）

（111）兔葫颜皮蝇 *Oestromyia leporina*（Pallas，1778）

（112）窄叶葫颜皮蝇 *Oestromyia angusticerca*（Xue，Zhang，1996）

23. 麻蝇科 Sarcophagidae

（113）黑尾黑麻蝇 *Sarcophaga melanura*（Meigen，1823）

（114）瘦叶黑麻蝇 *Sarcophaga agnata*（Rondani，1860）

（115）短角污麻蝇 *Wohlfahrtia brevicornis*（Chao，Zhang，1996）

（116）毛颜污麻蝇 *Wohlfahrtia hirtiparafacialis*（Chao，Zhang，1996）

24. 寄蝇科 Tachinidae

（117）西北高原寄蝇 *Montuosa caura*（Chao，Zhou，1996）

（118）可可西里柔寄蝇 *Thelaira hohxilica*（Chao，Zhou，1996）

（119）黑胫法寄蝇 *Fausta nigritibia*（Chao，Zhou，1996）

（120）宽额攸迷寄蝇 *Eumeella latifrons*（Chao，Zhou，1996）

（121）墨黑豪寄蝇 *Hystriomyia paradoxa*（Zimin，1935）

（122）卡西金怯寄蝇 *Gymnophryxe carthaginiensis*（Bischof，1900）

（123）阴叶甲寄蝇 *Macquartia tenebricosa*（Meigen，1824）

（124）斧角珠峰寄蝇 *Everestiomyia antennalis*（Townsend，1933）

六、蚤目 SIPHONAPTERA

25. 多毛蚤科 Hystrichopsyllidae

（125）五侧纤蚤天山亚种 *Rhadinopsylla dahurica tjanschan*（Ioff et Tiflov，1946）

（126）宽臂纤蚤 *Rhadinopsylla cedestis*（Rothschild，1913）

26. 细蚤科 Leptopsyllidae

（127）前额蚤灰獭亚种 *Frontopsylla frontalis baibacina*（Ji，1979）

（128）长鬃双蚤 *Amphipsylla longispina*（Scalon，1950）

（129）原双蚤指名亚种 *Amphipsylla primaris primaris*（Jordan，Rothschild，1915）

（130）方指双蚤 *Amphipsylla quadratedigita*（Liu et al.，1965）

（131）青海双蚤 *Amphipsylla qinghaiensis*（Ren et Ji，1979）

（132）直缘双蚤指名亚种 *Amphipsylla tuta tuta*（Wagner，1928）

27. 角叶蚤科 Ceratophyllidae

（133）鼠兔倍蚤 *Amphalius runatus*（Jordan，Rothschild，1923）

（134）曲扎角叶蚤 *Ceratophyllus chutsaensis*（Liu，Wu，1962）

（135）刷状瘴蚤有角亚种 *Malaraeus penicilliger angularis*（Tsai et al，1974）

七、膜翅目 HYMENOPTERA

28. 叶蜂科 Tenthredinidae

（136）普氏菜叶蜂 *Hypsathalia przewalskyi*（Jakowlew，1887）

（137）淡痣剪唇叶蜂 *Sciapteryx laeta*（Konow，1891）

29. 金小蜂科 Pteromalidae

（138）熙丽金小蜂 *Lamprotatus similimus*（Delucchi，1953）

（139）短柄丽金小蜂 *Lamprotatus breviscapus*（Huang，1991）

（140）三叶丽金小蜂 *Lamprotatus trilobus*（Huang，1996）

（141）宽腿尖腹金小蜂 *Thektogaster latifemur*（Huang，1996）

30. 隧蜂科 Halictidae

（142）马蹄刺拟隧蜂 *Halictoides calcaratus*（Morawitz，1886）

31. 切叶蜂科 Megachilidae

（143）丽切叶蜂 *Megachile habropodoides*（Meade-Waldo，1912）

32. 条蜂科 Anthophoridae

（144）青海条蜂 *Anthophora turanica*（Fedtschenko，1875）

33. 蜜蜂科 Apidae

（145）小猛熊蜂 *Bombus meinertzhageni*（Richards，1928）

（146）华丽熊蜂 *Bombus superbus*（Tkalcu，1968）

（147）隐纹熊蜂 *Bombus waltoni*（Cockerell，1910）

（148）镰珠尾熊蜂 *Bombus miniatocaudatus falsificus*（Richards，1930）

（149）欧熊蜂 *Bombus oberti*（Morawitz，1883）

（150）昆仑熊蜂 *Bombus keriensis*（Morawitz，1883）

（151）猛熊蜂 *Bombus difficilimus*（Skorikov，1912）

（152）黄腹熊蜂 *Bombus flarientris ochrobasis*（Richards，1930）

鳃足纲 BRANCHIOPODA

八、双甲目 DIPLOSTRACA

34. 溞科 Daphniidae

（153）高原溞 *Daphnia alta*（Dai，1996）

唇足纲 CHILOPODA

九、石蜈蚣目 LITHOBIOMORPHA

35. 石蜈蚣科 Lithobiidae

（154）无沟石蜈蚣 *Lithobius asulcutus*（Zhang，1996）

（155）少毛石蜈蚣 *Lithobius rarihirsutipes*（Zhang，1996）

（156）勾股石蜈蚣 *Lithobius femorisulcutus*（Zhang，1996）

（157）巨甲石蜈蚣 *Lithobius magnitergiferous*（Zhang，1996）

蛛形纲 ARACHNIDA

十、蜘蛛目 ARANEAE

36. 球蛛科 Theridiidae

（158）白斑姬蛛 *Steatoda albomaculata*（De Geer，1778）

37. 狼蛛科 Lycosidae

（159）豪氏豹蛛 *Pardosa haupti*（Song，1996）

（160）可可西里豹蛛 *Pardosa hohxiliensis*（Song，1996）

（161）暗黑豹蛛 *Pardosa atronigra*（Song，1996）

（162）阿尔豹蛛 *Pardosa algoides*（Schenkel，1963）

38. 隐石蛛科 Titanoecidae

（163）异隐石蛛 *Titanoeca assimilis*（Song，Zhu，1985）

39. 平腹蛛科 Gnaphosidae

（164）石掠蛛 *Drassodes lapidosus*（Walckenaer，1802）

（165）苔平腹蛛 *Gnaphosa muscorum*（Koch，1866）

40. 蟹蛛科 Thomisidae

（166）多尔波花蟹蛛 *Xysticus dolpoensis*（Ono，1978）

（167）白缘花蟹蛛 *Xysticus albomarginatus*（Tang，Song，1988）

蜱螨亚纲 ACARI

十一、甲螨目 ORIBATIDA

41. 厉螨科 Laelapidae

（168）鼠兔赫刺螨 *Hirstionyssus ochotonae*（Lange，Petrova，1958）

（169）脂刺血革螨 *Haemogamasus liponyssoides*（Ewing，1925）

42. 蛛甲螨科 Damaeidae

（170）高原表蛛甲螨 *Epidamaeus alticola*（Wang，Cui，1996）

43. 盖头甲螨科 Tectocepheidae

（171）萨勒盖头甲螨 *Tectocepheus sarekensis*（Tragardh，1910）

44. 垂盾甲螨科 Suctoverticidae

（172）奇下盾甲螨 *Hypovertex mirabilis*

（Krivolutsky，1969）

45. 若甲螨科 Oribatulidae

（173）张氏若甲螨 *Oribatula zhangi*（Wang，Cui，1996）

46. 尖棱甲螨科 Ceratozetidae

（174）天山毛甲螨 *Trichoribates tianshanensis*（Wen，Bu，1988）

可可西里野生植物名录

一、麻黄科 Ephedraceae

1. 麻黄属 *Ephedra* L.

（1）山岭麻黄 *Ephedra gerardiana* Wall.

（2）单子麻黄 *Ephedra monosperma* Gmel. ex Mey.

二、荨麻科 Urticaceae

2. 荨麻属 *Urtica* L.

（3）高原荨麻 *Urtica hyperborea* Jacq. ex Wedd.

三、蓼科 Polygonaceae

3. 蓼属 *Polygonum* L.

（4）西伯利亚蓼 *Polygonum sibiricum* Laxm.

（5）西伯利亚蓼（原变种）*Polygonum sibiricum* var. *sibiricum* Laxm.

（6）细叶西伯利亚蓼 *Polygonum sibiricum*
Laxm. var. *thomsonii* Meisn. ex Stew.

4. 大黄属 *Rheum* L.

（7）穗序大黄 *Rheum spiciforme* Royle

（8）卵果大黄 *Rheum moorcroftianum* Royle

四、藜科 Chenopodiaceae

5. 驼绒藜属 *Krascheninnikovia* Gueldenstaedt

（9）驼绒藜 *Krascheninnikovia ceratoides*（Linnaeus）Gueldenstaedt

（10）垫状驼绒藜 *Krascheninnikovia compacta*（Losina-Losinskaja）Grubov

6. 小果滨藜属 *Microgynoecium* Hook. f.

（11）小果滨藜 *Microgynoecium tibeticum* Hook. f.

五、石竹科 Caryophyllaceae

7. 无心菜属 *Arenaria* L.

（12）漆姑无心菜 *Arenaria saginoides* Maxim.

（13）小腺无心菜 *Arenaria glanduligera* Edgew.

（14）藓状雪灵芝 *Arenaria bryophylla* Fernald

（15）藓状雪灵芝（原变种）*Arenaria bryophylla* var. *bryophylla* Fernald

（16）短梗藓状雪灵芝 *Arenaria bryophylla*

var. *brevipedicella* R. F. Huang & S. K. Wu

（17）宽萼雪灵芝 *Arenaria latisepala* R. F. Huang & S. K. Wu

（18）改则雪灵芝 *Arenaria gerzensis* L. H. Zhou

（19）雪灵芝 *Arenaria brevipetala* Y. W. Tsui et L. H. Zhou

（20）各拉丹冬雪灵芝 *Arenaria geladaindongensis* R. F. Huang & S. K. Wu

（21）甘肃雪灵芝 *Arenaria kansuensis* Maxim.

（22）甘肃雪灵芝（原变种）*Arenaria kansuensis* var. *kansuensis* Maxim.

（23）卵瓣雪灵芝 *Arenaria kansuensis* var. *ovatipetala* Y. W. Tsui et L. H. Zhou

8. 蝇子草属 *Silene* L.

（24）隐瓣蝇子草 *Silene gonosperma*（Rupr.）Bocquet

9. 繁缕属 *Stellaria* L.

（25）偃卧繁缕 *Stellaria decumbens* Edgew.

10. 囊种草属 *Thylacospermum* Fenzl

（26）囊种草 *Thylacospermum caespitosum*（Camb.）Schischk.

六、毛茛科 Ranunculaceae

11. 乌头属 *Aconitum* L.

（27）露蕊乌头 *Aconitum gymnandrum* Maxim.

12. 侧金盏花属 *Adonis* L.

（28）蓝侧金盏花 *Adonis coerulea* Maxim.

13. 银莲花属 *Anemone* L.

（29）叠裂银莲花 *Anemone imbricata* Maxim.

（30）疏齿银莲花 *Anemone geum* subsp. *ovalifolia*（Brühl）R. P. Chaudhary

14. 美花草属 *Callianthemum* C. A. Mey.

（31）美花草 *Callianthemum pimpinelloides*（D. Don）Hook. f. et Thoms.

15. 翠雀属 *Delphinium* L.

（32）蓝翠雀花 *Delphinium caeruleum* Jacq. ex Camb.

（33）囊距翠雀花 *Delphinium brunonianum* Royle

（34）唐古拉翠雀花 *Delphinium tangkulaense* W. T. Wang

（35）唐古拉翠雀花（原变种）*Delphinium tangkulaense* f. *tangkulaense* W. T. Wang

（36）唐古拉翠雀花黄花变种 *Delphinium tangkulaense* var. *pygmaeum* W. T. Wang

（37）单花翠雀花 *Delphinium candelabrum*

Ostf. var. *monanthum*（Hand.-Mazz.）W. T. Wang

（38）青海翠雀花 *Delphinium qinghaiense* W. T. Wang

16. 碱毛茛属 *Halerpestes* Green

（39）三裂碱毛茛 *Halerpestes tricuspis*（Maxim.）Hand.-Mazz.

17. 鸦跖花属 *Oxygraphis* Bunge

（40）鸦跖花 *Oxygraphis glacialis*（Fisch. ex DC.）Bunge

18. 毛茛属 *Ranunculus* L.

（41）美丽毛茛 *Ranunculus pulchellus* C. A. Mey.

（42）班戈毛茛 *Ranunculus banguoensis* L. Liou

（43）苞毛茛 *Ranunculus similis* Hemsley

19. 唐松草属 *Thalictrum* L.

（44）石砾唐松草 *Thalictrum squamiferum* Lecoy.

（45）高山唐松草 *Thalictrum alpinum* L.

七、十字花科 Brassicaceae

20. 寒原荠属 *Aphragmus* Andrz. ex DC.

（46）尖果寒原荠 *Aphragmus oxycarpus*（Hook. f. et Thoms.）Jafri

21. 肉叶荠属 *Braya* Sternb. et Hoppe

（47）红花肉叶荠 *Braya rosea*（Turczaninow）Bunge

22. 糖芥属 *Erysimum* L.

（48）红紫糖芥 *Erysimum roseum*（Maximowicz）Polatschek

（49）紫花糖芥 *Erysimum funiculosum* J. D. Hooker & Thomson

23. 扇叶芥属 *Desideria* Pampanini

（50）藏北扇叶芥 *Desideria baiogoinensis*（K. C. Kuan & Z. X. An）Al-Shehbaz

（51）须弥扇叶芥 *Desideria himalayensis*（Cambessèdes）Al-Shehbaz

24. 沟子荠属 *Taphrospermum* C. A. Meyer

（52）泉沟子荠 *Taphrospermum fontanum*（Maximowicz）Al-Shehbaz & G. Yang

25. 双脊荠属 *Dilophia* Thoms.

（53）无苞双脊荠 *Dilophia ebracteata* Maxim.

（54）盐泽双脊荠 *Dilophia salsa* Thoms.

26. 花旗杆属 *Dontostemon* Andrzejowski ex C. A. Meyer

（55）腺花旗杆 *Dontostemon glandulosus*（Karelin & Kirilov）O. E. Schulz

（56）羽裂花旗杆 *Dontostemon pinnatifidus*（Willdenow）Al-Shehbaz & H. Ohba

27. 葶苈属 *Draba* L.

（57）喜山葶苈 *Draba oreades* Schrenk

（58）球果葶苈 *Draba glomerata* Royle

（59）丽江葶苈 *Draba lichiangensis* W. W. Smith

（60）阿尔泰葶苈 *Draba altaica*（C. A. Mey.）Bunge

28. 藏荠属 *Hedinia* Ostenf.

（61）藏芹叶荠 *Smelowskia tibetica*（Thomson）Lipsky.

29. 独行菜属 *Lepidium* L.

（62）独行菜 *Lepidium apetalum* Willd.

30. 单花荠属 *Pegaeophyton* Hayek et Hand.-Mazz.

（63）单花荠 *Pegaeophyton scapiflorum*（Hook. f. et Thoms.）Marq. et Shaw

31. 簇芥属 *Pycnoplinthus* O. E. Schulz

（64）簇芥 *Pycnoplinthus uniflora*（Hook. f. et Thoms.）O. E. Schulz

32. 念珠芥属 *Neotorularia* Hedge & J. Léonard

（65）短果念珠芥 *Neotorularia brachycarpa*（Vassilczenko）Hedge & J. Léonard

（66）短果念珠芥 *Neotorularia brachycar-pa*（Vassilczenko）Hedge & J. Leonard

八、景天科 Crassulaceae

33. 红景天属 *Rhodiola* L.

（67）四裂红景天 *Rhodiola quadrifida*（Pall.）Fisch. et. Mey.

（68）唐古红景天 *Rhodiola tangutica*（Ledeb.）Fisch. et Mey. var. tangutica（Maxim.）S. H. Fu

九、虎耳草科 Saxifragaceae

34. 虎耳草属 *Saxifraga* L.

（69）零余虎耳草 *Saxifraga cernua* L.

（70）棒腺虎耳草 *Saxifraga consanguinea* W. W. Smith

（71）西藏虎耳草 *Saxifraga tibetica* A. Los.

（72）爪瓣虎耳草 *Saxifraga unguiculata* Engl.

（73）光缘虎耳草 *Saxifraga nanella* Engl. et Irmsch.

十、罂粟科 Papaveraceae

35. 紫堇属 *Corydalis* DC.

（74）粗糙黄堇 *Corydalis scaberula* Maxim.

（75）尼泊尔黄堇 *Corydalis hendersonii* Hemsl.

（76）卡惹拉黄堇 *Corydalis inopinata* Prain

ex Fedde

（77）尖突黄堇 *Corydalis mucronifera* Maxim.

（78）叠裂黄堇 *Corydalis dasyptera* Maxim.

36. 角茴香属 *Hypecoum* L.

（79）细果角茴香 *Hypecoum leptocarpum* Hook. f. et Thoms.

37. 绿绒蒿属 *Meconopsis* Vig.

（80）多刺绿绒蒿 *Meconopsis horridula* Hook. f. et Thoms.

十一、蔷薇科 Asteraceae

38. 委陵菜属 *Potentilla* L.

（81）垫状金露梅 *Potentilla fruticosa* var. *pumila* Hook. f.

（82）白毛小叶金露梅 *Potentilla parvifolia* var. *hypoleuca* Hand.-Mazz.

（83）矮生二裂委陵菜 *Potentilla bifurca* var. *humilior* Osten-Sacken & Ruprecht

（84）多茎委陵菜 *Potentilla multicaulis* Bge.

（85）多头委陵菜 *Potentilla multiceps* Yu et Li

（86）钉柱委陵菜 *Potentilla saundersiana* Royle

（87）钉柱委陵菜（原变种）*Potentilla*

saundersiana var. *saundersiana* Royle

（88）丛生钉柱委陵菜 *Potentilla saundersiana* Royle var. *caespitosa*（Lehm.）Wolf

十二、豆科 Fabaceae

39. 黄耆属 *Astragalus* L.

（89）团垫黄耆 *Astragalus arnoldii* Hemsl.

（90）雪地黄耆 *Astragalus nivalis* Kar. et Kir.

（91）刺叶柄黄耆 *Astragalus oplites* Bentham ex R. Parker

（92）黑穗黄耆 *Astragalus melanostachys* Benth. ex Bunge

（93）丛生黄耆 *Astragalus confertus* Benth. ex Bunge

（94）密花黄耆 *Astragalus densiflorus* Kar. et Kir.

40. 膨果豆属 *Phyllolobium* Fischer

（95）毛柱膨果豆 *Phyllolobium heydei*（Baker）M. L. Zhang & Podlech

41. 棘豆属 *Oxytropis* DC.

（96）黑萼棘豆 *Oxytropis melanocalyx* Bunge

（97）少花棘豆 *Oxytropis pauciflora* Bunge

（98）冰川棘豆 *Oxytropis proboscidea*.

Bunge

（99）伊朗棘豆 *Oxytropis savellanica* Boiss.

（100）小叶棘豆 *Oxytropis microphylla* （Pall.）DC.

（101）胀果棘豆 *Oxytropis stracheyana* Bunge

42. 野决明属 *Thermopsis* R. Br. ex Ait. f.

（102）披针叶野决明 *Thermopsis lanceolata* R. Br.

（103）高山野决明 *Thermopsis alpina*（Pall.）Ledeb.

十三、大戟科 Euphorbiaceae

43. 大戟属 *Euphorbia* L.

（104）沙生大戟 *Euphorbia kozlovii* Prokh.

十四、柽柳科 Tamaricaeae

44. 水柏枝属 *Myricaria* Desv.

（105）匍匐水柏枝 *Myricaria prostrata* Hook. f. et Thoms.ex Benth. et Hook. f.

十五、胡颓子科 Elaeagnaceae

45. 沙棘属 *Hippophae* L.

（106）西藏沙棘 *Hippophae tibetana* Schlechtendal.

十六、伞形科 Umbelliferae

46. 栓果芹属 *Cortiella* Norman

（107）宽叶栓果芹 *Cortiella caespitosa* Shen et Sheh

47. 独活属 *Heracleum* L.

（108）裂叶独活 *Heracleum millefolium* Diels

48. 棱子芹属 *Pleurospermum* Hoffm.

（109）垫状棱子芹 *Pleurospermum hedinii* Diels

十七、报春花科 Primulaceae

49. 点地梅属 *Androsace* L.

（110）杂多点地梅 *Androsace alaschanica* Maxim.var. *zadoensis* Y.C.Yang et R. F. Huang

（111）垫状点地梅 *Androsace tapete* Maxim.

（112）高原点地梅 *Androsace zambalensis* （Petitm.）Hand.-Mazg.

（113）雅江点地梅 *Androsace yargongensis* Petitm.

（114）可可西里点地梅 *Androsace hohxilensis* R. F. Huang et S. G. Wu

（115）唐古拉点地梅 *Androsace tanggulashanensis* Y. C. Yang et R. F. Huang

（116）三苞点地梅 *Androsace tribracteata* R. F. Huang

50. 报春花属 *Primula* L.

（117）柔小粉报春 *Primula pumilio* Maxim.

（118）腺毛小报春 *Primula walshii* Craib

十八、龙胆科 Gentianaceae

51. 喉毛花属 *Comastoma*（Wettst.）Toyokuni

（119）镰萼喉毛花 *Comastoma falcatum*（Turcz. ex Kar. et Kir.）Toyokuni

52. 龙胆属 *Gentiana*（Tourn.）L.

（120）蓝白龙胆 *Gentiana leucomelaena* Maxim.

（121）圆齿褶龙胆 *Gentiana crenulato-truncata*（Marq.）T. N. Ho

（122）圆齿褶龙胆（原变种）*Gentiana crenulatotruncata* var. *crenulatotruncata*（Marq.）T. N. Ho

（123）圆齿褶龙胆黄花变种 *Gentiana crenulatotruncata*（Marq.）T. N. Ho var. *flava* S. K. Wu et R. F. Huang

（124）可可西里龙胆 *Gentiana hohoxiliensis* S. K. Wu et R. F. Huang

53. 肋柱花属 *Lomatogonium* A. Br.

（125）铺散肋柱花 *Lomatogonium thomsonii*（C. B. Clarke）Fern.

十九、紫草科 Boraginaceae

54. 锚刺果属 *Actinocarya* Benth.

（126）锚刺果 *Actinocarya tibetica* Benth.

55. 颈果草属 *Metaeritrichium* W. T. Wang

（127）颈果草 *Metaeritrichium microuloides* W. T. Wang

56. 微孔草属 *Microula* Benth.

（128）西藏微孔草 *Microula tibetica* Benth.

（129）西藏微孔草（原变种）*Microula tibetica* var. *tibetica* Benth.

（130）西藏微孔草小花（变种）*Microula tibetica* Benth. var. *pratensis*（Maxim.）W. T. Wang

二十、唇形科 Labiatae

57. 青兰属 *Dracocephalum* L.

（131）白花枝子花 *Dracocephalum heterophyllum* Bentham

二十一、茄科 Solanaceae

58. 马尿泡属 *Przewakia* Maxim.

（132）马尿泡 *Przewalskia tangutica* Maxim.

二十二、玄参科 Scrophulariaceae

59. 兔耳草属 *Lagotis* Gaertn.

（133）短穗兔耳草 *Lagotis brachystachya* Maxim.

60. 藏玄参属 *Oreosolen* Hook. f.

（134）藏玄参 *Oreosolen wattii* Hook. f.

61. 马先蒿属 *Pedicularis* L.

（135）碎米蕨叶马先蒿 *Pedicularis cheilanthifolia* Schrenk

（136）欧氏马先蒿欧氏亚种中国变种 *Pedicularis oederi* Vahl subsp. *oederi* var. *sinensis*（Maxim.）Hurus.

62. 婆婆纳属 *Veronica* L.

（137）长果婆婆纳 *Veronica ciliata* Fisch.

二十三、菊科 Compositae

63. 亚菊属 *Ajania* Poljak

（138）单头亚菊 *Ajania kharnhorstii*（Rogel & Schmalh.）Tzvel

（139）铺散亚菊 *Ajania khartensis*（Duma）Shih

64. 蒿属 *Artemisia* L.

（140）垫型蒿 *Artemisia minor* Jacquem. ex Bess.

（141）青藏蒿 *Artemisia duthreuil-derhinsi* Krasch.

65. 紫菀属 *Aster* L.

（142）萎软紫菀 *Aster flaccidus* Bunge

（143）萎软紫菀萎软亚种 *Aster flaccidus* subsp. *flaccidus* Bge.

（144）萎软紫菀腺毛亚种 *Aster flaccidus* Bge. subsp. *glandulosus*（Keissl.）Onno

（145）青藏狗娃花 *Aster boweri* Hemsl.

66. 垂头菊属 *Cremanthodium* Benth.

（146）车前状垂头菊 *Cremanthodium ellisii*（Hook. f.）Kitam.

（147）车前状垂头菊（原变种）*Cremanthodium ellisii* var. *ellisii*（Hook. f.）Kitam.

（148）祁连垂头菊（变种）*Cremanthodium ellisii*（Hook. f.）Kitam. var. *ramosum*（Ling）Ling et S. W. Liu

（149）矮垂头菊 *Cremanthodium humile* Maxim.

（150）小垂头菊 *Cremanthodium nanum*（Decne.）W. W. Smith

67. 假苦菜属 *Askellia* W. A. Weber

（151）弯茎假苦菜 *Askellia flexuosa*（Ledebour）W. A. Weber

（152）红花假苦菜 *Askellia lactea*（Lipschitz）W. A. Weber

68. 火绒草属 *Leontopodium* R. Br. ex Cass.

（153）矮火绒草 *Leontopodium nanum*（Hook. f. & Thoms.）Hand.-Mazz.

（154）弱小火绒草 *Leontopodium pusillum*（Beauv.）Hand.-Mazz.

69. 风毛菊属 *Saussurea* DC.

（155）草甸雪兔子 *Saussurea thoroldii* Hemsl.

（156）肉叶雪兔子 *Saussurea thomsonii* C. B. Clarke

（157）羌塘雪兔子 *Saussurea wellbyi* Hemsl.

（158）昆仑雪兔子 *Saussurea depsangensis* Pamp.

（159）鼠麹雪兔子 *Saussurea gnaphalodes* （Royle）Sch.-Bip.

（160）黑毛雪兔子 *Saussurea inversa* Raab-Straube

（161）钻叶风毛菊 *Saussurea subulata* C. B. Clarke

（162）黑苞风毛菊 *Saussurea melano-tricha* Hand.-Mazz.

（163）吉隆风毛菊 *Saussurea andryaloides* （DC.）Sch.-Bip.

70. 绢毛苣属 *Soroseris* Stebbins

（164）绢苣菊 *Soroseris glomerata*（De-caisne）Stebbins

（165）皱叶绢毛苣 *Soroseris hookeriana* Stebbins

71. 蒲公英属 *Taraxacum* Weber

（166）白花蒲公英 *Taraxacum albiflos* Kirschner & Štepanek

（167）短喙蒲公英 *Taraxacum brevir-ostre* Hand.-Mazz.

（168）藏蒲公英 *Taraxacum tibetanum* Hand.-Mazz.

72. 扁芒菊属 *Allardia* Kar. et Kir.

（169）扁芒菊 *Allardia glabra* Decne.

二十四、眼子菜科 Potamogetonaceae

73. 篦齿眼子菜属 *Stuckenia* Borner

（170）篦齿眼子菜 *Stuckenia pectinata* （Linnaeus）Borner.

二十五、水麦冬科 Juncaginaceae

74. 水麦冬属 *Triglochin* L.

（171）海韭菜 *Triglochin maritima* L.

二十六、石蒜科 Amaryllidaceae

75. 葱属 *Allium* L.

（172）镰叶韭 *Allium carolinianum* DC.

76. 顶冰花属 *Gagea* Salisb

（173）少花顶冰花 *Gagea pauciflora* Turcz.

二十七、鸢尾科 Iridaceae

77. 鸢尾属 *Iris* L.

（174）卷鞘鸢尾 *Iris potaninii* Maxim.

（175）卷鞘鸢尾（原变种）*Iris potaninii* var. *potani-nii* Maxim.

（176）蓝花卷鞘鸢尾 *Iris potaninii* var.

ionantha Y. T. Zhao.

二十八、禾本科 Poaceae

78. 野青茅属 *Deyeuxia* Clar.

（177）矮野青茅 *Deyeuxia tibetica* Bor var. *przevalskyi*（Tzvel.）P. C. Kuo et S. L. Lu

79. 披碱草属 *Elymus* L.

（178）垂穗披碱草 *Elymus nutans* Griseb.

（179）老芒麦 *Elymus sibiricus* L.

（180）短颖披碱草 *Elymus burchan-buddae*（Nevski）Tzvelev

（181）芒颖披碱草 *Elymus aristiglumis*（Keng & S. L. Chen）S. L. Chen

（182）芒颖披碱草（原变种）*Elymus aristiglumis* var. *aristiglumis*（Keng & S. L. Chen）S. L. Chen

（183）毛芒颖草 *Elymus aristiglumis* var. *hirsutus*（H. L. Yang）S. L. Chen

80. 羊茅属 *Festuca* L.

（184）短叶羊茅 *Festuca brachyphylla* Schult.

（185）矮羊茅 *Festuca coelestis*（St. –Yves）Krecz.et Bobr.

（186）羊茅 *Festuca ovina* L.

81. 赖草属 *Leymus* Hochst.

（187）赖草 *Leymus secalinus*（Georgi）Tzvel.

82. 扇穗茅属 *Littledalea* Hemsl.

（188）扇穗茅 *Littledalea racemosa* Keng

（189）藏扇穗茅 *Littledalea tibetica* Hemsl.

（190）寡穗茅 *Littledalea przevalskyi* Tzvel.

83. 以礼草属 *Kengyilia* C. Yen & J. L.Yang

（191）青海以礼草 *Kengyilia kokonorica*（Keng）J. L. Yan et al.

（192）梭罗以礼草 *Kengyilia thoroldiana*（Oliver）J. L. Yang et al.

84. 早熟禾属 *Poa* L.

（193）花丽早熟禾 *Poa calliopsis* Litw.

（194）高原早熟禾 *Poa pratensis* L. subsp. *alpigena*（Lindman）Hiitonen

（195）曲枝早熟禾 *Poa pagophila* Bor

（196）阿拉套早熟禾 *Poa albertii* subsp. *albertii* Regel

85. 针茅属 *Stipa* L.

（197）紫花针茅 *Stipa purpurea* Griseb.

（198）座花针茅 *Stipa subsessiliflora*（Rupr.）Roshev.

86. 三毛草属 *Trisetum* Pers.

（199）穗三毛 *Trisetum spicatum*（L.）Richt.

（200）穗三毛（原变种）*Trisetum spicatum*

var. *spicatum*（L.）K. Richt.

（201）西藏三毛草 *Trisetum spicatum* subsp. *tibeticum*（P. C. Kuo & Z. L. Wu）Dickoré

（202）蒙古穗三毛 *Trisetum spicatum* subsp. *mongolicum* Hultén ex Veldkamp

二十九、莎草科 Cyperaceae

87. 嵩草属 *Kobresia* Willd.

（203）可可西里嵩草 *Kobresia hohxlensis* R. F. Huang

（204）高山嵩草 *Kobresia pygmaea* C. B. Clarke

（205）粗壮嵩草 *Kobresia robusta* Maxim.

（206）矮生嵩草 *Kobresia humilis*（C. A. Mey. ex Trautv.）Sergiev

（207）西藏嵩草 *Kobresia tibetica* Maxim.

88. 薹草属 *Carex* L.

（208）无穗柄薹草 *Carex ivanoviae* Egorova.

（209）青藏薹草 *Carex moorcroftii* Falc. ex Boott

（210）橄榄果薹草 *Carex olivacea* Boott

（211）马兰山薹草 *Carex malanshanensis* R.F. Huang

（212）走茎薹草 *Carex reptabunda*（Trautv.）V. Krecz.

（213）内弯薹草 *Carex incurva* Light.

（214）无味薹草 *Carex pseudofoetida* Kukenth.

◎ 附录二 可可西里社区保护协议示例

青海省玉树藏族自治州治多县索加乡君曲村社区野生动物栖息地保护协议

协议双方

甲方：青海省三江源国家级自然保护区

乙方：青海省玉树州治多县索加乡君曲村牧民委员会

为了更加有效地保护三江源国家级自然保护区索加—楚玛尔河野生动物保护分区的野生动物及其栖息地，初步研究和解决人与野生动物的冲突。经协商，

甲乙双方达成如下协议：

甲方授权乙方在君曲村所辖的土地范围内行使保护权，有效期自 年 月 日至 年 月 日。区域范围见下图（略），在此期间，此区域为协议保护地。双方根据此协议对这里进行保护。

协议保护期内双方权利义务

甲方：

1. 甲方有义务组织专家运用参与式方法依靠乙方力量对君曲协议保护地进行保护的保护计划，包括资源本底、保护目标、保护区域地块及区划、保护手段（如监测线路、监测规程）和工作计划等。

2. 甲方有义务指导组织第三方对协议保护地的保护成果进行定期监督和评估，监督和评估时间为此协议签署一年时和两年协议到期时。在认可乙方保护成果前提下，为乙方提供奖励资金每年3万元人民币，用以帮助君曲村改善村卫生医疗条件及受到野生动物侵害所造成的损失赔偿等。

3. 甲方有义务为乙方履行保护义务提供帮助，具体包括：

帮助乙方制定君曲村资源保护管理制度；

帮助乙方组建巡护监测队伍，并为日常监测提供培训；

根据协议保护地保护计划为乙方在保护地的日常巡护监测提供设备、经费补助和技术指导；

帮助乙方制作宣传品；

试验研究缓解人与野生动物冲突的方法。

4. 如果经评估认定乙方没有履行协议要求的保护义务，则甲方可以终止该协议；如两年协议期结束，乙方履行了保护义务，甲方可与乙方续签保护协议。

乙方：

1. 乙方有义务配合甲方工作，按照保护规划对协议保护地进行保护。

2. 乙方必须制定保护制度，约束自身的资源利用行为，任何放牧、道路建设、生态旅游等生产经营活动必须遵守保护区的相关法规；对野生动物栖息地影响较大的传统放牧活动也应做适当规范和调整。

3. 乙方有义务组织对协议保护地巡护，制止任何外来的采矿、挖沙、盗猎、越界放牧等活动，保护栖息地。

4. 乙方有义务对协议保护地进行定期监测，并规范地做好监测记录，每半年向甲方提交一次保护报告和监测数据。

5. 如果在协议保护地内发生对保护产生严重破坏的事件，乙方制止并及时向索加保护站或甲方报告。

6. 乙方有权利获得甲方为乙方提供的保护技术培训、野外监测设备和补助以及社区经济发展的帮助。

违约责任和协议终止

1. 协议的违约由甲方委托的第三方进行评估和认定。

2. 如协议保护地内发生严重破坏事

件而乙方没有在一个月内向甲方报告，视为违约。违约一次，甲方可扣除奖励资金的30%，违约两次扣除奖励资金的60%，违约三次全部扣除。

3. 如果乙方没有按时向甲方提交保护报告和监测数据视为违约，违约一次，甲方可扣除奖励资金的30%，违约两次扣除奖励资金的60%，违约三次全部扣除。

4. 如果乙方向甲方按时提交了项目报告而甲方不能对乙方的工作提供协议约定的资金支持，则视为甲方违约，乙方有权要求甲方履行自己的义务。

5. 第三方对协议保护地的年度监督评估如果认定乙方没有履行保护义务，则视为乙方严重违约。乙方严重违约时，甲方可中止该协议，所有奖金也同时扣除。在协议中止后半年内，乙方可进行改正并重新申请恢复保护权。由甲方组织第三方进行评估，如评估认为乙方能够履行自己的保护义务，可以重新启动该协议；如乙方没有重新申请或评估认为乙方仍不能履行保护协议，则协议彻底终止。

未尽事宜及纠纷

1. 协议未尽的具体事宜双方本着有利于保护的原则进行友好协商。

2. 因本协议而起的纠纷接受《中华人民共和国民法通则》和《中华人民共和国合同法》的调节和仲裁。

附录

1. 保护权：行驶对野生动物栖息地进行管理的权利的统称，包含宣传教育、巡护监测、制止和举报破坏栖息地的违法行为、将现行的破坏栖息地的人员扭送执法机关。

2. 保护评估指标

• 有无广泛认可的村协议保护制度；

• 保护制度有无独立的监督者，有无规范的执行记录；

• 有无规范的巡护监测记录；

• 有无定期的巡护监测和保护情况报告；

• 重要栖息地的保护有无得到改善；

详细的指标在保护规划制定完成时，与规范的巡护监测记录格式一同提交。

甲方：　　　　　　乙方：

时间：　　　　　　时间：

◎ 附录三 可可西里申遗大事记

2014 年 10 月 15 日 青海省可可西里申报世界自然遗产工作正式启动，青海省申请世界遗产工作领导小组（以下简称"申遗领导小组"）成立。

2014 年 11 月 25 日 青海省住房和城乡建设厅向住房和城乡建设部申请将青海可可西里列入中国国家自然遗产预备名录。

2015 年 1 月 30 日 联合国教科文组织世界遗产中心将青海可可西里列入世界遗产预备清单。

2015 年 2 月 25 日 《青海省可可西里自然遗产地保护条例（送审稿）》起草完成，并开始征求意见工作。

2015 年 4 月 15 日 印发《青海可可西里申报世界自然遗产实地资源调查工作实施方案》，可可西里世界自然遗产申报区域内资源调查评价工作启动。

2015 年 5 月 8 日—5 月 26 日 青海省申遗领导小组办公室组织北京大学、中国城市规划设计研究院、中国科学院西北高原生物研究所等单位专家开始第一次实地资源调查工作。至 8 月，共组织资源调查三次，组织专家评审会一次，并根据调查评审结果修订了审议文本、保护管理规划及其他材料。

2015 年 9 月 24 日 经审查同意，可可西里自然遗产地申报文本预审稿报送世界遗产中心进行预审查，并推荐青海可可西里为中国 2016 年世界自然遗产申报项目。

2015 年 10 月 30 日—11 月 8 日 青海省申遗领导小组办公室邀请世界自然保护联盟（IUCN）世界自然遗产专家 Peter Shadie 和 Fred Faunay，在北京大学、中国城市规划设计研究院等单位专家陪同下对可可西里地区进行了考察工作，专家组根据考察情况对申遗中的一系列技术问题提出了建设性意见。

2015 年 11 月 1 日 青海省世界遗产管理办公室正式成立。

2015 年 11 月 19 日 联合国教科文组织世界遗产中心对可可西里申遗文本及保护管理规划（预审稿）反馈了审核意见。

2015 年 11 月 20 日 青海省人民政府法制办公室组织《青海省可可西里自然遗产地保护条例（草案）》论证会。

2015 年 12 月 16 日 可可西里申报世界自然遗产环境综合整治和保护管理设施规划建设动员大会召开，相关工作启动。

2016 年 1 月 29 日 经国务院总理和分管副总理审阅签字，青海可可西里

申报世界自然遗产文本及相关材料正式报送联合国教科文组织世界遗产中心，可可西里正式成为中国政府 2016 年世界遗产申报项目。

2016 年 2 月 15 日 《青海省可可西里自然遗产地保护条例（草案）》审议通过。

2016 年 4 月 11 日—4 月 16 日 为迎接 IUCN 专家组正式考察，青海省申遗领导小组办公室组织住房和城乡建设部、北京大学、清华大学、中国科学院植物研究所、中国城市规划设计研究院等单位专家及工作人员对可可西里世界遗产提名地开展预考察。

2016 年 9 月 12 日 青海省申遗领导小组组织相关单位成员再次督查 IUCN 专家考察路线及玉树州博物馆可可西里主题展厅布展情况。

2016 年 9 月 23 日 《青海省可可西里自然遗产地保护条例》审议通过，并与 2016 年 10 月 1 日起施行。

2016 年 10 月 28 日—11 月 6 日 IUCN 专家 Carlo Ossola 和 Chimde Ochir Bazarsad 对可可西里世界遗产提名地进行了系统的考察评估工作。11 月 4 日，

青海省人民政府在西宁组织了 IUCN 专家现场考察评估反馈会，两位 IUCN 专家反馈了考察评估意见。

2017 年 1 月 1 日　中国联合国教科文组织全国委员会转发 IUCN 关于世界自然遗产评估流程和可可西里世界自然遗产提名地提交补充材料的相关要求信函，提出了需要补充完善的六个意见建议。

2017 年 2 月 19 日—2 月 26 日　青海省申遗领导小组办公室主任姚宽一率团赴瑞士 IUCN 总部和法国联合国教科文组织世界遗产中心，报送了按要求准备的青海可可西里遗产提名地补充材料，并就申遗问题与相关负责人及专家进行了当面沟通。

2017 年 5 月　联合国教科文组织世界遗产中心来函，要求提供补充材料。青海省申遗领导小组组织专家按照要求，再次提交了补充材料。

2017 年 6 月　基于可可西里申遗资源调查成果编写的《可可西里地质地貌及其形成演化》一书出版。

2017 年 7 月 2 日　联合国教科文组织第 41 届世界遗产委员会会议在波兰克拉科夫召开，可可西里作为世界自然遗产提名地提交大会审议。

2017 年 7 月 7 日　经过热烈讨论，波兰当地时间 15 时 15 分，北京时间 7 月 7 日 21 时 15 分，通过大会表决，可可西里成功列入《世界遗产名录》，成为中国第 51 处世界遗产。

2018 年 6 月 9 日　联合国教科文组织驻华代表 Robert Parua 在人民大会堂举行的"文化和自然遗产日"大会上，向青海可可西里国家级自然保护区管理局局长布周颁发了世界遗产证书。

2018 年 6 月 14 日　可可西里成功申报世界自然遗产总结表彰大会在西宁召开，授予 30 个单位"青海可可西里申报自然遗产先进集体"荣誉称号，75 人"青海可可西里申报自然遗产先进个人"荣誉称号。

国际专家评判

在世界自然保护联盟提交给联合国教科文组织世界遗产中心的评估报告中，专家评述如下：

青海可可西里，位于广袤的青藏

高原东北角，后者是世界上最大、最高，也是最年轻的高原。提名地面积3 735 632公顷，另有2 290 904公顷的缓冲区域，囊括了位于海拔4 500m以上的大面积的高山和草原系统。可可西里有时被称为世界"第三极"，区域内为寒冷的高原气候，全年平均气温低于0℃，最低气温有时可达－45℃。在其不间断的地质构造过程中，在提名地内出现了位于青藏高原上的大块的夷平面和盆地。区域内拥有青藏高原上最密集的湖泊，以及极其多样的湖泊盆地和高海拔内湖湖泊地形。这片严酷的荒野一望无垠，美景令人赞叹不已，仿佛被冻结在时空中，然而其地貌和生态系统却在不停地变化。

这里独特的地理和气候条件孕育了同样独特的生物多样性。有1/3以上的植物种，以及依靠这些植物生存的所有食草哺乳动物都是青藏高原特有的，而总体上有60%的哺乳动物物种是该高原特有的。围绕可可西里湖泊盆地的严寒高山草原和草甸是在青藏高原上生活的藏羚种群的主要产羔地，维系着其至关重要的迁徙规律。提名地包含一条从

三江源到可可西里的完整的迁徙路线。这条路线，尽管需要冒险穿越青藏公路和铁路，仍然是迄今已知的藏羚所有迁徙路线中保护最好的路线。

提名地难以靠近，加上其严酷的气候使得现代人类活动的影响甚微，但也支持着与自然保护共存的由来已久的传统放牧活动。尽管如此，这个世界"第三极"似已遭受全球气候变化的影响，其气温正不均衡地升高，降水规律也正在改变。这里的生态系统和地理环境对这些变化极度敏感，需要控制好外部威胁，以使该生态系统适应环境变化。

世界遗产突出普遍价值评价标准

标准（vii）

青海可可西里位于青藏高原，后者是世界上最大、最高，也是最年轻的高原。提名地拥有非凡的自然美景，其美丽超出人类想象，在所有方面都令人叹为观止。可可西里充满着极具冲击力的各种对比，得天独厚的高原生态系统宏伟壮观，无遮无挡的草原背景下是活跃的野生动植物，微小的垫状植物与高耸

的皑皑雪山形成鲜明对比。在夏天，这些微小的垫状植物形成了植被的海洋，花朵盛放时滚动着五颜六色的波浪。在高耸的皑皑雪山脚下的热泉旁，尘土和硫黄的气味与来自冰川的刺骨寒风相互交汇。冰川融水创造出数不清的网状河，又交织进庞大的湿地系统中，形成成千上万各色各样的湖泊。这些湖泊盆地构成平坦开阔的地形，形成了青藏高原上保存最好的夷平面和最密集的湖泊集群。这些湖泊全面展现出各个阶段的演化进程，也构成了长江源头重要的蓄水源和壮丽的自然景观。湖泊盆地也为藏羚提供了主要的产羔地。在每一年的初夏，成千上万的雌藏羚从位于西面的羌塘、北面的阿尔金山和东面的三江源的越冬地迁徙几百千米来到可可西里的湖泊盆地产羔。提名地保存着完整的藏羚在三江源和可可西里间的迁徙路线，支撑着藏羚不受干扰的迁徙，而藏羚是青藏高原特有的濒危大型哺乳动物之一。

标准（x）

提名地高度特有的植物区系，与高海拔和寒冷气候的特点结合，共同催生了同样高度特有的动物区系。高山草地占提名地内所有植被的 45%，优势种为紫花针茅。其他植被类型包括高山草甸和苔原。提名地内发现的 1/3 以上的高级植物是青藏高原特有，靠这些植物生存的所有的食草哺乳动物也是青藏高原特有的。可可西里有 80 种脊椎动物，包括 25 种哺乳动物，48 种鸟类，6 种鱼类和 1 种爬行类 *Phrynocephalus vliangalii*。提名地是藏羚、藏野牦牛、藏野驴、藏原羚、狼和棕熊的故乡，而这些动物在提名地时常可以观察到。大量的野生有蹄类依赖提名地生存，包括全球范围内全部藏羚的约 40%，以及 32% ~ 50% 的野牦牛。可可西里保存了藏羚完整生命周期的栖息地和各个自然过程，包括雌藏羚长途迁徙后聚集产羔的景象。可可西里的产羔地每年支撑着多达 30 000 只动物的繁殖，占据了已确认的各种羚羊的产羔聚集区的几乎 80% 的面积。在冬天，约有 40 000 只藏羚留在提名地，占全球种群数量的 20% ~ 40%。

完整性

青海可可西里面积广阔，几乎没有现代人类活动的冲击。极端的气候条件和它的难以接近性共同保护着这个属于很多具有全球重要性的高原依赖物种的最后的庇护所。提名地的设计适应了大型哺乳动物的分布范围，划定的面积大小可以提供很好的缓冲生态系统，以应对全球气候变化带来的改变。提名地能支持藏羚迁徙路线和生命周期全程的大部分。尽管其面积很大，但仍有进一步拓展的空间，以囊括更多的有价值的自然区域。在提名地的西边和北边没有设置缓冲区，因为提名地紧邻三个业已存在的保护区，分别位于青海省、西藏自治区和新疆维吾尔自治区，这也要求这三个相邻省份需要视自己与提名地的直接关系承担有效的保护职责。

提名地的西区，即可可西里国家自然保护区，完全无人类定居，因此保存着原始的风貌；东区，即三江源国家自然保护区的索加—楚玛尔河分区，也几乎处于原始状态。这片区域支撑着藏牧民传统的游牧生活方式，而他们也与当

地的生态保护长期共存，这些社区也通过各种努力展现出参与生态保护的强烈意愿。沿青藏公路自行前来的少量游客（通常是夏季）没有显著影响到提名地的完整性。另外，在政府的严厉打击下，大规模的偷猎和非法开采活动得到了有效的遏制。

对提名地保护形成巨大挑战的是从北到南穿越提名地东区并连接青海和西藏的一条公路和一条铁路。在这一区域的动物通过人工建造的通道和当地对交通运输通道的积极管理得以在迁徙季节顺利穿过道路。这些措施帮助藏羚和其他物种快速适应环境变化，目前尚无证据表明它们的迁徙规律遭到严重破坏。

气候变化对提名地特有的物种和生态系统的完整性构成了潜在的威胁。尽管有记录显示，在正式列入《世界遗产名录》之前的60年里，平均气温显著升高，但提名地面积广阔，海拔梯度明显，应能提供很大的弹性，确保人类活动和侵略物种的冲击得到有效控制。青藏高原生态系统正面临着重大变化，例如永久冻土和冰川的融化，高寒灌丛对高寒草甸的侵占，以及草原荒漠化。同

时，地震后产生了无数的新热泉和地质断层。冰川融水和增加的降水量已经冲垮了一个自然湖湖岸，在下游形成了几个新的湖泊，动态地创造出新的栖息地来。这些地理和生态的动态变化为科学观测和长期研究提供了难得的机会。升高的气温会吸引物种从低海拔地区向高原上的新栖息地移动，占领那些残遗种保护区。更加温暖的环境也会吸引人类向原本不适宜居住的地区迁徙。

保护和管理要求

提名地内所有的区域都归国家所有，属于国家级保护区。现已建立管理系统和协调机制，整合来自中央和地方政府、当地社区、NGO 和研究机构的支持，确保人力和财政资源充沛。这些相关方的协同努力加上中央和当地的法律保护已经有效地维持了提名地的原始自然状态，并确保了栖息物种的长期生存。

对提名地的保护和管理将依照《青海可可西里自然遗产地保护条例》进行。这一方案明确了保持和促进遗产地"突出普遍价值"的愿景和目标，以及一系列旨在加强保护的管理活动。方案还认可并积极地将生活在遗产地和缓冲区的当地藏牧民纳入保护、管理和教育活动中。方案对一系列事项都做了安排部署，涉及监测、公共宣传、可持续旅游业发展，以及重要的对跨越遗产地和缓冲区的交通运输通道的长期管理。

提名地得益于一个完整的管理机构，可以协调来自中央、省、市和地方的共同努力。充足的工作人员具有多样化的背景和相关的经验，将能保证提名地得到有效保护和管理。负责的国家和省级部门也一定要确保对交通运输通道的任何发展和变更在实施前经过彻底的评估，以保护提名地的完整性，包括保护穿过该交通运输通道的迁徙路线。

注意，维持穿过提名地的野生动物的迁徙路线的完整性对保护提名地的"突出普遍价值"至关重要，因此要求缔约国做到：

a）严密监测现有的帮助迁徙动物穿越交通运输通道的措施的有效性，并采取适宜的管理干预措施。

b）确保任何计划中的发展和管理

变化，无论其是与该交通运输通道有关，还是与提名地和缓冲区有关，都须经过严格的事先规划以及环境和社会影响评估，以确保原有的动物迁徙模式不受影响。

c）并且考虑在未来将现在划为缓冲区的运输通道地区纳入遗产提名地，以期给动物迁徙提供更多保护。

要求缔约国将监测和管理努力集中在应对很可能影响"突出普遍价值"的威胁上，例如气候变化、偷猎野生动物和对鼠兔种群的不恰当毒杀。

建议缔约国和所有承诺保护青藏高原重大价值的相关方，包括传统游牧民，共同致力于保护工作，欢迎缔约国做出的承诺，即不会采取或意图使用任何强制搬迁或排除提名地传统利用者权利的举措。

鼓励缔约国在 2010 年合作框架内扩大合作，该合作框架由青海省的可可西里国家自然保护区和三江源国家自然保护区、西藏的羌塘国家自然保护区和新疆的阿尔金山国家自然保护区共同制定，并考虑渐进式地从这些受保护区域中划地归入遗产提名地，以增加其"突

出普遍价值"，并且增进其完整性以及保护和管理。